本 系 列 教 材 编 写 出 版 得 到

山东大学高质量教材项目

资　　助

中国考古学通论系列教材

主　编：白云翔　方　辉

人类骨骼考古

赵永生　编著

科学出版社

北　京

内 容 简 介

人类骨骼考古在考古学研究中占据着举足轻重的地位，其以考古遗址出土的人骨材料作为核心研究对象，致力于古代社会的全面复原。本教材以"实践指导＋科研入门"为核心理念精心编撰，目标是打造出一本高度适配中国考古实际工作需求的专业工具书。

教材紧密围绕骨骼和牙齿形态的基础知识展开，高度重视对古代人骨多学科交叉研究的介绍。在内容编排上，始终紧跟学术前沿动态，及时更新各类研究方法，力求既成为一本精准贴合中国考古实际工作场景的实用工具书，又能担当起初学者踏入该领域的优质入门教材，助力古代人骨形态鉴定工作实现广泛普及，推动考古工地多学科手段的运用走向常态化。

在内容设计方面，基础知识与学术前沿并重，都予以翔实地阐述。其一，详细梳理人类骨骼考古的发展历程，针对骨学悖论以及古代人类遗骸的伦理问题进行深入剖析。其二，运用文字搭配丰富图片的形式，详细阐释骨骼、牙齿形态的基础知识，并系统介绍性别和死亡年龄的鉴定方法，其中对转换分析更是进行了重点介绍。其三，深入探讨古病理学、创伤与体型复原等关键内容，并在教材中系统地介绍肌肉起止点研究方法。此外，在教材附表中优化了测量和观察表格，为实践工作提供切实可行的操作指导。

本教材可供高等院校考古学、文物学和博物馆学专业本科生、研究生使用，也可供考古文博从业人员进修选用。

图书在版编目（CIP）数据

人类骨骼考古/赵永生编著. -- 北京：科学出版社，2025.4. --（中国考古学通论系列教材/白云翔，方辉主编）. -- ISBN 978-7-03-081019-9

Ⅰ. Q981

中国国家版本馆 CIP 数据核字第 20258075HQ 号

责任编辑：雷　英　王琳玮 / 责任校对：邹慧卿
责任印制：肖　兴 / 封面设计：金舵手世纪

科学出版社 出版

北京东黄城根北街 16 号
邮政编码：100717
http://www.sciencep.com

北京汇瑞嘉合文化发展有限公司印刷
科学出版社发行　各地新华书店经销

＊

2025 年 4 月第 一 版　开本：787×1092　1/16
2025 年 4 月第一次印刷　印张：20　插页：2
字数：474 000

定价：138.00 元

（如有印装质量问题，我社负责调换）

中国考古学通论系列教材
编写委员会

主　　编　白云翔　方　辉

副主编　王　芬

委　　员　（按姓氏拼音排序）

白云翔　陈雪香　陈章龙　方　辉　付龙腾

胡松梅　靳桂云　郎剑锋　李占扬　李志敏

刘　军　路国权　栾丰实　马清林　宋艳波

唐仲明　王　灿　王　芬　王　华　王建波

王　强　王　青　王　伟　徐树强　张　昀

赵永生　赵志军

秘　　书　宋艳波（兼）

总　序

　　我国现代考古学已经走过了从艰难曲折到创造辉煌的百年历程，实证了我国百万年人类史、一万多年文化史和五千多年文明史，揭示了源远流长、博大精深的中华古代文明及其对人类文明的贡献，考古事业进入到空前发展、空前繁荣的新时代。在新的百年征程的历史起点上，不断完善中国考古学的学科体系、学术体系和话语体系，加快构建中国考古学自主知识体系，努力建设中国特色、中国风格、中国气派的考古学，成为一个重大的时代命题。

　　我国考古学的大发展和大繁荣，需要一大批新时代的考古学专业人才。因为，世上一切事物中人是最可宝贵的，人才是第一资源，在事业发展中具有基础性和战略性地位和作用。"人才之成始于学"，考古学专业人才的培养始于大学的专业教育，而专业教育离不开专业教材。"立国根本，在乎教育；教育根本，实在教科书"（《中华书局宣言书》，1912 年）。教材在学校教育中具有基础性的地位和作用，教材建设是课程建设的核心和育人育才的重要依托、坚定文化自信的重要基础，这都是不言而喻的。

　　历史地看，新中国成立以后，从考古学专业教育出现——1952 年文化部、中国科学院和北京大学共同举办第一届"全国考古工作人员训练班"（1952～1955 年共举办四届）、北京大学历史系创办我国首个考古专业开始，就重视并着手考古教材或讲义的编写，尽管当时以及后来很长一段时间大多是供内部教学使用的油印本或铅印本。如北京大学历史系印行的 1954～1955 学年度夏鼐等讲授、单庆麟整理的《考古学通论》，是首部中国考古学通论讲义；1955 年 6 月，山东师范学院教务处印行了荆三林编著的《考古学通论》（山东师范学院历史系三年级用）；1958 年北京大学印行了包含旧石器、新石器、商周、战国秦汉、南北朝至宋元考古的《中国考古学》讲义油印本，"被视为中国考古界首创"。1960 年印行的北京大学历史系考古专业中国考古学编写组编著的《中国考古学（初稿）》（共 4 册）征求意见铅印本，是"北京大学历史系考古专业成立以来，第一部经过长时间积累和修改的中国考古学教材——对后来的考古教学产生了深远影响"（《战国秦汉考古·整理说明》第 20 页，上海古籍出版社，2014 年），虽然封面上标注为"（本书仅供提意见之用）"，但为当时各高校考古教学所采用。以此为基础并经过修订，北京大学历史系考古教研室于 1972～1974 年又陆续印行了五卷本的《中国考古学》（"试用教材，请提意见"）铅印本，为当时全国各高校考古专业教学普遍采用。此后，其他高校也陆续自编中国考古学通论讲义。

　　就正式出版物来说，除了《苏联大百科全书选译·考古学》（人民出版社，1954年），苏联学者 A.B. 阿尔茨霍夫斯基著、楼宇栋等翻译的《考古学通论》（科学出版社，1956年）等译著外，我国学者编写的最早的考古学教材是中国科学院考古研究所作为所内工作人员业务学习材料而编著的《考古学基础》（科学出版社，1958年。以此为基础修订而成的《考古工作手册》，1982年由文物出版社出版），以及供短期训练班教学参考用的《考古教材》（文物出版社，1959年）——实际上都是考古学概论性的教材。北京大学历史系考古教研室商周组编著的《商周考古》（文物出版社，1979年），虽然是"考古专业教学参考书"，但实际上是第一部中国考古学断代考古的教材。20世纪80年代，易漫白著《考古学概论》（湖南教育出版社，1985年），蔡凤书、宋百川主编的《考古学通论》（山东大学出版社，1988年），孙英民、李友谋主编的《中国考古学通论》（河南大学出版社，1990年）等先后出版。文化部文物局组织、安金槐主编的《中国考古》（上海古籍出版社，1992年），作为"各地文物博物馆干部培训教学使用，也可作为大专院校文博专业学生的参考书"的系列教材之一，是当时影响最大的中国考古学通论教材。20世纪90年代以后，考古学教材的数量逐渐增多，尤其是近十多年来更是出现了内容广泛、类型多样的态势——既有考古学概论、通论性教材，也有断代考古、专题考古、科技考古以及区域考古等教材，在我国考古学专业人才的培养教育中发挥了重要作用。但总体上看，现有的考古学教材还不适应或不能完全适应新时代考古学专业人才培养的需要——"目前近70家高校开设考古文博相关专业"（《中国文物报》2024年9月27日第6版）。在我国考古学大发展、大繁荣的新时代，考古学专业人才的培养呼唤更多、更好、更新、更系统的考古学专业教材，尤其是考古学专业教育的基础性教科书。"中国考古学通论"是我国考古学专业本科生最基本的主干课程，也是文物与博物馆专业本科生的主干课程之一，因此，编写出版一套以断代考古为主、专题研究为辅的中国考古学通论系列教材已经是势在必行。

　　正是基于上述认识，我们组织编写了本"中国考古学通论系列教材"。本系列教材由13册构成，其中，断代考古8册，从旧石器时代考古到宋元明清考古；科技考古3册，即《人类骨骼考古》《动物考古》《植物考古》；文物保护和文化遗产2册，即《文物保护科学与实践》和《文化遗产概论》。之所以作如此构成，主要基于本系列教材的定位、我国考古学的总体态势以及考古学教材现状等的综合考量。

　　本系列教材定位于考古学专业本科生、文物与博物馆专业本科生必修课"中国考古学"的教材，跨专业考入的考古学硕士研究生、文物与博物馆专业硕士研究生补修"中国考古学"的教材，以及在职文物考古业务人员培训提高业务水平的参考书。就中国考古学通论而言，从旧石器时代到宋元明清时期各个时段的断代考古，作为中国考古学的主体，无疑是最基本的内容，所以，本系列教材设有8册，实现从旧石器时代考古到明清考古的全覆盖。现代考古学的突出特征之一是文理交叉、文理融合，而以现代科学技术应用为基本内涵的"科技考古"的广泛开展和不断深入，是现代考古学发展的总体趋势之一。科技考古领域众多，并且新的研究领域或分支学科日益增多，难以在一套通论性教材中全部囊括，本系列教材仅选择在我国研究历史长、普及程度高的人类骨骼考古、动物考古和植物考古各编写 1 册。考古发掘和研究离不开文物，文物保护在考古发掘和研究中具有举足轻重的地位；考古学的对象和资源主要是地下历史遗迹和遗物等文化遗存，而这些地下文化遗存又是整个文化遗产的重要组成部分，对其保护和利用是考古学的题中应有之义。有鉴于此，本系列教材设有《文物保护科学与实践》和《文化遗产概论》各 1 册。这样的设计，也充分体现了我国新文科建设理念。

这里需要说明的是：就考古学通论系列教材来说，本应设有"概论"一册，但鉴于已有作为"马克思主义理论研究和建设工程重点教材"的《考古学概论》（高等教育出版社，2015 年第 1 版、2018 年第 2 版）等多种概论性教材，故本系列不再"重起炉灶"编写；田野考古作为现代考古学最基本的特征，是其四大支柱——断代考古、专题考古、科技考古和区域考古的基础，但鉴于 2022 年北京大学出版社和吉林大学出版社已先后出版 2 个版本的《田野考古学》（吉林大学版是第 5 版），故本系列不再重新编写；（传统的）专题考古门类众多，（综合性）区域考古分区多样，暂不纳入本系列教材之中；文物尤其是历史文物、博物馆尤其是历史类博物馆与考古学密切相关，况且考古学一级学科之下设有博物馆学二级学科，而且有文物与博物馆本科专业，但鉴于已有作为"马克思主义理论研究和建设工程重点教材"的《文物学概论》和《博物馆学概论》，故未将有关文物和博物馆的教材纳入本系列之中。

作为教材来说，它不仅是培养人才的重要手段、传播知识的主要载体、学校教学的基本依据和关键支撑，而且是立德树人的关键要素之一。基于本系列教材是"基础性"教材的定位，而考古学又是理论性和实践性俱强、世界性和民族性兼具、多学科交叉融合性突出的人文学科，本系列教材编写的指导思想、总体思路和具体做法如下：

——坚持以辩证唯物主义和历史唯物主义为指导，始终把正确的政治方向、学术导向和科学精神贯穿于本系列教材之中，以培养新时代考古专业人才为宗旨；

——坚持以百年来我国考古学发展及其成就的总结和展示为主线，从中国古代社会历史的实际出发，紧紧围绕百万年人类史、一万多年的文化史、五千多年的文明史、两千多年统一多民族国家史和博大精深的中华古代文明及其对人类文明的贡献进行考古学书写；

——注重基础性，即注重基本原理、基本方法、基本概念、基本知识、基本材料、基本认识的简明准确的叙述，以及学科发展史的简明梳理；

——注重系统性，即充分吸收和借鉴前人研究成果和教材编写经验，注重体系的构建，各册尝试建立各自的学科框架体系和知识体系，简明准确地叙述各自的学科性质、主要特点、基本任务及其成就；

——注重前沿性，即注重新理论、新方法、新实践、新发现、新认识和新进展的叙述，以及面临问题和发展趋势的思考；

——注重规范性，即注重概念和术语的专业性和科学严谨，数据、年代等的翔实准确，文字表述、图表等清晰明了，引文、注释等符合学术规范；

——突出教材属性，强调突出重点与兼顾一般相结合、重点详述与总体概述相结合、点与面有机结合、理论阐述与案例分析相结合、作者学术观点的系统论述与不同学术观点的介绍相结合，强调重"述"轻"论"适当"评"；

——突出中国特色，强调立足中国，放眼世界，既关注外国考古学理论和方法在中国的传播和应用，更关注中国考古学人在考古学理论和方法上的探索、实践和创新，基于现代考古学的中国实践及其成就，用中国学人的历史观、价值观和话语系统进行中国考古学的叙事，探索和尝试构建体现新文科背景下我国自主知识体系的中国考古学教材体系。

金秋十月，正是收获的季节。在山东大学和考古学院（文化遗产研究院）的大力支持下，经过大家的共同努力，这套"中国考古学通论系列教材"即将付梓出版了。这套系列教材是各位编写者及相关人员同心协力，历时 2 年多倾力打造的，是团队共同努力的结果。2022 年上半年进行调研，包括召开本科生、研究生和教师座谈会，在此基础上经过反复沟通和协调，确定了本系列教材的分册构成及编写者，并于 2022 年 9 月 30 日正式启动。2022 年 10 月 15 日起，各册编写提纲陆续提交，由主编审阅并提出意见和建议后返回编写者修改完善，随后进入编写阶段。2023 年 11 月起，各册初稿陆续提交，由主编和校内外专家同时审稿，然后将审稿意见返回编写者修改完善。2024 年 5 月，同科学出版社正式签署出版协议。2024 年 6 月 21 日起，修改后的定稿陆续正式交稿给科学出版社，由出版社组建的统一管理、分工负责的编辑团队负责编辑出版。这套系列教材陆续跟读者见面，已经是指日可待了。

这里还要说的是，这套系列教材编写的指导思想和目标是明确的，编写的要求是总体一致而各册突出其特色——或是侧重于考古发现和研究成果的系统梳理，或是侧重于结合案例分析对理论和方法及其应用的介绍——因各册的内容不同而有异，编写者们也尽心竭力了——尽管如此，我们毕竟缺乏组织编写系列教材的经验，不足之处在所难免，盼望学界同仁和读者朋友不吝赐教，以便今后不断修订完善。

这套系列教材的编写出版，如果对我国考古学专业人才的培养和在职业务人员能力的提高，对我国考古事业的繁荣和发展，对我国现代考古学学科体系、学术体系、话语体系和自主知识体系的构建和完善，对中国特色、中国风格、中国气派考古学的建设，对中国考古学走向世界，对增强、彰显和弘扬文化自信等能有所助益，则幸莫大焉。

白云翔　方　辉
2024 年 10 月

目　录

第一章 绪 论

　　人类骨骼考古（Human Osteoarchaeology），顾名思义就是指以人类的生物遗存骨骼和牙齿为主要研究对象，采用各种手段来研究古代人类社会的考古学分支学科，是考古学研究的重要组成部分。古代人类遗骸既是古代灿烂文明创造者的物质载体，又承载着与现代人相通的物质构造。自 20 世纪以来，随着中国考古工作开展，尤其是殷墟考古工作，人类遗骸是田野考古发掘中出土的重要遗存，体质人类学的研究方法被广泛应用于古代人骨的研究中，但其研究内容主要集中于探讨人类自身的体质特征，人类种族的起源、发展和变异以及人类的起源演化等问题。李济、吴定良等学者是中国体质人类学的奠基人。在 1929 年，安阳发掘队的田野考古工作人员便受到严格的训练，了解如何小心地提取和系统地收集人类骨骼材料。据李济先生所言，殷墟历次发掘共收集了几千具人骨材料，仅头骨而言，其数量也将近千具。"中央研究院"历史语言研究所（简称"史语所"）为此设立了专门的体质人类学组，并请人类学家吴定良先生主持进行商代人骨的研究。体质人类学研究一直深刻地影响着国内的古代人骨研究，从李济、吴定良、吴金鼎，到邵象清、颜訚，再到韩康信、潘其风等，一直秉持着体质人类学的研究传统。到 20 世纪 90 年代，朱泓根据先秦时期黄河流域、内蒙古长城地带、燕山南北以及长江中下游和部分南方沿海地区出土古代人类遗骸，将我国先秦时期的居民分为古中原类型、古华北类型、古华南类型、古西北类型、古东北类型五个大类，建立了区域性人种学研究的框架。张全超主要依据内蒙古地区的人种学研究对该框架进行了补充，完善了古蒙古高原类型的研究。

　　进入 21 世纪，国内古代人骨开始受到美国生物考古学研究思维的影响，更加关注健康状况、饮食状况、生存压力、行为模式和生命史研究等。尤其是稳定同位素、古DNA、古蛋白等成分分析技术应用于古代人骨研究，推动了体质人类学的快速发展与变革，形态研究也不仅仅关注表面，计算机断层扫描技术大量应用于骨骼内部结构的观察。人类骨骼考古学正是在这种时代背景下应运而生的，2014 年 8 月 14 日，经中国考古学会批准，"中国考古学会人类骨骼考古专业委员会"在吉林大学边疆考古中心成立，是人类骨骼考古学在中国发展的标志性事件。在田野考古学情境中通过多种方法（包含形态、稳定同位素和古 DNA 等），以"生物考古学"或"人类骨骼考古学"思维模式来研究人群构成与迁移、社会分工、行为模式、健康状况以及饮食结构等，从而试图分析古代社会，这种研究模式可在人类骨骼考古视角下完成对古代社会部分碎片的重建。"生物考古学"的产生和发展也明显受到过程主义考古学与后过程主义考古学的影响。21 世纪以来，中国人骨材料的研究多是在"生物考古学"思维影响下形成，与田野考古学的结合更为密切，研究广度明显增加，在分析思路与阐释角度上也明显受到过程主义考古学及后过程主义考古学的影响，在结合考古学背景的同时结合一部分社会学理论，具体分析从考古遗址出土人骨材料中获得的信息，更关注于古代人群社会文化角度的多样性变化。

第一节　欧美的生物考古学

1972 年，英国考古学家格雷厄姆·克拉克（Grahame Clark）首次提出了"生物考古学"的概念，当时研究范围仅限于考古遗址出土的动物遗存[①]。此后由于受到新考古学理论的冲击，"生物考古学"的概念产生了重大变化。1976 年，美国科学院资深院士、美国亚利桑那州立大学的体质人类学家简·布伊克斯特拉（Jane Buikstra）系统地阐释了"生物考古学"的概念，即以人类骨骼和牙齿等生物遗存为研究对象，运用多种方法、技术与手段来研究探讨古代人类社会历史的一门学科，这也是"生物考古学"一词首次在美国使用[②]。随后，生物考古学一词沿用至今，该学科在美国也迎来了蓬勃发展的时期，生物考古学这一概念，主要指人类遗骸的考古学研究。

生物考古学在欧美地区的发展可分为三个时期：早期的类型学时期，中期的新考古学时期，以及当代的发展阶段。本节将对每一时期的重要学者以及他们的研究理论与方法进行回顾，并讨论其对生物考古学这一学科的影响。

欧美的生物考古学从 19 世纪发展至今，主要表现出融合性、多样性两个特征。其中，融合性体现在生物人类学、考古学等学科之间深层次的交流互动，这涉及研究的问题、使用的理论、研究的对象等方面；多样性则体现在日益增加的不同研究主题上。此外，理论以及方法也在增多。本节将对生物考古学的发展历史进行回顾，分析欧美生物考古学的主要学派，并对该领域的未来提出自己的思考。

一、类型学时期

美国的生物考古学根植于田野考古，这也就意味着研究人员会经常参与到考古发掘中去，这使得众多学者从一开始就意识到了考古学提供的背景信息对于生物考古研究的重要性。19 世纪，一些医生首先开始了生物考古学的工作。例如，塞缪尔·莫顿（Samuel Morton）对北美人群的颅骨进行了相关研究，讨论了所研究人群的来源问题，莫顿收集了近 900 具人骨，然而，莫顿的工作因为骨骼材料缺乏相关的考古背景

---

① Clark J D. Star Carr: A case study in bioarchaeology. In Irish Archaeological Research Forum. Basildon: Wordwell Ltd, 1972: 15-22.

② Buikstra J E. Biocultural dimensions of archeological study: A regional perspective. Biocultural Adaptation in Prehistoric America, 1977, (30): 67-84.

而饱受质疑。19 世纪，北美地区的博物馆及相关机构开始建立自己的骨骼标本库，但令人遗憾的是，这些人骨缺乏来源信息。美国陆军医学博物馆（U. S. Army Medicial Museum，现被称为国家健康与医学博物馆，National Museum of Health and Medicine）收集了超过 900 例印第安人的颅骨，但由于这些颅骨是由军医收集的，也存在同样的问题。位于华盛顿的史密森学会（Smithsonian Institution）以及哈佛大学（Harvard University）的皮博迪博物馆（Peabody Museum）也是早期人类学研究的重要标本来源。捷克人类学家阿莱什·赫尔德利奇卡（Aleš Hrdlička）帮助史密森学会建立和收集了自己的骨骼标本库，随后于 1918 年创立了美国体质人类学杂志（American Journal of Physical Anthropology），2022 年更名为生物人类学杂志（American Journal of Biological Anthropology）①。

到了 19 世纪末 20 世纪初，参与早期研究的医生解剖学专家们仍旧将研究重心放在北美印第安人的种族及起源问题上，部分学者也对文化习俗导致的骨骼变形、古人口学、古病理学、古代饮食以及人类行为活动进行了系统的研究。接受过医学训练的阿莱什·赫尔德利奇卡是这一时期最具影响力的体质人类学家之一，他的研究重点集中于解剖学以及骨骼特征在不同人群中的变异问题上，也关注相关考古学背景信息的保存。在当时，只收集颅骨是大多数学者及研究机构采取的方法，赫尔德利奇卡提倡在收集骨骼资料的时候，不能只收集颅骨而忽视其他部分的骨骼，也要将相关的物品都收集起来，其生前帮助史密森学会收集整理了多达 15000 具骨骼或颅骨。另一位美国人类学家欧内斯特·胡顿（Earnest Hooton）与考古学的联系更为紧密，并且多从考古学角度出发去研究人类骨骼遗存。受雇于哈佛大学以及皮博迪博物馆的胡顿于 1920 年开始参与佩科斯·普埃布罗（Pecos Pueblo）遗址的发掘，并在 1930 年发表了对该遗址出土人骨的研究报告。该报告内容详尽，包括了遗骸出土的埋藏环境、遗址的考古学研究、古病理研究、古人口学研究、骨骼测量性状研究等内容②。由于该报告紧密结合了骨骼遗存研究与考古学的文化背景，它在生物考古学术史上的重要性不言而喻，这本书也因此被视作北美地区生物考古学的开山之作。

20 世纪中叶，传统的类型学研究方法逐渐被新兴的统计学方法取代，这种研究方法也被称作"生物计量范式"（Biometric　paradigm），研究重点也逐渐从分类与描述过渡到阐释上来。"种族"一词也逐渐被"人群"取代，传统的类型学研究方法被边缘化，主要是由于它缺乏准确的年代序列研究，也缺少对人群的现代生物学研究。早期研究者认为不同族群的颅骨特征是截然不同的，不会随着时间改变，他们更多关注的是地理上的人群，如美洲人、欧洲人、非洲人；而不是在文化角度上有意义的人群，

---

① Ubelaker D H. The changing role of skeletal biology at the Smithsonian. In: Buikstra J E, Beck L A (Eds.). Bioarchaeology: The Contextual Analysis of Human Remains. London: Academic Press, 2006:73-81.

② Beck L A. Kidder, Hooton, Pecos, and the birth of bioarchaeology. London: In Bioarchaeology. Routedge, 2009: 105-116.

如阿帕奇部落、纳瓦霍部落、普埃布罗印第安人群体等。不过，即使是现代生物距离分析也很难将文化人群和生物人群准确联系起来，这种研究需要一定区域内大量的分析样本，通常情况下，文化群体的样本数量无法达到这种研究方法所需要的数量。

1929 年至 1933 年的大萧条极大影响了美国早期体质人类学的发展，为配合缓解失业而开展的大型项目建设，考古学家和体质人类学家发掘了众多考古遗迹。欧内斯特·胡顿的学生参与了 1933 年至 1942 年美国东南地区出土大量古代人骨的研究，建立了体质人类学数据收集标准，提出统一的发掘、测量方法，还通过拍摄高精度照片收集数据。但那时类型学研究占主导，古病理等研究不受重视，报告多侧重于对骨骼形态特征的描述。学者们认为人群体质和文化特征同步，迁徙能解释所有变化。总之，这一时期经过专业训练的研究者较少，研究问题也较为局限，出土人骨数量超出研究能力。第二次世界大战的爆发致使很多研究被迫中断，大量人骨遗存和考古材料未得到充分研究，但考古发掘者详细记录并妥善保存了相关信息和材料，为后续研究留下了宝贵资源。

同一时期，部分早期欧洲学者聚焦颅骨测量学和类型学研究，并与北美学者进行学术交流。当时欧洲的体质人类学研究主要由解剖学专家开展，研究主题主要包括颅骨类型学和种族问题、骨骼特征的正常变异、骨骼组织适应性及适应机制。朱利叶斯·沃尔夫（Julius Wolff）提出"沃尔夫定律"（Wolff's Law），指出健康的人和动物骨骼会适应其所承受的压力，其对骨小梁承担重量方式的研究，就像建筑工程师研究铁质架构分担压力的方式一样[①]。他对骨骼适应性和可塑性的研究，对 20 世纪生物考古学影响深远。这一时期的古病理学研究并不太受重视，人类学家大多关注颅骨类型学和颅骨变形，但已有部分学者开始探究梅毒起源，在美洲地区还发现了前哥伦比亚时期的梅毒。

二、新考古学时期

20 世纪中叶，欧洲和北美地区生物考古学蓬勃兴起，涌现出葬俗分析、古人口学、性别年龄鉴定标准、生命史研究等诸多全新的研究方法与理论。在这一时期，对个体生前生活的研究成为生物考古学的重点方向，为如今的"骨骼生命史"（Osteobiography）研究奠定了坚实的理论基础。约翰·安杰尔（John Angel）作为推动生物考古学走向成熟的关键人物，在 19 世纪相关研究基础上，通过骨骼特征重建人类行为和生活方式，推动该研究主题进一步丰富完善。

同一时期，生物学领域"现代达尔文主义"（Modern Synthesis）的兴起促使学术界发生理论变革，将传统进化论与遗传学理论进行融合，以更好地阐释生物适应环境的

---

① Pearson O M, Buikstra J E. Behavior and the bones. In: Buikstra J E, Beck L A (Eds.). Bioarchaeology: The Contextual Analysis of Human Remains. London: Academic Press, 2006: 207-225.

机制。受此影响，舍伍德·沃什伯恩（Sherwood Washburn）开创了"新体质人类学"（New Physical Anthropology）。这门交叉学科不再局限于对骨骼形态的简单描述，而是侧重问题式研究以及进一步的合理阐释；其研究重点也不再是传统类型学研究，而是探讨适应性和进化过程。同时，"新考古学"（New Archaeology）也就是"过程考古学"（Processual Archaeology）也深刻影响了这一阶段的生物考古学研究。

1977 年，简·布伊克斯特拉第一次提出"生物考古学"概念，并明确了该学科问题导向的性质，以生物文化适应性为重点，主要涉及五大学科研究主题：一是考古学背景（墓葬考古）；二是人类劳动分工以及日常行为活动研究；三是古人口学；四是基因以及人群迁徙；五是古病理以及重建饮食结构。

20 世纪 80 年代，古人口学发展渐趋成熟，生命表成为常规的研究工具。然而，以让-皮埃尔·博凯-阿佩尔（Jean-Pierre Bocquet-Appel）、克劳德·马塞特（Claude Masset）[①]、莉萨·萨滕斯皮尔（Lisa Sattenspiel）及亨利·哈彭丁（Henry Harpending）[②]为代表的部分学者也指出了古人口学研究方法存在的问题，包括未成年个体常受忽视，成年个体年龄鉴定未必准确，忽略了人群的非静态性以及生命表所呈现的是生育率而非死亡率。在这些质疑的推动之下，1999 年，德国马普人口统计学研究所发起学术会议，并基于会上讨论整理出版了《古人口学的罗斯托克宣言》（The Rostock Manifesto for Paleodemography）[③]，呼吁使用贝叶斯统计方法以避免研究人群年龄分布结果与对照组相似而产生误差。

与此同时，古病理学逐渐成为生物考古学领域的另一研究重点。早期的古病理学研究主题主要关注梅毒及颅骨变形。随着研究力量的不断壮大以及研究地域的扩张，20 世纪 70 年代以后，古病理学在全球范围内的研究内容逐渐丰富，涵盖了创伤、传染性疾病、营养及口腔健康等主题。这一时期，古病理学的研究方法也取得显著进展。一是从关注病理个例转向以人群为整体，探究人群健康和疾病的变化趋势；二是借助现代医学标准，诊断标准不断统一；三是研究技术有所拓展，开始运用影像学等其他学科方法；四是研究重点发生转移，北美地区聚焦于农业对健康的影响，以 1984 年马克·科恩（Mark Cohen）和乔治·阿梅拉戈斯（George Armelagos）编辑出版的《农业起源时期的古病理学研究》（Paleopathology at the Origins of Agriculture）[④]最具代表性。古病理学家研究发现，定居农业发展后，人群健康面临诸多问题，例如传染性、代谢性和寄生虫疾病传播加剧，口腔健康变差，身高变矮等。这与以往考古学家认为定居农业对古代社会和人群完全有利的观点相悖。

---

① Bocquet-Appel J P, Masset C. Farewell to paleodemography. Journal of Human Evolution, 1982, (11): 321-333.

② Sattenspiel L, Harpending H C. Stable population and skeletal age. American Antiquity, 1983, 48(3): 489-498.

③ Vaupel J W, Hoppa R D. The Rostock Manifesto for paleodemography: The way from stage to age. Cambridge Studies in Biological and Evolutionary Anthropology, 2002: 1-8.

④ Cohen M N, Armelagos G J. Paleopathology at the Origins of Agriculture. Orlando: Academic Press, 1984.

三、当代的发展

"全球健康史计划"（Global History of Health Project）的提出标志着"新考古学"中以整体人群为研究对象的方法达到顶峰。该计划由任教于俄亥俄州立大学（The Ohio State University）的理查德·斯特克尔（Richard Steckel）以及杰尔姆·罗斯（Jerome Rose）两位教授提出，意在研究全球近 7000 年来人类健康变化。计划首个模块"西半球计划"于 1990 年启动，2002 年成果《历史的骨干》[①]发表。理查德·斯特克尔等人提出的"健康指数"影响了人群健康差异研究，也直观展现出人群健康发展趋势，如北美印第安人群健康状况在特定时期呈下降趋势。第二个模块是"欧洲计划"，2018 年成果《欧洲的骨干》[②]发表。2018 年 5 月，"亚洲计划"在吉林大学启动，由美国得克萨斯农工大学（Texas A&M University）王谦教授负责。

近年来，古病理学取得重要进展，其中 DNA 技术用于古代病原体研究成果显著，包括对病原体 DNA 的基因研究，对致病因子的致病能力以及对骨骼影响随时间变化的探讨。此外，通过肉眼观察对明显的骨骼病理表现进行诊断的方法也有很大发展，帮助研究者对多种不同疾病进行准确判别。1973 年，古病理协会（The Paleopathology Association）成立，2011 年，《国际古病理学杂志》（International Journal of Paleopathology）开始出版。

克拉克·拉森（Clark Larsen）指出，20 世纪末至 21 世纪初，美国的生物考古学主要有生活质量、人类行为与生产生活方式以及人群历史三大研究主题。如今，在同一项目中，不同专长的生物考古学家围绕这些方向开展研究，以获取更详尽的结论，这种情况很常见[③]。

1992 年，詹姆斯·伍德（James Wood）等人发表《骨学悖论》（The osteological paradox）[④]，给生物考古学领域带来重大冲击。文章指出古病理学家对骨骼病理的解释存在问题，尤其批评了古代与现生人群疾病发病率关系的研究。文中提到三个导致古病理学研究样本偏差的因素，即人口非平衡性、选择性死亡率以及"隐蔽的异质性"（hidden heterogeneity）。基于这些因素，生物考古学研究结果无法直观反映当时人群的人口结构和健康状况。"骨学悖论"推动研究者在近几十年古人口学和健康状况研究的探索中，更加重视人骨遗存考古背景，深入理解骨骼压力特征与人口趋势的关系，更

---

① Steckel R H, Rose J C. The Backbone of History: Health and Nutrition in the Western Hemisphere. Cambridge: Cambridge University Press, 2002.

② Steckel R H, Larsen C S. The Backbone of Europe: Health, Diet, Work and Violence over Two Millennia. Cambridge: Cambridge University Press, 2019.

③ Larsen C S. The changing face of bioarchaeology: An interdisciplinary science. In: Buikstra J E, Beck L A (Eds.). Bioarchaeology: The Contextual Analysis of Human Remains. London: Academic Press, 2006: 359-374.

④ Wood J W, Milner G R, Harpending H C, Weiss K M. The osteological paradox: problems of inferring prehistoric health from skeleal samples. Current Anthrapology, 1992, 33(4): 343-370.

加关注古代未成年个体以及不断探究骨骼病变形成机制。至今，研究者仍在探索解决该文章指出的问题。

过去几十年，英国成为生物考古学的又一研究中心。1991 年《国际骨骼考古学杂志》（International Journal of Osteoarchaeology）创刊，1998 年英国生物人类学与骨骼考古学协会（British Association of Biological Anthropology and Osteoarchaeology）成立。至 20 世纪末，英国传统的骨骼特征描述和生物过程研究，逐渐被生物考古学研究范式替代。同时，英国研究力量的不断壮大，DNA 分析、稳定同位素研究的丰富成果以及医学史的研究传统为生物考古学的发展做出了突出的贡献。

当前，欧美地区生物考古学延续着融合生物考古学与传统考古学的传统。在舍伍德·沃什伯恩提出"新体质人类学"概念、倡导问题导向型研究的三十年后，1981 年，乔治·阿梅拉戈斯等学者在第五十届美国体质人类学家协会年会上指出，生物考古学仍存在着理论发展不足、问题导向型研究不充分的问题。又三十年后，奥古斯汀·富恩特斯（Augustin Fuentes）在演讲时表示，体质人类学已发展为理论成熟、融合多学科的生物人类学。如今，欧美地区的生物人类学和生物考古学正呈现出理论和研究方法日趋成熟，与其他学科互动更频繁，各国学者交流日益增多的发展趋势[1]。

第二节 中国的古代人骨研究

考古遗址出土的古代人骨研究在不同国家存在不同的名称，学者们对于使用哪一种术语来定义该学科研究，也进行过激烈的争论。英国学者称之为"人类骨骼考古"，美国学者称之为"生物考古"。中国学者早期更倾向称其为"体质人类学"或"生物人类学"，但随着近年来理论技术的发展，中国学界逐渐意识到学科工作内容间的差异，并开始学习和使用英国"人类骨骼考古"的概念，开展该学科相关工作。

体质人类学（Physical Anthropology）是研究人类体质特征在时间与空间上的变化及规律的科学，其主要研究领域包含现代人的体质特征与类型分布、人类的起源与进化、人类种族与变异、人体生理结果及测量、文化因素与人类体质之间关系等[2]。该定义的起源最早可以追溯至 1501 年，德国学者马格努斯·亨特（Magnus Hundlt）在其著作《人类学——关于人的优点、本质和特性以及人的成分、部位和要素》（Antropologiumde hominis dignitate, natura et proprietatibus de elementis, partibus et membris humani corporis）中首先使用"人类学"一词指代人体解剖及人体生理研究，这在现实层面上已属于体质人类学研究范畴。随后，众多国际学者纷纷开展与体质人类学相关的研究，直至 1863 年伦敦人类学学会成立，才将体质人类学作为一门学科独

---

① 〔美〕贝丽姿著，詹小雅、任晓莹译：《欧美生物考古学的进展与思考》，《南方文物》2022 年第 4 期。
② 朱泓：《体质人类学》，高等教育出版社，2004 年，第 2~3 页。

立出来。19世纪末至20世纪初，部分外国学者将西方近代体质人类学带入中国，至20世纪50年代，吴定良、刘咸、李济等学者对体质人类学的不懈研究，开创了真正的中国体质人类学研究。

作为人类学的一个分支，体质人类学的研究对象从来不只是古代人类，还包含所有现代人类，这就注定体质人类学不能成为考古学的一部分，而是与考古学并行的重要学科。体质人类学自诞生之初由于其交叉性，对考古学产生了极大的帮助，这使众多考古工作者误认为那些专门为考古遗址出土人骨进行体质、病理鉴定的学者就是"体质人类学家"。但事实上，体质人类学与考古学并不同属，甚至与目前为考古出土人骨进行鉴定的工作内容也不完全等同。因此，学界内衍生出专门指示为考古服务的人骨研究分支学科——人类骨骼考古学。

人类骨骼考古学（Human Osteoarchaeology）是以考古遗址中出土的人骨材料（包括牙齿）作为主要研究对象，利用科学手段尝试提取人骨中所含的人群体质特征、人口情况、人群健康与压力、行为模式、生业经济及生存环境等各方面信息，进而为解决考古学问题提供重要证据的一门交叉学科[①]。该定义最初由英国学者威廉·默勒-克里斯滕森（Vilhelm Møller-Christensen）于1973年提出，并将其作为布拉德福德大学（Bradford University）课程最先引入考古学教育。这一概念逐渐被以英国为首的欧洲国家广泛接受并采用，以区分生物考古中专门从事考古出土人骨的研究的科学，而且已在英国成立了以此命名的专门学术组织讨论该领域相关研究成果。

一、中国人类骨骼考古研究简史

我国的人类骨骼考古学从西方舶来，在国内发展的时间相对较短。目前我国人骨研究的理论、方法基本来自西方体质人类学、人类骨骼考古学和生物考古学，学科发展的历史也较为简短，因此并未有学者进行过相关综述。笔者在此尝试对我国人类骨骼发展历史进行简要介绍和总结，梳理出大概的学科框架。

起先是将西方的体质人类学的理论方法应用到考古遗址出土人骨研究之中。1929年，第一个直立人头盖骨化石在北京周口店遗址被发现，引起了中外学者的广泛关注。头盖骨化石的研究工作交给了英国学者主持，这使当时许多中国学者意识到，中国亟须发展自己的人类学研究。20世纪30年代，大批海外留学的中国学者归来，推动了中国考古学发展的同时，开始致力于体质人类学研究。吴定良先生是我国体质人类学初创时期最杰出的代表学者，他对殷墟颅骨和肢骨的研究是我国学者第一次独立进行考古出土的人骨研究。20世纪50年代是我国人类学研究的丰收期，研究内容受到西方体质人类学影响，涉及人类进化、现代人体质、测量仪器的改进诸方面。同时，学者们

---

① 王明辉：《人类骨骼考古大有可为——人类骨骼考古专业委员会成果综述》，《边疆考古研究》（第20辑），科学出版社，2016年。

有意识地开始撰写人骨研究报告，虽然内容仅仅涉及骨骼形态、人口学和人群种族研究，但仍为人类骨骼考古学在中国的产生和发展奠定重要基础。

由于体质人类学的理论、方法在考古中的广泛应用，使许多中国学者将体质人类学工作局限于专门做考古遗址出土人骨的研究。20 世纪后半叶，人骨鉴定逐渐在考古遗址发掘中普及，人骨鉴定仍将人群种族、性别年龄鉴定和人群间亲缘关系作为主要内容。但也有小部分学者意识到出土人骨的古病理学和文化因素导致骨骼形变等方面的观察分析也同样重要，比如颜訚、韩康信等。但很遗憾的是，因为学界观念和技术限制等原因，未能在更广泛的人骨研究中运用。

然后是多视角、多学科进行我国人类骨骼考古学研究。进入 21 世纪后，我国的人类骨骼考古学进入了高速发展时期。进行人骨研究的学者将骨骼上人群健康状况和人类生前行为的观察列入研究的主要内容，同时明白自己的学科工作领域应该以"人类骨骼考古学"进行定义，其中代表学者有朱泓、张君、何嘉宁、张全超等。2014 年中国考古学会成立人类骨骼考古专业委员会，且每年召开 1 次人类骨骼考古专业委员会会议，就每年国内人骨研究中古 DNA、古人类学、骨骼形态学、古病理学、骨骼同位素与古人口学等模块的成果和问题进行交流讨论。除此之外，我国人类骨骼考古学研究队伍也在不断壮大、研究人员年轻化，研究条件优质化，国际合作更加紧密、国际化水平提高，由此可见，我国的人骨考古正在经历深刻的变化，具有广阔的发展前景。

我国人类骨骼考古学发展至今不过百年，发展过程中可以看到存在一些问题。目前最突出的问题主要集中在两个方面：人骨研究和人骨数据收集问题。

在人骨研究方面，多元的研究角度使人骨信息复原得更加完整，但也使一部分人骨研究丢失了最初的目的。以人骨上的古病理学研究举例，欧洲学者在进行遗址中大体量人骨研究的同时，也会关注特殊个案的病理观察，如颅骨穿孔、梅毒、骨转移癌及其他特殊病理现象，这极大影响着我国古病理学研究。可我国的古病理学研究现状是逐渐与考古学背离，利用遗址出土人骨研究古病理，最终却无法回归考古学研究的目的，只是探讨个体或群体的患病情况。人类骨骼考古学作为考古学的分支，研究的最终目的是解决考古学问题，帮助考古学者重建古代社会居民生活全貌，对考古学发展有所贡献。因此，在进行人骨研究时，便要从人骨异常情况中分析情况产生原因，从数据中提取关键信息，在撰写研究报告时将结论回归到考古学。

我国多数的人类骨骼考古学家学科背景主要来自考古，这是一项研究优势，同时也存在一定弊端。研究人员对于医学、人类学、生物学及数理等学科的系统知识不可避免地有一定缺失，这会造成研究项目僵化、对问题的思考无法深入，进而难以对该学科内的新领域展开探索。

在人骨数据收集方面，我国考古遗址出土的人骨样本数以万计，如何详细记录人骨数据并保存这些人骨成为当务之急。随着学科的发展，人骨研究多元化，很多重要考古遗址的发掘开展时间早，现在的研究人员希望对这些重要遗址开展更详细的二次研究。我国承担人骨标本存放的博物馆、各大高校和一部分机构办理的标本库并未记录全部收藏骨骼的数据，或未予以妥善保存，这使得寻找合适骨骼来探究特定科研问题变得极其困难。因此，人骨标本数据库的完善对于学科研究十分关键。我国的人骨标本数据库建设应注重时代性、地域性，在各省份设立独立人骨标本库存放本地不同时代遗址出土样本，设置专门管理人员定期检查、维护人骨。另外，还可建立专门的全国人骨数据统计网站，方便研究人员快捷查询自己研究所需的人骨数据。这样，在保证重要数据永久保存的情况下，将大大提高研究效率。

二、骨学悖论的基本内容

近年我国古病理学研究从"单一的病理现象描述"转向"从群体病理的调查……探讨古代环境、社会经济发展水平对人群生活和健康的影响，更加注重解释古代人类的行为和生活方式。"然而这种进步的同时也伴随着问题，我国"目前人类骨骼考古领域与国际学术前沿之间还存在一定的距离，各领域发展也不平衡。"在这个关键节点上，这里介绍 30 年前在类似历史背景下诞生，时至今日在西方生物考古学界和古病理学研究领域仍有很大影响力，却在我国影响力非常有限的概念——骨学悖论（Osteological Paradox），并举例说明我国目前古病理学研究因忽略了骨学悖论所产生的缺陷和问题。

大约从 20 世纪 70 年代开始，西方生物考古学界受到"新考古学"的影响，研究从单纯地记录骨骼样本损伤和整理样本的年龄和性别状况发展到运用人骨材料研究古代人口和社会。其中利用生命年表计算死亡年龄，并结合骨损伤频率等数据判断古代人口健康状况和社会生存压力的研究盛行一时。从约翰·安杰尔提出人骨鉴定和生命年表重建是研究古人口的基础[1]，到肯尼思·韦斯（Kenneth Weiss）系统地总结和介绍具体如何重建古人的生命年表，并利用它研究古代人口[2]，再到道格拉斯·乌贝拉克（Douglas H. Ubelaker）"集大成"地以南马里兰州一遗址发现的二次葬人骨坑作为材料，重建了晚期林地时期当地人口的生命年表，并试图以此讨论该聚落当时的人口数、预期寿命和可能较高的死亡率等问题[3]。在这个背景下，以詹姆斯·伍德为首的四位学者于 1992 年和 1994 年先后在《当代人类学》（Current Anthropology）发表了题为《骨学悖论：从骨骼样本推断史前健康的问题》（The Osteological Paradox：Problems of Inferring Prehistoric Health from Skeletal Samples）[4]和题为《骨学悖论再思考》（The

[1] Angel J L. The bases of paleodemography. American Journal of Physical Anthropology, 1969, 30(3): 427-438.
[2] Weiss K M, Wobst H M. Demographic models for anthropology. In: Memoirs of the Society for American Archaeology. Cambridge: Cambridge University Press, 1973: 1-186.
[3] Ubelaker D H. Reconstruction of Demographic Profiles from Ossuary Skeletal Samples: A Case Study from the Tidewater Potomac. Washington D C: Smithsonian Institution Press, 1974.
[4] Wood J W, Milner G R, Harpending H C, Weiss K M. The osteological paradox: problems of inferring prehistoric health from skeletal samples. Current Anthropology, 1992, 33(4): 343-370.

Osteological Paradox Reconsidered）^①的文章，两篇文章结合起来便是之后对西方生物考古学界产生深远影响的骨学悖论。文章聚焦于考古获得的骨骼样本的代表性问题，他们提出当时西方生物考古学界简单地利用生命年表和骨损伤状况等数据，对曾经活着的人群进行健康状况和社会生存压力评估是不合理的。他们重点阐述了三个骨学悖论的核心概念：人口的非静态性、隐藏的风险异质性和有选择的死亡。而后，又补充了其他若干影响骨样本代表性的问题，最终共同成为骨学悖论的基本内容。

第一个核心概念，人口的非静态性。仅采用观察骨样本确定个体死亡年龄来构建生命年表，重建当时人口的平均寿命和每个年龄段死亡几率的做法，只对出生率和死亡率恒定且年龄结构不变的静态人口模型有效。然而我们观察到的古代社会人口往往不是静态的，人口的平均死亡年龄受出生率的影响较大，受死亡率的影响较小。因此，即使假定死亡率不变，出生率的变动和人口迁移的发生也将导致我们简单建构生命年表的行为高估或低估了真正的平均寿命。如果这是一个因迁徙和自然增长正在扩张壮大的社会，那么我们将在墓地中发现更多的婴儿和未成年个体，导致我们低估了平均寿命；相反，如果这是一个正在萎缩消亡的社会，那么我们会在墓地中发现更少的婴儿和未成年个体，使得我们高估平均寿命。

第二个核心概念，隐藏的风险异质性。之所以骨损伤样本不能有效反映古代整个群体，是因为不同个体的身体所具有的"弱点"不同，导致每一个人在特定年龄死亡的几率都是不同的。因此，我们通过各具特殊性的个体估计整个群体的死亡风险是值得商榷和质疑的。其中"弱点"的概念和达尔文进化论中关于"自然选择"的概念有些许相像，即每一个生物的弱点都是与生俱来的，自然选择的过程就是将有特定弱点的个体淘汰的过程。如此对进化论和自然选择的解读也许在生物学家看来显得肤浅和表面，但这种解释方式也许能帮助各位读者更好地理解隐藏的风险异质性。虽然我们可以通过只研究单一致死原因，如控制社会地位、性别等变量来规避显性风险异质性的影响，但是，我们无法简单地以此方法规避隐性的"弱点"带来的影响。

第三个核心概念，有选择的死亡。因为大部分死亡个体都是被选择死亡的个体，所以我们永远无法得到特定年龄患有特定疾病或损伤的全部个体的骨骼样本。因此，如果我们仅以获得的样本计算患病率并推之于整个群体，那么一定会得到一个高估了的数据。与第二个核心概念隐藏的风险的异质性相结合，有特定疾病或损伤"弱点"的个体更容易被选择死亡，他们是该疾病或损伤的"非幸存者"，而以"非幸存者"的数据为基础估计整个群体，一定会高估整个群体的患病率。詹姆斯·伍德在1994年回应质疑时，便非常生动地举了关于"隐藏的风险异质性"和"有选择的死亡"如何影响样本代表性的例子：假设他们四位作者作为一个独立封闭的群体，其中一位有隐藏

---

① Cohen M N, Wood J W, Milner G R. The osteological paradox reconsidered. Current Anthropology, 1994, 35(5): 629-637.

的突发性心脏病风险，后因曾发表了关于"骨学悖论"的文章而被称为虚无主义者、科学界的势利小人，这位作者突发心脏病一命鸣呼，那么这个个体的样本对于研究其他三名还活着的作者是毫无意义的。而当其他三位作者也去世之后，理论上除了最后死亡的作者可以很好地代表他自己外，其他两位作者的死亡对于研究那位仍活着的作者的健康状况并没有太多价值。这便是隐藏的风险异质性和有选择的死亡在研究一个人口静态的简单群体时能造成的影响，更别说研究一个人口非静态的复杂社会时可能造成的干扰有多大了。而我们考古获得的可反映生前病理特征的骨骼样本数量是相当有限的，这种局限性也使得我们或许高估某病症对全体人群的影响。

詹姆斯·伍德还补充说明了古病理学"累积效应"对样本代表性的影响。即我们所观察到的死亡个体身上的损伤和疾病一定是一生中最严重的，以这个状况为基础估计生存群体的健康状况是值得质疑的。例如根据《中华肿瘤杂志》一篇关于中国人癌症状况的报告可知，2015 年中国因肿瘤而死的人数为 233 万，而根据国家统计局 2015 年的人口数和死亡率计算出当年死亡人数约为 9740 万，因癌症而死的人约占死亡人口的 2.3%。然而，如果我们直接以此得出中国 2015 年有 2.3% 的人患有癌症的结论则是大错特错的，根据上文提到的癌症状况报告，中国人口中患癌率约为 0.28%，与 2.3% 相去甚远[1]。同样的道理，我们仅仅通过考古学所获得的死亡个体中患病的频率与严重状况，估计当时生存群体的健康状况也是不合理的。不仅如此，詹姆斯·伍德还指出了"累积效应"所导致的一种可能性：有着更多、更严重病理现象的死亡样本，可能生前健康状况更好，社会生存压力更小。原因也非常简单，该损伤未直接导致他立即死亡，相反，他活了足够长的时间来让损伤恶化。一般来说，导致一个人直接死亡的原因只有一个，那么在其去世后，他所患的其他疾病则显得次要且对该个体健康状况没有太大影响。这些"次要"疾病的严重程度，可能意味着他生得足够久来使这些疾病恶化。因此个体骨骼的严重损伤可能反映其生前仍比较健康，社会生存压力较小，而非传统生物考古学认为的反映了较差的健康状况和较高的社会生存压力。

在以上四点的基础上，1994 年詹姆斯·伍德还补充了三个同样会影响骨骼样本代表性的问题：一是病情严重到会留下骨损伤痕迹的患病者占所有患病者的数量应该是较为有限的，而我们仅关注这些最严重的患病者所得出的结论很可能是有问题的；二是通过骨损伤估计病症的精确度仍较低；三是因疾病而产生骨损伤的条件大多极为苛刻。因为以上三个问题的存在，通过骨损伤研究古病理的尝试将十分艰难，同时也面临着样本代表性的问题。

以上七个问题便是骨学悖论的基本内容，其中人口的非静态性、隐藏的风险异质性、有选择的死亡这三点是其核心概念，而这三点中的后两点也是在此之后 20 年西方

---

① 郑荣寿、孙可欣、张思维等：《2015 年中国恶性肿瘤流行情况分析》，《中华肿瘤杂志》2019 年第 1 期。

生物考古学领域证实并不断试图攻克解决的重要学术问题。而詹姆斯·伍德也提出了他认为解决这两个重要学术问题的四个建议和展望：一是他注意到风险异质性是一个即使在现代人口研究中都不被重视的问题，所以加深对现代人"弱点"的认识是非常必要的；二是要加深弱点对死亡影响的认识，第一与第二点相结合，将提供构建人口弱点模型的可能性；三是我们必须加深对病症的成因和表现、损伤形成和严重程度的关系等问题的理解；四是生物考古学家可以着眼于研究不同文化因素对有选择的死亡和隐藏的风险异质性的影响，这样将给予生物考古学家在力所能及的范围内减轻骨学悖论干扰的能力。

三、骨学悖论对中国古病理学研究的启示

目前国内的人类骨骼考古研究仍有很大一部分是以单纯描述和记录为主，所以通过人骨样本研究古代社会的尝试是非常值得称道的。但是在阅读我国古病理学研究的相关文献后发现，我国学者在试图通过人骨或牙齿样本重构过去社会时，基本没有考虑骨学悖论的影响。这也导致了我国很多学者犯了与 20 世纪 80 年代西方生物考古学者一样的错误，其中最典型的有两种：第一种是"想当然"地认为通过样本中的患病率、严重状况等数据可以直接反映整个曾经生存过的群体，这种错误在研究致命性疾病时最为突出；第二种错误即在解读损伤时考虑的因素不全面。下面将以《磨沟墓地古代居民的性别和年龄研究》为例，论述该研究由于没有考虑骨学悖论中所提出的概念，导致考虑的因素欠缺，得出的结论存在争议[①]。

在《磨沟墓地古代居民的性别和年龄研究》一文中，重建生命年表的方法可谓是相当有代表性。文中通过对出土的 2666 例人骨标本年龄与性别进行鉴定和分析，重建了磨沟遗址人群的平均寿命，进而讨论该遗址人群的生存压力。

磨沟遗址中，性别不明的婴幼儿或青少年占全部标本 34.36%，共计 916 例。文中作者使用了传统的重建生命年表方式，分别计算了男性组、女性组和包含所有标本的"全组"平均寿命，得出了全组的平均预期寿命和平均死亡年龄均远低于单独的男性组和女性组。之后通过对比磨沟遗址和其他 8 个甘青地区遗址各年龄段死亡比例，发现磨沟遗址有较高的婴幼儿死亡率和较低的青壮中老年死亡率，得出这可能意味着磨沟遗址医疗水平较差的结论。这个研究的方法和结论便是犯了没有意识到"人口的非静态性"的错误。磨沟遗址发现较多的婴幼儿，反映的是该遗址处于人口数正在扩张的阶段，有着较高的出生率和较多的婴幼儿。作者在没有考虑出生率的情况下直接计算预期寿命和平均死亡年龄，得出的全组数据自然是不甚可靠的。由此得出的医疗水平较差的结论也值得商榷。

---

① 赵永生、毛瑞林、王辉：《磨沟墓地古代居民的性别和年龄研究》，《边疆考古研究》（第 16 辑），科学出版社，2014 年。

　　前文的主要作者在同年关于磨沟遗址牙齿健康状况研究中，因为没考虑"累积效应"，在"小结"中提出磨沟遗址相比其他遗址较低的患龋率可能是因其生业经济模式不是纯粹的农业种植，而还有一定狩猎采集要素[①]。该结论同样因未考虑较低的患龋率可能仅是因为选用的标本都是较为年轻的标本，存在一定商榷空间。例如文中以土城子遗址作为农业经济占主导的代表，然而土城子组的牙齿标本来源 51.68% 是中年人（21～40 岁），40.94% 是老年人（≥41 岁）。相比之下磨沟遗址的标本来源则是 35.5% 的青年（≤20 岁），42.75% 的中年人（21～40 岁），21.75% 的老年人（≥41 岁）。可以明显看出磨沟遗址的标本来源远年轻于土城子遗址，那么较低的患龋率或只是年龄的反映。作为对比，在《新疆吐鲁番胜金店墓地人骨的牙齿微磨耗》一文中便在跨性别对比牙齿磨耗时考虑到了寿命因素，使得其得出的结论更有说服力。

　　而关于前文提到的"想当然"，未考虑"有选择的死亡"而产生的错误在国内的其他研究中同样存在。在关于我国某遗址的研究中，研究者按照不同的年代进行分组研究，并通过对不同年代组的牙釉质发育状况进行对比，发现各年代组均有较高的牙釉质发育不全状况，得出结论该人群或承受了较重的生存压力。这个结论涉及了骨学悖论中有选择死亡的一个重要内容，即我们应该将样本中发现的成年个体作为幸存者看待，儿童时期的营养情况是影响牙釉质发育的主要因素，那么这些曾在儿童时期有营养状况问题却成功存活至成年的个体应该被作为幸存者看待。原结论只注意到了高比例的患病率，却没意识到这可能也意味着高比例的幸存率。结合隐藏的弱点，通过同一组数据，或可得出一个相反的结论：当时那些没有显著弱点的儿童，即使有营养状况问题，仍大多活到了成年，反映了整个社会较低的生存压力。若要证实或排除这种可能性，还需在研究时通过其他疾病和寿命的关系来讨论成年期的生存压力，从而确认更高的儿童营养不良问题代表了哪种可能性。值得一提的是，在西方有一个较为类似的研究，其作者洛丽·赖特（Lori Wright）因考虑了骨学悖论的影响，得出了完全相反的结论。该文对比了现代玛雅人和古代玛雅人中因儿童时期贫血而出现的多孔性骨肥厚比例，发现古代玛雅人中比例更高，并结合现代医学统计数据，认为古代玛雅人中更高的多孔性骨肥厚样本比例意味着更高的儿童贫血存活率这一略微反常识的结论，该文在西方也是验证有选择的死亡的重要实例研究之一[②]。解读健康状况较差的骨样本时需谨慎并尽可能多角度思考，健康状况更差的骨样本或代表着更好的生前健康状况和更低的社会生存压力。因此在试图通过骨损伤、骨病理重构古代社会时，倘若考虑骨学悖论所提出的这些概念，我们所得出的结论将更有说服力。

　　近年来我国体质人类学研究快速发展，宏观表现有研究队伍的壮大、研究工作条件的改善、研究人员的年轻化和学术观念的转变、国际合作的增加、专业组织的成立

① 赵永生、曾雯、毛瑞林等：《甘肃临潭磨沟墓地人骨的牙齿健康状况》，《人类学学报》2014 年第 4 期。
② Wright L E, Chew F. Porotic Hyperostosis and Paleoepidemiology: A Forensic Perspective on Anemia among the Ancient Maya. American Anthropologist, 1998, 100(4): 924-939.

等。具体到研究论文发表上，因时代局限性，十几年前重记录、轻分析的论文较为常见，而到了近几年这种现象基本消失，不仅如此，无论是理论研究还是实践研究都向着更深入、更全面的方向发展。以骨学悖论相关的理论和实践研究为例，在理论层面，侯侃在一篇介绍和探讨人类骨骼考古学理论问题的文章中，对骨学悖论就有所提及和介绍。在具体研究实践中，例如《黑水国遗址汉代人群的上颌窦炎症》在讨论上颌窦炎与年龄关系的部分，非常全面地考虑了不同患病者年龄所代表的人群，认识到了我们看到的骨骼都是"有选择的"和是属于"幸存者的"；《广西敢造遗址史前居民口腔的健康状况》一文中，在讨论牙结石牙齿磨耗时清晰地认识到了"累积效应"，提出该遗址较高的牙结石率是样本年龄较大的结果，并没有如先前的一些研究一般，武断地将原因归结于诸如食谱、生业方式等宏观因素；《济南大辛庄遗址商代居民的牙齿疾病》一文中也在跨性别对比时全面考虑了年龄问题，提出女性患龋率较低或只是因为样本中青年女性较多。为了使分析更全面谨慎，结论更有说服力，在新时代我国体质人类学的转型期，让更多的学者认识到骨学悖论是有价值的。在此也结合我国研究现状，提出以下几点思考：

（1）在条件允许时应尽可能考虑到"累积效应"的影响。我国的研究者时常分别考虑了性别和年龄对某个病理现象的影响，却很少试图将两者联系起来考虑。倘若我们在讨论某病理现象与性别的关系时，将不同性别的年龄数据也放入表格中进行对比，那么就可以排除死亡年龄对于性别与病理现象关系的影响。在跨遗址对比时，在可能的范围内也应考虑样本年龄的影响，以提高结论的严谨性。

（2）在研究可致命性疾病和社会总体生存风险时，需要考虑到"有选择的死亡""隐藏的弱点""幸存者"等概念。例如某个群体中，某种儿童易患疾病的患病率较高，可能说明该社会让这些儿童幸存的能力更强，而不是该社会有较高的该疾病死亡风险。有此逻辑认识之后，在研究时更多地使用统计学、对比分析及现代医学的成果，能有效提高研究结论的严谨性和说服力。

（3）骨学悖论不一定正确，更不是真理，其将人简单地分为健康与不健康这两类的立论前提在西方也受到诟病。很多时候哲学悖论导致的可商榷之处确实是吹毛求疵。我们考古工作者面对的材料的确是有限的，很多时候即使想更全面地解读一些材料也做不到。然而我们应当在能做到的范围内更全面、更有说服力地解读一批材料，这不仅是对我们自己的研究负责，也是对保留至今的材料负责。理解骨学悖论的基本内容并非要求在研究时过于死板地应用，而是在可能之时运用其提高我们结论的可信度即可。

如今我国古代人骨材料的研究呈现蓬勃发展趋势，研究人员逐年增加，新材料和新方法层出不穷。骨学悖论愈发受到研究者的重视，用以规避研究误区，从而进一步完善分析。当然，骨学悖论并不是什么金科玉律，而是研究看待人骨材料的一种"不同寻常"的视角，它所提供的这种视角或能改变我们看待一批材料的方式，这也是骨学悖论最大的意义和价值。行为与习俗的骨骼表现见图版一。

第三节　人类骨骼考古的伦理问题

古代人类遗骸是田野考古发掘中出土的重要遗存，在研究人类演化、古人饮食结构、古代人群的迁徙与交流、古病理学等方面具有无可取代的作用。随着关乎古代人类遗骸研究内容及手段的丰富与发展，如何在考古及研究工作中兼顾对古代人类遗骸的保护与尊重已成为一个重要议题。

自 20 世纪 80 年代末起，全球范围内研究人员广泛关注古代人类遗骸的尊重与保护。1989 年，世界考古大会通过了《人类遗骸朱红协议》（Vermillion Accord on Human Remains），强调在尊重科学研究价值之前，死者及相关社区应受到尊重。1990 年生效的"美国原住民墓葬保护和归还法案"规范了联邦土地或部落土地上发掘或意外发现的美洲原住民遗骸和文化物品的收集、归还、遣返等程序，并对违反程序应受的惩罚做出规定，法案中还增加了与古代墓葬相关人群的定义，如直系后代、文化归属组织、土著组织，并对这些人群处理出土遗骸和文化物品的优先权进行排序。近年来，随着许多历史上的黑人奴隶及其后代未标记坟墓陆续被发现，以及美国一些大学在未经允许的情况下收藏和研究黑人遗骸的新闻被报道，有研究者呼吁大学和博物馆必须将美国黑人的遗骸编入馆藏目录，并暂停相关研究，需与其后代族群或社区进行协商，同时对于制定非裔美国人坟墓保护和遣返等相关法案的呼声也越来越高。在英国，文化、媒体、体育部（Department for Culture, Media and Sport, DCMS）于 2005 年推出的《博物馆馆藏人类遗骸护理指南》（Guidance for the Care of Human Remains in Museums），对博物馆获取、保管、借出和归还人类遗骸提出了较为详细的建议方针，强调古代人类遗骸应被保存在安全且限制访问的储存场所，同时博物馆应对储存场所的环境参数进行控制，并进行定期监测，防止古代人类遗骸出现受潮、损坏等情况[1]。2017 年，英国再次出台与古代人类遗骸相关的实践指南，就墓葬发掘前申请、发掘后评估和分析、破坏性取样、收集和保存古代人类遗骸、重新埋葬古代人类遗骸提出建议，该指南虽重点讨论 597 年英格兰教会成立后基督教墓地的墓葬及人类遗骸的处理，但仍然具有普遍适用的参考价值[2]。东南亚地区各国家有着相似的被殖民历史、多元的宗教信仰和复杂的民族主义等问题，通过近几十年的努力，考古发掘、研究项目的管理权已由发掘所在地掌握，此前在国际博物馆保管的古代人类遗骸也得以送返发掘所在地。

---

① Department for Culture, Media and Sport (DCMS). Guidance for the Care of Human Remains in Museums[DB/OL]. 2005-10-11.

② Advisory Panel on the Archaeology of Burials in England (APABE). Guidelines for Best Practice for the Treatment of Human Remains Excavated from Christian Burial Grounds in England, 2nd ed. Swindon: Advisory Panel on Archaeology of Burials in England, 2017.

　　古代人类遗骸相较于其他考古遗存具有特殊性，虽然这些古人遗骸会在长时间埋藏中遭受不同程度的破坏，致使保存状况不一，但都是古人曾经生存及生活的最直接证据，今人通过共同的身体结构、感知方式、人类经验和古人产生共情，因此人们对于人类遗骸拥有独特的同理心，这是在看待其他无生命物质遗存时不会产生的。古代人类遗骸也因此联结着更多情感、文化、信仰上的意义，如何谨慎对待并妥善处理古代人类遗骸是田野考古发掘和人骨考古研究中不容忽视的问题。自20世纪80年代起，国外学者和相关机构就发掘、研究中所涉及的古代人类遗骸伦理问题进行了大量讨论与研究，而国内对古代人类遗骸伦理问题的讨论极为少见。张小虎以曹操墓事件为引入，指出考古学家需要在实践中做到尊重古人与科学研究两者之间的平衡[①]。刘书、张乔在介绍国外博物馆展陈古代人类遗骸的法律、政策和案例后，以马王堆汉墓展陈为例肯定了湖南博物院对贴近、尊重博物馆观众观展需求所做出的努力，在符合世俗伦理规则下，希望博物馆更深层次考虑观众感受和文化后裔意愿[②]。国内学者对于古代人类遗骸伦理问题的讨论主要涉及科学研究和博物馆陈列方面，并未对古代人类遗骸伦理问题进行深挖，也没有对具体实践工作提出实际性建议，与近年来蓬勃发展的考古学研究，尤其是科技考古明显不符。本文在梳理国外人类遗骸伦理问题研究的基础上，结合国内外相关实践案例，对现阶段国内古代人类遗骸伦理问题提出思考和实际性工作建议。

一、古代人类遗骸的伦理问题

　　古代人类遗骸伦理问题与考古学伦理问题密不可分，20世纪七八十年代，考古学伦理主要侧重于考古发掘专业水准、遏制文化遗产掠夺和遗址破坏的探讨。近年来，考古学伦理讨论的范围不断扩大，以相关文化遗产保护的法律法规为指导，并通过多方合作交流展开就管理、资料保存、研究以及教学等方面的讨论。

　　古代人类遗骸伦理问题脱离不了考古学伦理，但又有着自己的特殊性，这种特殊性主要是来自人类遗骸本身，古人与今人有着共同的身体构造，承载着同样的情感，只是活在不同时空下的个体。古代人类遗骸的伦理同样以法律法规和公约为基础，强调多方合作交流，探讨的问题则根据学者研究兴趣以及各地区具体文化背景稍有不同。夏洛特·罗伯茨（Charlotte Roberts）从发掘、研究和保管三个方面探讨了英国的人类遗骸伦理问题[③]；帕特里夏·兰伯特（Patricia Lambert）认为生物考古学面临的伦理问题主要与古代亡者遗骸的收集、处理和管理相关[④]；柯丝蒂·斯奈尔斯（Kirsty Squires）

① 张小虎：《考古学中的伦理道德——我们该如何面对沉默的祖先》，《西部考古》（第六辑），三秦出版社，2012年。
② 刘书、张乔：《博物馆展示古代人类遗骸的伦理性探讨》，《中国美术学院学报》2021年第1期。
③〔英〕夏洛特·罗伯茨著，张全超、李墨岑译：《人类骨骼考古学》，科学出版社，2021年，第20～39页。
④ Lambert P M, Walker P L. Bioarchaeological ethics: Perspectives on the use and value of human remains in scientific research. In: Katzenberg M A, Grauer A L (Eds.). Biological Anthropology of the Human Skeleton. Hoboken: John Wiley & Sons, 2018: 3-42.

认为古代人类遗骸伦理问题的挑战主要涉及发掘、分析、保留和展示四方面，而这些挑战不仅包括古代亡者的对待，还需考虑现在生者的意见和感受 [1]。

总结前人学者的研究，古代人类遗骸所涉及的伦理问题可归纳为研究前、研究中与研究后三个阶段：研究前所面临的伦理问题主要与古代人类遗骸的发掘和收集有关；研究中的伦理问题指向古代人类遗骸的记录与分析；研究后的伦理问题则涉及古代人类遗骸的归置与展陈。古代人类遗骸是极为重要的田野考古出土遗存，妥善且完整收集古代人类遗骸是科学研究的基础，对古代人类遗骸的记录与分析是科学研究的核心部分，以归还、回填、存放等形式妥善归置古代人类遗骸或是对古代人类遗骸进行科学展陈能为科学研究的可持续性提供坚实保障。

（一）发掘与收集（研究前）

科学研究之前最重要伦理问题是对古代人类遗骸的科学发掘与完整收集，在科学且细致的田野考古发掘下，各类考古遗存包括古代人类遗骸都应被同样对待且完整收集。然而事实并非如此，早期的田野考古发掘中，骨骼类遗存的重视程度明显不如器物类遗存，存在只收集头骨、骨盆，甚至不收集的情况。因考古发掘区域的规划，一具完整人骨遗骸只有部分被发掘的情况时有发生，有时处于发掘边界处的骨骼甚至会被人为破坏、分离；人类遗骸的缺损还有可能是发掘时选用工具不当或操作失误造成；墓葬与人类遗骸被清理后，也存在不及时收集而使骨骼长期暴露在野外的现象，进而导致骨骼遗骸因保存环境的改变而损坏。19世纪末至20世纪初种族和起源问题是欧美生物考古学的主要研究课题，一些博物馆、研究所、高校等机构的研究者曾有不规范收集行为，只收集头骨作为研究对象而忽略颅后骨骼的收集。即使到今天，依据人类遗骸所属年代或保存状况，选择性收集、抽样收集的情况也依然存在。无论是发掘过程中造成的骨骼缺失，还是有选择性地收集都是对古代人类遗骸极大的不尊重，也是缺乏专业素养的表现，不仅使完整的个体分离，更破坏了研究信息的完整性，不利于后续工作的开展。

古代人类遗骸有时并非以田野考古发掘的方式纳入研究者视野，在18世纪和19世纪，有许多人类学家、外科医生和解剖学家同样进行收集人类遗骸的工作，但他们获取遗骸的方式在今天看来都是不道德的，如芝加哥菲尔德自然史博物馆、美国陆军医学博物馆和其他机构曾资助探险队采购印第安人的骨骼遗骸，这导致许多墓地被盗，甚至有军事人员和人类学家不顾土著居民的抗议，从战场上偷走刚刚死去的人 [2]。

---

[1] Squires K, Booth T, Roberts C A. Introduction. In: Squires K, Errickson D, Marquez-Grant N (Eds.). Ethical Approaches to Human Remains: A Global Challenge in Bioarchaeology and Forensic Anthropology. Cham: Springer Nature Switzerland AG, 2019, 1-15.

[2] DeWitte S N. Bioarchaeology and the ethics of research using human skeletal remains. History Compass, 2015, 13(1): 10-19.

此外，拥有特殊身份、患特殊疾病个体的遗骸尤其受研究者"追捧"，这种收集和研究行为却极有可能违背死者生前意愿。如被称作"最后一个野生原住民"的美洲土著人伊希（Ishi），在人类学家确认其为雅希族群的一员后，他生活在旧金山加州大学人类学博物馆中，向人们展示雅希族的风俗和语言，但其明确要求不要让自己的身体成为死后验尸的对象，然而他在死后身体依然被分割开，脑髓被取出寄给史密森学会，身体的其他部分被火葬。相似情况还发生在 18 世纪早期的巨人症患者查尔斯·伯恩（Charles Byrne）身上，其在垂危之际明确留下愿望，要求入殓师将自己放于铅制棺材中沉入海底，然而他的遗体却被外科医生约翰·亨特（John Hunter）收购，并于英国皇家外科医学院亨特博物馆（The Hunterian Museum in the Royal College of Surgeons）展出 [1]。上述案例中人类遗骸固然能为人类学、生物学、病理学的研究提供帮助，但他们不应只被当作科学标本看待，在逝者生前明确留下愿望的情况下，忽视逝者个人意愿而收集遗骸并进行后续研究和展示，甚至以研究之名将遗骸分离，这种做法极度缺乏对于逝者的尊重，这样的科学研究和展陈也将被视为不道德。

（二）记录与分析（研究中）

围绕古代人类遗骸的研究，首当其冲的伦理问题是关于古人人权问题的讨论。研究者所进行的研究工作是要去人格化的，这些古代人类遗骸在研究过程中被赋予编号，成为要研究的材料，被放置在实验室中等待被记录成一连串象征研究结果的数据。对于考古遗址出土的古代人类遗骸，研究者往往很难获得关于其姓名和身份的准确信息，毕竟出土相关文字资料是极为少见的，不过出土的人类遗骸及其考古学信息（包括葬俗、葬式、随葬品等）是探究古人生命史的直接证据，无视出土人类遗骸的存在不加研究并不会比完整、科学、客观的研究更能体现尊重。此外，随着研究手段创新以及研究内容深入，现今对古代人类遗骸的研究不再局限于以观察与测量为主的形态学研究，化学、生物学等学科的研究手段也被广泛应用，成分分析成为常态，如稳定同位素研究、古 DNA 研究等技术手段都需要从保存较好的遗骸中获取骨粉或牙粉作为实验样品，对古代人类遗骸会造成不可逆的损坏，一定程度上也会破坏所收集古代人类遗骸的完整性，这往往也会引发是否侵犯古人的担忧。

基于对人权的探讨，去殖民化、去种族主义的生物考古学研究也成为许多学者关注的重要议题。如前文所提到的，19 世纪末 20 世纪初古代人类遗骸的研究重心在种族和起源问题上，随着欧美生物考古学的发展，这样的研究局限性在被修正，但种族问题的研究史仍然令部分人感到不安。以美洲原住民为例，考虑到生存空间不断被压缩的现实因素以及被殖民的历史背景，部分美洲原住民将研究其祖先遗骸的行为视作欧

---

① Nash C. Making kinship with human remains: Repatriation, biomedicine and the many relations of Charles Byrne. Environment and Planning D: Society and Space, 2018, 36(5): 867-884.

洲殖民者种族主义观念的表达，他们认为这是将其挑出来"取笑和猎奇"的贬义行为，如果没有与土著群体或当地社区进行沟通以充分了解到他们的关切与利益，往往会被视为殖民主义的新形式[①]。在去殖民化的背景下，以北美洲和澳洲原住民为代表的特定族群抵触其先民遗骸被研究，他们认为原住民先民的遗骸不应该被研究，虽然这在很大程度上限制了对北美洲、澳洲原住民生物考古学研究的完整性与深入性，但研究者仍然应当首要满足这些原住民的伦理需求[②]。东南亚地区各国家同样存在着被殖民的历史，但研究来自当地考古遗址的人类遗骸在文化上被普遍接受，很大程度上是因为该地区普遍受佛教信仰体系影响，对于精神的认知超越对死后身体完整的执着，只有在部分地区，许多晚期史前环境中挖掘出来的人被认为是万物有灵论信仰者，在这种信仰体系中，发掘死者遗体的做法令人憎恶，故遗骸也不能被破坏或是用于研究。在这种有明确文化信仰的情况下，对逝者或是其后代社区文化信仰的尊重也是研究者应当注重的。

除了公众对于古代人类遗骸的关切，研究者之间潜在的竞争有时也会对研究工作和成果产生影响。一方面，古代人类遗骸的研究样本终究是有限的，20世纪以来，更多的技术被应用于古代人类遗骸相关研究，越来越多研究者参与其中，在3名考古学家2017年给《自然》（Nature）杂志的致信中，利用古代人类和动物遗骸进行古DNA研究被比喻为"惊险的骨头游戏"，他们称少数遗传学实验室正在囤积珍贵的样本，一些研究者因与占据样本资源的团体关系不甚紧密，研究因此受到了阻碍[③]。这样的矛盾当然不仅仅存在于古DNA研究中，受埋藏环境影响，保存情况理想的古代人类遗骸较为稀少且具有不可复制性，但针对一个个体开可展多样的研究，由某人或某个团队收集并囤积古代人类遗骸而阻碍其他团队开展研究显然不符合科学研究伦理，且对于样本研究权的争夺也暗含遗骸所有权的争夺，同样是对古人及其后裔群体的不尊重。另一方面，研究成果攀比是竞争的另一种体现，英国皮尔丹人造假案就是在这种非良性竞争中爆发的科学界重大丑闻。英国古生物学家阿瑟·伍德沃德（Arthur Smith Woodward）及其好友查尔斯·道森（Charles Dawson）宣称他们发现了生活在约50万年前的皮尔丹人，被认为补充了猿类和人类之间进化的缺失环节，直到20世纪50年代，新测年技术揭穿了这个骗局，他们发现头骨和下颌骨并非来自同一时期，进一步研究发现，皮尔丹人头骨曾被人为染色和雕琢，这一发现后来被证明是猿类下颌骨和人类头骨结合而成的"赝品"，事实上此类事件在科学研究的历史上并不少见，尽管新技术和研究往往能揭示被掩盖的事实，但研究者的这种行为严重违背学术伦理，既是

---

① Mihesuah D A. American Indians, anthropologists, pothunters, and repatriation: Ethical, religious, and political differences. American Indian Quarterly, 1996, 20(2): 229-237.

② Moon C. What Remains? Human rights after death. In: Squires K, Errickson D, Marquez-Grant N (Eds.). Ethical Approaches to Human Remains: A Global Challenge in Bioarchaeology and Forensic Anthropology. Cham: Springer Nature Switzerland AG, 2019: 39-58.

③ Callaway E. Stop hoarding ancient bones, plead archaeologists. Nature, 2017: 11.

对古人及历史事实的不尊重，也是对公众知情权的伤害，往往会损害公众对于学术研究的信任①。

（三）归置与展陈（研究后）

人类遗骸伦理问题与区域历史以及宗教、文化息息相关，当前对于古代人类遗骸的归置方式主要包括归还、遣返、回填、保管。归还与遣返的处理方式通常针对殖民历史背景下被作为战争战利品所收集的人类遗骸；回填人类遗骸的选择与人们对于死亡以及丧葬习俗的理解有关，宗教、文化对于生死的阐释会影响甚至决定人们对待遗体的方式，进一步影响到对于处理死者遗体这一行为的看法，人们为死者准备安息之地以表示尊敬是长久以来的做法，因此也有部分遗骸的后裔群体或是相关文化团体要求重新埋葬人类遗骸。但有许多研究者认为，人类遗骸存在的潜在信息还需要更多的后期分析才能获得，将遗骸再次埋藏的做法会丢失那些潜在信息，讨论如何归置人类遗骸的目的除了规范道德，同样希望能保障研究者拥有更多科学研究的空间，因此，由研究机构、高校或是博物馆保管古代人类遗骸是更多研究者所希望的。然而，杰尼·托马斯（Jayne Thomas）关注到了一些古代人类遗骸的保管状况，在他的观察中，骨骼遗骸可能被装在雪茄盒、鞋盒或是碎木制成的盒子里，标签已经褪色，里面装满了泡沫、泛黄的报纸和成堆的骨头，脊椎骨已经折断，长骨骨干上出现裂缝，腕骨在盒子底部剧烈地嘎嘎作响……这样的描述暴露了存在于众多实验室或库房中保管的伦理问题，古代人类遗骸并没有得到很好的保管与归置，被像货物一样堆放，不仅没有受到尊重，也违背了保证研究可持续性的初衷，因为遗骸在这样的保存环境中同样会受到损坏，许多遗骸中的潜在信息可能在后续研究前就已经丢失，因此，如何妥善保管古代人类遗骸是考古工作者面临的重要难题②。

除了被保管在库房中，古代人类遗骸会以展陈的方式出现在博物馆。以前大部分西方国家对人类遗骸的展陈持反对观点，但近年来部分研究显示，公众对于人类遗骸相关展览的接受度不低，在英国多项问卷调查中，都有至少70%的受访者支持博物馆展陈人类遗骸，对于在博物馆参观人类遗骸展览的兴趣浓厚，研究者认为，公众对古代与现代人体的兴趣缘于与人类遗骸所展示的人体具有相同结构，能够更为直接、紧密地产生共鸣③。在国内，湖南省博物院对于辛追夫人遗体的展陈也吸引了诸多观众，辛追夫人自发掘以来引起轰动，人们对于其保存原因的讨论，以及参观展览的热情，都反映了公众对于古代人类遗骸抱有一定求知欲④。作为受公众信任的保管机构和展陈

---

① 吴汝康：《科学史上一场最大的骗局——皮尔唐人化石》，《人类学学报》1997年第1期。

② Thomas J L, Krupa K L. Bioarchaeological ethics and considerations for the deceased. Human Rights Quarterly, 2021, 43(2): 344-354.

③〔英〕夏洛特·罗伯茨著，张全超、李墨岑译：《人类骨骼考古学》，科学出版社，2021年，第37、38页。

④ 刘书、张乔：《博物馆展示古代人类遗骸的伦理性探讨》，《新美术》2021年第1期。

方，妥当保护人类遗骸并以科学合理的方式做好展陈工作也是相关工作者应背负的道德义务及伦理责任。

二、古代人类遗骸伦理问题的应对方法

针对古代人类遗骸相关伦理问题，目前最主要的应对方法即为建立法律法规。上文中提到的相关规定均是在面对激烈的伦理矛盾时所采取的措施，而依据法律法规制订明确、周密的发掘计划也成为了解决发掘与收集过程中伦理问题的关键。此外，在研究和处理两方面也有更多的值得借鉴的案例与经验。

（一）工作过程中与关联人群的沟通和交流

在对待人类遗骸的伦理问题上，最重要的两个要点即尊重与同意。尊重不仅体现在发掘、收集和研究过程中妥善对待人类遗骸，还有对死者遗愿的尊重，对于巨人症患者查尔斯·伯恩这样年代较近或是有明确关于死者愿望记载的人类遗骸，尊重死者自身的愿望是必要的，但对大多数考古出土古代人类遗骸而言，死者的愿望通常很难被确定，面向关联人群的沟通和交流是伦理考虑的重点，与和考古出土人类遗骸具有生物或文化上联系的人群进行协商、合作，利于后续工作顺利开展。对于人类遗骸牵涉到的人群在不同的国家和地区需要考虑各自特定的情况，但是大致可以分为以下几类情况进行考量：后裔群体、当地社区、相关文化或宗教团体。

首先，与死者具有明确亲缘关系的后裔群体是沟通的首要对象，如伦敦斯皮塔菲尔德基督教堂出土的部分人类遗骸，这些死者有可证的在世亲属，他们明确提出希望发掘出土的人类遗骸可以被重新埋葬，这样的要求理应被充分考量，得到尊重。但是，有明确亲缘关系的后裔群体在考古发掘工作中也极为罕见，且亲缘关系的远近和可商议的范围需要被界定，英国司法部曾对考古发掘后重新安葬理查德国王作出回应，表示死亡超过 100 年的古代人类遗骸，没有向其亲属咨询的必要。其次，出土人类遗骸的当地社区以及相关文化或宗教团体是考古学家沟通、合作的主要对象。死者被埋葬的当地社区可就如何处理遗骸提出建议或关切，因为地下埋葬的先人极有可能是当地社区中土著人群的祖先。美洲和澳大利亚地区原住民遗骸的遣返以及重新埋葬政策也是基于当地社区土著人群与死者的密切关联从而提出的。如果当地社区的情况不适合作为协商对象，就应该考虑死者生前所属的文化或宗教团体，或是探究在死者生活时代当地的普遍信仰。英国之所以对 597 年以后埋葬在英格兰基督教墓地的人类遗骸另作讨论，就是因为他们具有明确可考的宗教信仰。

（二）应对破坏性分析的方式

研究古代人类遗骸，应须遵守在传统分析无法回答提出的问题时才进行破坏性研

究的原则。阿莉卡·威尔伯（Alicia Wilbur）等人强调，有效的研究问题和明确的研究目的是对人类遗骸进行破坏性采样的必要条件[①]。因此，研究者需要在研究开展前明确研究目的、基本原理、工作质量以及价值，以确认研究是否有必要进行。英国生物人类学与骨骼考古学协会刚制定了守则，对破坏性分析涉及的伦理问题提出考虑和建议，并在2018年制订的基金申请表中要求申请人必须说明其研究的伦理影响[②]。研究一旦确定开展，就应当有明确的计划。在进行破坏性采样前，研究者必须在尽量详细的清单或表格中对遗骸保存情况进行记录，采样过程中也要准确记录已采样的部位，研究结束后要尽可能将剩余样本退还，使其与其余骨骼一起保存。对于古DNA序列等数据，发布后通常会存储在公开的数据库中，有助于未来对数据的利用与再分析，这类信息的共享可以有效避免研究者之间因数据竞争问题而产生重复的破坏性取样。古DNA研究领域著名学者大卫·赖克（David Reich）就曾表示其实验室会最小破坏骨骼进行取样，且会在一年内将剩余部分归还，同时愿意与其他研究者共享多余的骨粉并免费公开研究数据。

此外，基于可能重复出现的破坏性研究，生物考古三维模型的共享成为一种保存完整样本数据的可选方式。数字三维模型的创建和传播可以使用多种方法完成，对于科学研究而言主要包括记录、共享和存储三个前期阶段，以及一个重要后期阶段——分析，这涉及研究人员能够使用共享的三维模型达到何种研究目的。在记录阶段，通过数字化数据记录人类遗骸的信息，并重建未被现有媒体或文献所记录的实物遗骸。随后在设置权限的网络、出版物中共享，并适当地在更大范围内公开数据，允许公众参与知识构建。共享的数字三维模型可以被任何人自由使用、重新研究，也就使得人类骨骼遗骸不再是被单一个体或机构所保存，真正意义上变成一种可以共享的人类知识。对于学术界来说，在线共享数据的好处是能够对人类遗骸进行评估、重新解释和研究，支持开放科学的原则，利于改进同行评审，同时利用公开可获取的材料为科研创造力提供空间。然而，面对一些研究，数字三维模型起到的帮助仍然有限，最好是根据具体研究需要，综合运用传统分析、破坏性分析和三维模型数据共享三种手段，进行问题导向的人骨考古研究与分析。

（三）保管与展陈人类遗骸

保管与展陈为广大研究者提供了更多研究的机会与空间，加州大学圣塔芭芭拉分校建立了一个"特别设计的地下骨仓"，用以收藏从其他大学和博物馆运回的人类遗骸和相关随葬品，这个"骨仓"是在与丘马什部落土著人群协商的情况下设计的，既能满足土

---

① Wilbur A K, Bouwman A S, Stone A C, et al. Deficiencies and challenges in the study of ancient tuberculosis DNA. Journal of Archaeological Science, 2009, 36(9): 1990-1997.

② British Association for Biological Anthropology and Osteoarchaeology (BABAO). Code of Practice: BABAO Working-Group for Ethics and Practice [DB/OL]. 2024-05-09.

著人群对于死者待遇的需求，也便于生物考古学家后续研究的进行。特殊存放的设计能够较好地兼顾后裔群体的精神需求与科研需求，但也需要投入较多的资金，更需要保管方与博物馆严格管理人类遗骸的保存环境[①]。英国文化、媒体、体育部于 2005 年推出的《博物馆馆藏人类遗骸护理指南》提出了一些适用于人类遗骸收藏的建议方针，首先提到人类遗骸应被保存在安全且限制访问的储存场所，同时博物馆应定期监测该区域，对储存库的环境参数进行控制，特别应当注意温度和湿度的大变化，以防止遗骸的保存情况逐渐变差。其次，为保证信息的连续性不会随人员变动而发生改变，作为藏品保存在博物馆中的人类遗骸同被用于研究的人类遗骸一样，都需要有完善且全面的记录。同时，开放图像和数据共享是另一种保证人类遗骸完整性的保存方式。

最后，在不侵犯死者及其他相关人群意愿的情况下展陈人类遗骸，为社会公众了解人类自身相关的解剖学知识及其背后的社会背景提供了宝贵机会，考古遗址中出土的人类遗骸也可在一定程度上丰富人们的历史知识。考虑到人类遗骸的特殊性，设置用于提示游客的指示就变得十分重要。伦敦博物馆人类生物考古中心（Centre for Human Bioarchaeology，CHB）在设置包含人类遗骸的主题陈列时，都会在人类遗骸区域前设置标示牌，以便游客自行选择是否进入该展陈区域进行参观。当然，如何展示不同类型的人类遗骸也是重要议题之一，湿尸、干尸和单纯的骨骼等不同的遗骸类型需采用不同的保存及展示方式；破碎的骨骼遗骸与完整的骨架也可采取不同的展示方法；针对儿童、胎儿、母婴、惨死之人等不同年龄阶段、具有不同社会身份以及不同死亡方式的遗骸进行展陈也应有更多的设计与思考[②]。

三、我国古代人类遗骸伦理问题现状的反思与建议

相较于国外较为丰富，并且持续不断在推进的伦理问题研究，国内相关机构以及学者在这方面的探讨就明显不足，固然有国内关于人类遗骸伦理问题的矛盾相对缓和的因素，但在生命健康与人权问题愈发被重视的今天，科研工作者也应当未雨绸缪，在处理人类遗骸的问题上更加慎重。

（一）增强尊重与同意意识

诚然，大部分考古遗址中出土的人类遗骸都是距今甚远的古人，但悠久的历史和漫长的时间不应该改变我们关于伦理道德的认定。对于出土的所有古代人群，研究者

① Lambert P M, Walker P L. Bioarchaeological ethics: Perspectives on the use and value of human remains in scientific research. In: Katzenberg M A, Grauer A L (Eds.). Biological Anthropology of the Human Skeleton. Hoboken: John Wiley & Sons, 2018: 3-42.

② Bonney H, Bekvalac J, Phillips C. Human remains in museum collections in the United Kingdom. In: Squires K, Errickson D, Marquez-Grant N (Eds.). Ethical Approaches to Human Remains: A Global Challenge in Bioarchaeology and Forensic Anthropology. Cham: Springer Nature Switzerland AG, 2019: 211-237.

首先应当以身作则，从发掘、收集到研究、处理都秉持着尊重的原则，在发掘期间严格遵守田野考古规范流程，在研究中谨慎对待、细心观察、记录，利用最合适的方法与技术从人类遗骸中发现问题，努力复述出古代个体的生命史，重建逝者人群内部的社会机制，探究当代人群与古人之间的关系。

随着人类的迁徙，多民族融合的历史传统延续至今，因此国内较少涉及复杂的后裔群体问题，但秉持着同意的原则，面对有明确后裔群体的人类遗骸，都应当在取得同意后才能进行研究和处理，除非后裔群体有特别要求，否则都应当将人类遗骸归还。面对仍然保存着特色文化信仰和葬俗的地区，要加强与相关人群的沟通协作，让他们参与到问题的讨论中，协商适宜的研究与处理方法。

（二）完善相应法律和制度建设

目前我国针对保护、研究和处理人类遗骸的法律和制度建设都较为薄弱。在2017年修订的《中华人民共和国文物保护法》中，仅在总则内提到："具有科学价值的古脊椎动物化石和古人类化石同文物一样受国家保护。"[①]其余并未对人类遗骸的具体处理作单独分类和具体指导。然而，人类遗骸相较于其他文物更具有特殊性，虽"受国家保护"，但很难探讨其归属权，与人类遗骸有关的人群更是复杂多变，更多的伦理因素和文化因素需要被考虑，在缺乏更加细致的规定时，由于利益冲突或是其他原因而产生的争端便难以理清，进而会对科学研究的推进造成阻碍。

因此，针对人类遗骸的处理和研究，还需要相关机构提供法律和制度的支持。如果能形成对于人类遗骸的单独分类管理和处理方式的指导，有利于推动人类遗骸保管的规范化，在程序以及制度的指导下，也更能促进考古学家、生物人类学家和其他人群之间的合作。

（三）规范研究计划与数据记录程序

破坏性研究的问题始终是科研工作者面临的主要伦理难题。对于人类遗骸的破坏性采样，"开弓没有回头箭"，在开展研究前有严谨详细的研究计划是必要的，这可以帮助研究者重视研究的意义，审视和反思破坏性取样是否是最合适的研究方法。除此之外，对于要采用多种手段进行研究的人类遗骸，研究计划中有明确的先后顺序十分重要，对人类骨骼的形态学数据测量和记录一定要在所有采样工作开始前完成，采样时应视需要尽量选取已经较为破碎的骨骼；破坏性采样过程中同样要注意先后程序，洗刷骨头和利用X射线进行的研究都会对古DNA研究结果造成影响，在研究计划中设定明确的研究步骤可以避免此类问题的产生。

---

① 国家文物局.中华人民共和国文物保护法[EB/OL].URL: http://www.ncha.gov.cn/art/2017/11/28/art_2301_42898.html.2017-11-28.

另外，为了科学研究的可持续发展，需要做好人类遗骸的信息采集以及数据共享的工作。采用破坏性研究方法必然会造成后来的学者在研究时有一定数据缺失，因此在采样开始前必须对遗骸的原始保存状态做详细清晰地记录，采样过程中也要对采样的骨骼有即时的记录。此外，随着生物考古学的发展，学者出于各自的研究需要有时会出现不同研究者对同一个个体进行重复性实验的情况，科学公开的实验准则和及时的数据共享可以有效避免这样的问题出现。详细、规范的信息采集以及数据共享既有利于作为多方协商的工具，又有利于后续深入研究的展开，随着科学技术的发展与研究水平的提升，在原有数据的基础上使用新技术和新方法获取新的、有价值的证据，不管是对之前结论的校正、修订，还是新的研究出现，都是有意义的。

（四）科学布展生动叙事

博物馆中收藏、陈列古代人类遗骸并不罕见，除了古人类化石标本以及湿尸之外，常见的古代人类骨骼标本在近年来也有展出，但总体较少。事实上，这些常见的人骨标本是研究古代人群的首要证据，博物馆中多数器物或是动植物遗存都与古代人群息息相关，人是创造历史的主体。科学合理地对人类遗骸进行布展有助于帮助公众更加深刻地理解历史，认识到考古不仅出土精美灿烂的器物，考古研究更能构建不同时空人群记忆共享的桥梁，是对人类文化的延续。了解人类遗骸的研究意义，公众也将更加支持发掘、研究和保管人类遗骸。

鉴于人类遗骸的特殊性，对于展陈空间中温度、湿度、空气污染程度，还有现场灯光的设置都要有严格的把控。同时，在策展时布置专门的展陈区域并提前设置标示牌这样的做法应当广泛借鉴，但又不能使人类遗骸过于孤立，脱离其他考古文物，显得人类遗骸是一种具有猎奇性质的展品。在空间设置上要与其他相关的考古文物有一定互动关系，并且要通过展板和展签将二者关系叙述清楚，使得展览更具故事性，帮助公众理解人与历史的关系，用更加轻松的方式了解人体本身。当然在展陈的设计和实施过程中要关注观众对于人类遗骸展陈的反应和态度，采纳合理的建议，不断完善对于人类遗骸的展陈。

相较于国外复杂的历史问题和紧张的现实矛盾，国内有着更加宽容的人类遗骸研究环境，这是国内推进生物考古学发展的优势，但并不意味着我们可以忽视伦理问题。从发掘、收集、研究、处理多角度共同努力营建良好的研究氛围和伦理秩序，在尊重与保护的前提下开展科学研究，才能有效促进生物考古学的长足发展。

思 考 题

1. 什么是骨学悖论？并简谈骨学悖论对生物考古学研究的影响。

2. 古代人骨研究在中国的发展历程及现阶段发展趋势。

3. 古代人类遗骸是否具有人权？

延 伸 阅 读

吴汝康：《科学史上一场最大的骗局——皮尔唐人化石》，《人类学学报》1997 年第 1 期。

〔美〕贝丽姿著，詹小雅、任晓莹译：《欧美生物考古学的进展与思考》，《南方文物》2022 年第 4 期。

Wood J W, Milner G R, Harpending H C, Weiss K M. The osteological paradox: Problems of inferring prehistoric health from skeletal samples. Current Anthropology, 1992, 33(4): 343-370.

Buikstra J E and Beck L A (Eds.). Bioarchaeology: The Contextual Analysis of Human Remains. London: Academic Press, 2006.

第二章　关于人类骨骼的基本知识

作为人体组织器官，骨骼具有多种功能。骨骼是肌肉骨骼系统（musculoskeletal system）的基本机械性组成部分，执行保护和支持软组织器官，锚定肌肉、肌腱和韧带等功能，并且是加强肌肉运动功能的杠杆。同时，骨骼也是生理学功能中心，如红细胞生成、脂肪细胞储存，以及钙（凝血和肌肉收缩的必需元素）的储存等，均需骨骼的参与才能完成。骨骼的机械性和生理学功能决定了骨骼特殊的大体观和微观结构（包括分子结构），本章将展示上述内容。

骨骼是动态器官，影响个体的生长发育。骨骼内的成骨细胞不断地形成和重建骨骼。因此，在生命进程中，骨骼的大体观或形态可以发生改变。不同个体的骨骼大小和牙齿比例均可发生动态变化。在从分子水平介绍骨骼生物学和大体解剖结构之前，确认骨骼生物结构和变异十分重要。对于骨骼个体识别研究来说，理解和重视骨骼和牙齿的大体解剖结构至关重要。

第一节　人类骨骼的生物学特征

作为生命中最强大的生物材料之一，特别是在承载重量方面，骨骼是支撑人体器官的主要解剖结构。在奔跑时，膝关节的骨性结构承受了 5 倍的身体重量。即便如此，骨骼仍是人体中较为轻便的物质。骨骼的重量不超过体重的 2%，如果以钢铁取代所有骨骼，则重量可达原有骨骼重量的 5 倍。与钢铁不同，骨骼是由蛋白质（胶原）和矿物质（羟磷灰石）组成的一种复合材料。骨骼与钢铁不同的另一特性是，在外界应力作用下，骨骼还可以自行修复和塑形。

一、骨骼的组织结构

正常成年人体内骨的数量有 206 块，其大小不一，差异悬殊。每块骨都是一个器官，都有独立的血管和神经分布，都参加全身的新陈代谢。

全身的骨按照外形可区分为四大类，即长骨、短骨、扁骨和不规则骨。各类骨在人体中的功能和分布部位也不尽相同：长骨分布于四肢，形如圆柱，在运动中起杠杆作用；短骨为近似立方体的骨块，分布于手的腕部和足的跗部，富于耐压性，对人体主要起支持作用；扁骨呈板状，如颅顶骨、胸骨、肋骨和髋骨等，主要构成颅腔、胸腔、盆腔的壁，从而对腔内脏器起到保护作用；不规则骨的形状很不规则，如椎骨和一部分颅骨（蝶骨、颞骨），其功能也往往比较复杂。

在组织结构上，所有的成人骨骼均可分为两种基本的结构类型：骨密质（compact）和骨松质（spongy）。骨密质主要分布于骨干和骨皮层（cortical）。在关节处，骨密质终生被覆软骨，被称为软骨下骨（subchondral bone）。与没有软骨被覆的非关节结构相比，有软骨被覆的骨密质更加光滑和亮泽，同时也具有滋养骨质功能。

骨松质形态呈海绵、多孔和蜂巢状，也更加轻便。骨松质位于肌腱附着突起下方、椎体内部和长骨终端，总而言之，骨松质位于骨皮质之间，与双侧骨皮质形成类似三明治的形态。独特的骨小梁结构形成骨松质的孔状（cancellous）或梁状（trabecular）形态。在分子和细胞结构水平，骨密质和骨松质是完全相同的，不同仅仅在于解剖形态的多孔样结构。

红骨髓（redmarrow）是血细胞生发中心（hematopoietic），可以生成红细胞、白细胞和血小板。红骨髓主要位于骨松质的末端。而黄骨髓则主要位于骨密质形成的管状骨髓腔（medullarycavity）内，主要功能是储存脂肪细胞。在大多数长骨骨髓腔内，红骨髓最终会被黄骨髓所取代。如前所述，除了生成血细胞的红骨髓和储存脂肪的黄骨髓，骨骼还是人体钙细胞的储存库。

管状骨或长骨的部分结构是骨骼生长发育的中心。长骨的终端被称为骨骺（epiphyses），具有骨骼再生的次级中心（骨骺的关节面也是关节的一部分）。长骨的主体部分被称为骨干（diaphysis），是骨骼生长的初级中心。骨干末端扩张、膨大的结构被称为干骺端（metaphyses）。例如膝关节，当骨骼生长发育完成后，股骨远端的骨骺即与骨干融合为干骺端，不再新生骨细胞。

骨骼的外表面终生都覆盖着一层致密组织，称为骨膜（periosteum）。白骨化后，骨膜消失，但在活体上，除了软骨表面没有附着骨膜外，其他骨骼表面均有骨膜附着。骨膜坚硬、密布血管，因此可以为骨骼提供营养。有一些骨膜致密纤维深入骨表面，而另外一些则缠绕肌腱，与肌腱一起共同锚定肌肉和骨骼。骨骼内侧附着大量细胞黏膜，称为骨内膜（endosteum）。骨膜和骨内膜均是成骨器官，在青春期成骨细胞活跃，促进骨骼生长发育，成年后虽然成骨细胞数量减少，但仍保持潜在的激活能力。当骨膜遭受创伤时，成骨细胞即被激活，促进骨骼再生。

二、骨骼的物理和化学性质

无论什么样的成骨过程均始自细胞，这是所有哺乳动物的发育基础。骨骼与玻璃纤维相似，由两类物质构成。第一类成分是被称为胶原的大分子蛋白质（有机物），构成了大概 90% 的骨骼。胶原同时也是人体最为常见的蛋白质。胶原细胞呈螺旋形，这种构型赋予了骨骼轻微形变的能力。成熟骨骼内的胶原在一种致密的无机物作用下发生固化。这种无机物就是构成骨骼的第二类成分——羟磷灰石。在骨骼中，这是由磷酸钙组成的透明晶体，与胶原交互存在。蛋白质与矿物质交织构型赋予了骨骼惊人的特性。通过两种简单的实验，就能说明骨骼内这两种物质的作用。矿物质赋予了骨骼强度和硬度。如果将骨骼浸泡在酸性液体中，矿物质溶解，骨骼就会变得类似橡皮样柔软易折。但是，如果将骨骼加热使胶原变质，或者长时间放置后胶原缺失，则骨骼变得脆弱易碎。

骨骼分子水平的特征决定了骨骼的物理性质。细胞是组成和保持骨骼的基础，正是由于细胞的存在，骨骼才能适应外界应力，并且具有生长能力。

从胶原纤维和矿物质角度审视骨骼结构，将有助于我们获得更多关于骨骼功能的信息。

三、骨骼的生长和发育

组织学是研究器官的学科，通常在微观水平对组织器官进行研究。对哺乳动物的骨骼来说，有未成熟和成熟两种组织学类型。未成熟骨（粗束骨和编织骨）是胎儿时期的骨骼类型。未成熟骨通常暂时存在，随着机体的生长发育，最终由成熟骨取代。未成熟骨通常成骨迅速，并以胎儿骨骼形态、骨折修复区和多种骨骼瘤样结构为特征，成骨细胞的数量也明显多于成熟骨。编织骨是在进化进程中更为原始的骨骼形态，微观表现为大量粗大的束状胶原纤维排列紊乱，呈交错编织状。

不论是成人的骨密质还是骨小梁，都是由成熟骨，或称为板层骨（lamellar）组成的。板层骨是一种有序的有机结构，在骨皮质内呈重复层状排列。骨密质并不能从骨膜血管中获得养分，而是从哈弗斯系统（Haversian systems）的管道和管腔中获得营养。与此相反，虽然不能从哈弗斯系统获得营养，但骨小梁的多孔结构可以从围绕骨髓腔的血管中获得养分。从组织学角度来说，成人的骨密质和骨小梁都是板层骨。板层骨的生成要远慢于编织骨，但板层骨具有自我修复能力。

对胫骨干横截面的微观检查可见哈弗斯系统的内部结构，该结构类似一堆同心圆状排列的、锯断了的树干。每个树干的横截面又可见 4～8 层同心圆结构，被称为哈弗斯骨板（Haversian lamellae）。每层骨板均由相互平行的胶原纤维构成。但是，在每一层骨板中，胶原纤维以不同方向排列，这种交织的纤维走行可以明显增强骨骼结构的强度。

在树干横截面中的致密骨板被称为哈弗斯系统或次级骨单位（secondary osteon）。这些哈弗斯系统的直径约为 300μm（0.3mm），长度为 3～5mm。哈弗斯系统代表了致密骨的基本结构单位，其长轴与长骨的走行方向一致。通过哈弗斯系统中心的管道称为哈弗斯管（Haversian canal），中间有血管、淋巴和神经纤维走行。伏克曼管（Volkmann's canals）是另外一类更为微小的管腔结构，穿过骨膜，斜向走行于骨质中，以直角连结哈弗斯管，从而在长骨细胞之间创造了淋巴和血供的网络结构。

骨基质中小的空腔被称为骨陷窝（lacunae）。每个骨陷窝内富含具有活性的骨细胞（osteocyte）。骨细胞通过骨小管（canaliculi）获得养分，骨陷窝和骨小管内均含有组织液，骨小管以哈弗斯管为中心，呈放射状分布，相邻的骨陷窝借骨小管彼此通连。

　　骨结构的形成和维持主要靠 3 类细胞。成骨细胞（osteoblasts）是合成和存储成骨物质的细胞。成骨细胞富集于骨膜下，形成一种富含胶原的未钙化的类骨质（osteoid）样物质，又被称为前骨组织。当骨的无机成分羟磷灰石晶体在类骨质基质中沉积时，骨开始钙化。一旦被骨基质包围，成骨细胞便称为骨细胞，定位于骨陷窝中，起到维持骨骼解剖结构的作用。破骨细胞（osteoclasts）负责骨质再吸收（移除）。在生物个体成人化的适应过程中，所有的骨骼均会发生显著的改变。成骨过程贯穿生命始终。骨骼的再次形成，或称为重建（remodeling），是发生在细胞水平，由破骨细胞移除骨组织，再由成骨细胞构建骨组织的过程。成骨和骨质再吸收这两个相反的过程可以保持或改变骨生长过程中的形态和大小。一些骨骼人类学家将成骨过程视为骨骼生长过程的雕塑，而将重建视为生命过程中骨骼的持续移除和替代。

　　骨的组织学结构是骨骼代谢和骨骼柔韧性的基础。然而，在整个生命进程中，骨骼经历了生长所带来的巨变。由于骨细胞生成后即发生基质钙化，骨细胞并不具备持续的分裂能力，骨骼也不具备进一步自身生长的能力。因此，所有骨骼生长均发生在骨表面，是骨质不断生成和沉积的过程。实际上，骨骼是一种在骨连结处不断更新的组织器官。从组织胚胎学角度来看，骨的生长（成骨或骨化）主要发生在两个部位。膜内骨化（intramembranous ossification），尤其在面颅骨，是在胚胎时期形成的连续组织膜状结构中同步发生骨化。而骨骼系统的大部分骨骼，均是以软骨内骨化（endochondral ossification）的形式生长发育，这一生长发育过程以被称为软骨雏形（cartilage models）的前体软骨细胞为先导。在骨骼生长发育发生早期，也就是胚胎期，骨骼柔软可塑，但骨化过程已经开始。早期的骨骼生长以软骨为主，虽然软骨并不具备很好的承重功能，却是骨骼快速生长的良好媒介。软骨主要由胶原组成，与成熟骨骼不同，成人软骨具有很好的可塑性，也没有血管分布。膜内骨化和软骨内骨化的主要不同在于骨化发生时所处的部位不同，而成骨过程则是一致的。

　　胎儿的肋骨、脊柱、颅骨和四肢骨骼以软骨雏形的形式存在。随着血管在软骨雏形中不断生成，骨化也随之发生。骨骼生长以血管为中心，形成滋养孔（nutrient foramen）。在长骨的软骨雏形表面，覆有被称为软骨膜的菲薄膜性结构。位于胎儿四肢长骨软骨膜（perichondrium）下方的成骨细胞开始在软骨体部生成并沉积骨质。成骨过程一旦发生，软骨膜即被称为骨膜（periosteum），是一种纤维化的连续性组织，可不断地以层级的方式成骨。此时，破骨细胞移除骨骼内表面的骨质，而骨表面的成骨过程则不断形成新的骨质，随着该过程的不断重复，骨骼的直径得以不断增加。因此，这种外加生长（appositional growth）的模式使骨干的直径不断增加。成人密质骨均以此种方式生长发育，初始的不成熟骨干内部骨质被破骨细胞移除，骨髓腔得以扩大。从青少年骨骼迅速生长期之后，膜下成骨伴随生命始终。

　　在长骨直径不断增加的同时，长骨的长度也不断增长。长骨的终端具有粗糙、多孔,以及不规则等形态,这些形态有助于长骨干骺端成骨。在干骺端(初级骨化中心)和骨骺(次级骨化中心)之间的软骨中心被称为生长板(growth plate/epiphyseal plate),具有生成骨骼的功能。这层由软骨组成的板层结构由骨干中心开始生长。生成的软骨不断由骨干中心的骨化组织所取代。在骨骼生长发育过程中,骺板由骨干的初级骨化中心不断向两端拓展,骨骼长度随之增加。随着干骺端骺板的融合,以及生长板细胞停止生长,骨骼的生长和骨化即停止。在骨骼生长发育到停止的过程中,长骨末端发生了大量的重构过程。

受精卵形成后 11 周,大概有 800 个骨骼碎片状的骨化中心。出生时,骨化中心的数量减少至 450 个。出生前出现的骨化中心为初级中心,出生后出现的为次级中心。但是,股骨(下肢骨)远端和胫骨(下肢骨)近端的骨化中心在出生前即已出现。大部分长骨在初级骨化中心之外,还形成两个次级骨化中心。极少数的长骨形成一个次级骨化中心,而腕和踝则完全由初级骨化中心完成成骨过程。所有的初级和次级骨化中心融合形成成人的 206 块骨骼。

四、关节

由多组肌肉(muscles)和骨骼杠杆组成的系统是对骨骼肌肉系统的通俗解释。不同骨骼之间的连结被称为关节。关节(articulate)处的骨骼通过韧带(ligament)和软骨(cartilage)相连结。软骨坚固致密,但具有弹性,可被骨骼压缩。在肌腱形成的胶原纤维束的紧密包裹下,肌肉的收缩可使骨骼产生运动。关节面形态和韧带包绕限制关节的过度活动,防止脱位。

髋、肘、膝和拇指侧的腕掌关节可以各个方向活动,被称为滑膜关节(synovial joints)。滑膜关节面均覆盖有较薄的(通常为 1～5mm)、平滑的关节软骨,被称为透明软骨(hyaline cartilage)。毗邻骨骼之间的腔隙是关节腔,可以分泌润滑物质,称为滑膜液(synovial fluid),滑膜液的黏稠度与蛋清相似。滑膜液可以滋养关节软骨细胞,同时受纤维关节囊(joint capsule)的限制,不会溢出关节外。结缔组织和连结于骨膜上的韧带共同构成关节囊。位于骨骼表面的透明软骨,以及关节囊内的滑膜液可减少骨骼间的摩擦,使滑膜关节平滑运动。

滑膜关节通常也会以几何构型进行分类。由于股骨头为半球形结构,镶嵌于骨盆髋臼内,因此也被称为球状(spheroidal)关节,或球囊(ball-and-socket)关节。这种关节解剖结构允许关节各向活动。由于肘关节和膝关节类似滑车结构,而且主要产生一个平面内的运动,因此被称为屈成(hinge)关节。而掌指关节则被称为鞍状(saddle-shaped/sellar)关节。拇指侧的腕掌关节形态近似马鞍,允许屈伸两个主要方向的运动。平面(planar)关节允许骨骼之间发生平面滑动,例如腕关节和足弓之间的关节。

由于活动具有多向性,滑膜关节是肌肉骨骼系统中最为重要的关节结构。但是,除了滑膜关节之外，人体还有两种重要的关节类型：软骨连结和纤维连结。软骨连结（cartilaginous joints/synchondroses）指骨骼以软骨的方式相连结，骨骼之间几乎不允许运动。骨骼生发中心之间即以软骨连结的方式形成暂时性的关节结构。其中的一些关节结构可保持至成年，例如胸骨和肋骨之间的软骨连结等。表面附有透明软骨的骨骼之间，以纤维软骨相连结，称为联合（symphysis）。多束致密纤维组织，以膜性结构或韧带的形式，紧密包绕、连结关节，称为韧带联合（syndesmoses），例如位于踝关节之上的胫腓联合。颅缝（cranialsutures）是颅骨的纤维性联合。这种骨性结构呈连锁状，骨骼连结处迂回扭曲，纤维组织菲薄，颅骨连结紧密。牙根和下颌骨之间的关节则称为钉状关节（gomphosis）。当任何两处骨性结构相互融合时，称为骨连结（synostosis）。

关节，尤其对于滑膜关节来说，这种结构存在的目的就是为了保证骨骼的各向活动。肌肉连结于关节两端的骨骼，当肌肉收缩时，骨骼即产生运动。肌肉通常附着于两处不同的骨骼，但也有连结多处骨骼的肌肉。大多数肌肉通过肌腱附着于骨骼。而肌腱则是束状或片状的胶原束带，紧密包绕关节。韧带可持续保持张力，加强并限制骨骼的运动使骨骼只能在符合功能要求的方向运动。

肌肉在骨骼附着点的名称是相对的。肌肉收缩时，与骨骼附着相对稳定的位置被称为起点（origin）。肌肉的起点通常位于与骨干最为接近的位置。肌肉附着并可以产生收缩的位置称为止点（insertion）。例如，屈指肌肉起点位于前壁前侧，而止点则位于指骨两侧。肌肉产生的运动常是拮抗的。例如肘关节，不同的肌肉产生相反的屈（弯曲手臂）伸（伸展手臂）运动，这组肌肉被称为拮抗肌（antagonist）。肌肉的收缩决定了对应骨骼的运动方向。

第二节　解剖学术语

全世界的解剖学家和人类学家均使用一套特殊的语言来描述人体。解剖学术语简明而准确，供所有研究骨骼残骸的学者进行简明和准确的交流。实际上，如果没有基本的、普遍的解剖学术语，进行古生物学、人类学、人体解剖学和其他相关学科的交流是不可能的。本节我们定义了参考平面、方向术语、躯体运动和骨性结构等方面内容，为人体骨骼学研究提供必要的参考。解剖学术语依据人体基本功能设定，很多命名和描述骨骼的词语源自拉丁文和希腊语。这些拉丁文和希腊语的词根和前缀有助于我们了解骨骼的组成及其部分的名称。

人体解剖学术语指人体的标准解剖位置（standard anatomical position，图 2-1、图 2-2）。标准解剖位置是指人体站立、向前、脚合并、指向前方时各部位的位置，而不是从观察者角度定义位置。为防止骨骼交叉，标准解剖位置要求手掌向前，拇指指向躯体远侧。左和右指躯干的体侧，而不是观察者的位置。颅骨（cranial）就是头部骨

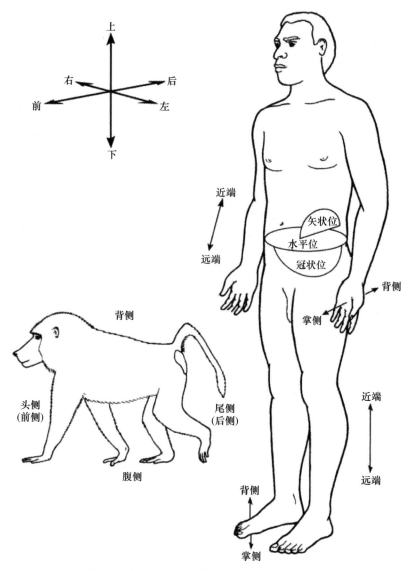

图 2-1　人类与四足哺乳动物的运动术语及平面
（改自 The Human Bone Manuel，2005）

骼。中轴骨（axial skeleton）指具有骨干结构的骨骼，包括椎骨、骶骨、肋骨和胸骨。四肢骨（appendicular skeleton）指肢体骨骼，包括肩和骨盆。

一、参考平面

人体骨骼学中有 3 个参考平面。矢状位（sagittal/midsagittal/median/mid-line）将人体左右分开。任何与矢状面平行分开人体的平面均称为旁矢状位（parasagittal section）。冠状位（coronal/frontal）将人体前后分开，且与矢状位垂直。水平位（transverse/horizontal）是在水平高度将人体分开，与矢状位和冠状位垂直。

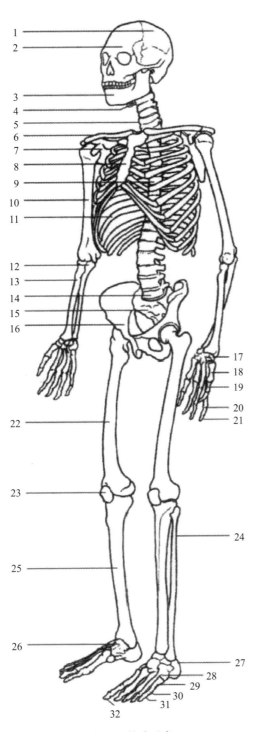

图 2-2　骨骼元素

（改自 The Human Bone Manuel，2005）

1. 成对颅骨（22）

2. 单独颅骨（5）

3. 下颌骨（1）

4. 舌骨（1）

5. 颈椎（7）

6. 锁骨（2）

7. 肩胛骨（2）

8. 胸骨（1）

9. 胸椎（12*）

10. 肱骨（2）

11. 肋骨（24*）

12. 尺骨（2）

13. 桡骨（2）

14. 腰椎（5*）

15. 骶骨（1）

16. 髋骨（2）

17. 腕骨（16）

18. 掌骨（10）

19. 近节指骨（10）

20. 中节指骨（8）

21. 远节指骨（10）

22. 股骨（2）

23. 髌骨（2）

24. 腓骨（2）

25. 胫骨（2）

26. 距骨（2）

27. 跟骨（2）

28. 其他跗骨（10）

29. 跖骨（10）

30. 近节趾骨（10）

31. 中节趾骨（8）

32. 远节趾骨（10）

* 骨骼数量可能存在个体差异

二、方向术语

在骨骼学中，确定骨骼的运动方向和相关位置是十分重要的。本章中所有的人体方向术语均以标准解剖位置为参照，而且这些人体的方向术语也可用于描述大多数哺乳动物的运动方向。由于人类是双足直立（orthograde）行走的（脊柱垂直于地面），而大多数哺乳动物是四足俯身（pronograde）行走的（脊柱平行于地面），因此在描述人类和哺乳动物的骨骼运动方向时，有些方向性术语可能会引起混淆（人类及其直系祖先与哺乳动物同属灵长类家族）。

（一）骨骼

上（superior）：人体头部所处的方向。人体最上部为颅骨矢状缝。头（cephalic）和颅（cranial）是近义词，在描述人类和动物时可以同时使用。

下（inferior）：与上相对，人体远离头部的部分。人体最下部为跟骨以及周边与地面接触的骨骼。尾侧（caudal）指尾部的方向，多用来描述动物的骨骼。

前（anterior）：人体的前方。胸骨为人类最前部，位于脊柱前方。腹侧（ventral）指腹部方向，可同时用于描述人类和动物的骨骼。

后（posterior）：与前相对，人体的后方。位于颅骨后下方的枕骨是人类最后部。背侧（dorsal）一般用来描述动物的骨骼运动方向。

近中（medial）：朝向中线方向，中门齿靠近中线一侧为近中面。

远中（lateral）：与近中相对，远离中线的方向。在解剖学姿势下，相对于小拇指，大拇指在远中。

近端（proximal）：与中轴骨相近的方向。通常用来描述四肢骨骼。上肢近端位于肱骨肩关节处。

远端（distal）：与近端相对，远离中轴骨的方向。足的远端位于足趾末端，鞋的前端位置。

外侧（external）：颅顶覆盖脑，在脑的外侧。

内侧（internal）：与外侧相对。顶叶通行血管的脑沟位于脑的内侧。

内部（endocranial）：颅骨的内侧面，脑位于颅骨内部空腔。

外部（ectocranial）：颅骨的外侧面，颞线位于颅骨的外部。

表面（superficial）：接近表面的方向，肋骨位于心脏的表面。

深部（deep）：与表面相对，远离表面的方向。牙本质位于牙的中心，为釉质的深部。

皮下（subcutaneous）：紧邻皮肤下方。胫骨前内侧面位于皮下。

（二）牙齿

中间（mesial）：切牙相互接触的中间线。磨牙的前侧、前磨牙牙冠、尖牙的内侧称为这些牙的中间部分。尖牙中间表面与切牙侧方相接触，而第一磨牙的中间表面与前磨牙相邻。

末端（distal）：与中间相对。前磨牙的末端是牙的后半部分。

舌侧（lingual）：与舌相对。当人微笑时，牙冠的舌侧通常不能被看见。

唇侧（labial）：与舌侧相反，与唇相对。通常用来描述切牙和尖牙，微笑时可以看到切牙的唇侧。

颊侧（buccal）：与舌侧相反，与面颊相对。通常用来描述前磨牙和磨牙。

相邻面（interproximal）：位于同一颌骨之上的相邻牙。

咬合面（occlusal）：相对应牙之间的接触面，通常是牙之间的咬合面。磨牙咬合面经常可见龋齿造成的空洞。

切面（incisal）：刺切或咬合，切牙的边缘。

近中远侧（mesiodistal）：由中间到末端的轴线。磨牙的近中远侧可能发生相邻面磨损。

颊舌侧（buccolingual）和唇舌侧（labiolingual）：由唇或颊到舌的轴线。尼安德特人常具有巨大的唇舌侧结构。

三、骨骼局部特征描述

我们将骨性突起称为结节，但如果突起足够大，我们则称之为粗隆。虽然这两个术语均指同一解剖位置，但仍可造成骨骼学家的混淆。为了保证命名的一贯性以及交流的一致性，不同的骨骼和骨性结构均沿袭了历史习惯的名称。差不多所有骨骼以及骨性特征均已被命名了很长时间。例如，股骨"大转子"这一特殊解剖结构的名称即约定俗成、由来已久的。

突隆（process）：骨性隆突。乳突在耳后形成骨性隆突。

突起（eminence）：骨性突起，与骨性隆突不同。咀嚼时，下颌关节突起在颞颌关节内运动。

棘突（spine）：与骨性突起相比，棘突更为细长、尖锐。脊柱的棘突被用来确定脊椎的节段。

粗隆（tuberosity）：具有不规则形态、表面崎岖不平的较大的骨性突起，经常是韧带或肌腱的附着点。肱骨三角肌粗隆，即为三角肌的附着点。

结节（tubercle）：经常是不规则、较小的骨性突起，常是韧带和肌腱的附着点。锁骨前面有多处不规则的骨性结节。

转子（trochanters）：股骨上两处不规则、钝性、较大的突隆。较大的称为大转子，较小的称为小转子。

踝（malleolus）：踝关节内外侧的骨性突起。触诊时，非常容易在踝关节内外侧触及。

关节（articulation）：骨骼之间的接触结构（通过软骨或纤维组织）。胫骨的近端和股骨的远端即为关节连结结构。

髁突（condyle）：关节上圆形的突隆。枕骨髁突位于颅底，与寰椎相连结。

髁上突（epicondyle）：邻近髁突的非关节突起。肱骨远端的髁上突位于肘关节上方，与肘关节侧面的髁突相邻。

头部（head）：圆形较大的骨性结构，通常是骨关节的末端。肱骨头是肱骨的最近端。

骨干（shaft/diaphysis）：长骨两端狭长、直行的骨性结构。股骨的骨干横截面呈圆形。

骨骺（epiphysis）：通常指长骨末端关节连结处的骨性膨大。胫骨近端与股骨连结的关节处呈膨大骨骺结构。

颈（neck）：骨骼头部和体部之间的骨性结构。早期人类的股骨颈长度与股骨长度之比较大。

隆凸（torus）：骨质增厚。一些直立人的前额眶上隆凸非常厚。

嵴（ridge）：线性骨性凸起，非常粗糙。肱骨外上髁嵴是肱骨和外上髁上的界限。

钩（hamulus）：钩样突起。腕关节的钩状骨因此得名。

小关节面/咬合面（Facet）：关节或牙接触的较小的面。胸椎通过小关节面与肋骨连结。牙冠生成后，牙之间的咬合面即形成。

窝（fossa）：凹陷区域，通常较为表浅但宽阔。例如鹰嘴窝。

小窝（fovea）：类似凹陷区域，通常小于"窝"。磨牙咬合面前部上可以见到未穿破釉质的小窝。

沟（groove）：较长的凹陷或沟。肱骨结节间有结节间沟穿过。

槽（sulcus）：更长且宽的沟。

囟门（fontanelle）：婴儿颅骨之间的空间。婴儿可触及颅骨缺如，即囟门。

骨缝（suture）：颅骨吻合的骨性结构。顶骨和枕骨之间的骨性连结为人字骨缝。

孔（foramen）：骨通道，通常有血管和神经穿行其中。下颌后部表面有下颌孔与外界相通。

管（canal）：隧道样结构，是"孔"的延伸。颅底有颈静脉管穿行。

道（meatus）：较小的管。外耳道及连结中耳和外耳的通道。

窦（sinus）：颅骨中腔隙。很多早期人类的额窦发育良好。

槽窝（alveolus）：牙槽窝。切牙的牙槽窝比尖牙浅。

思　考　题

1. 关节包含哪几个部分?
2. 骨骼的生长发育方式有哪些? 并具体介绍一下。
3. 未成年人容易发生什么类型的骨折? 并说明原因。

延　伸　阅　读

张继宗:《法医人类学》, 人民卫生出版社, 2009 年。

丁士海:《人体骨学研究》, 科学出版社, 2021 年。

〔德〕舒肯特 (Schünke M)、舒尔特 (Schulte E)、舒马赫 (Schumacher U) 著, 欧阳钧、戴景兴译:《人体解剖学图谱: 解剖学总论和肌肉骨骼系统》第 1 版, 上海科学技术出版社, 2021 年。

第三章 人类骨骼的具体介绍

在考古现场的人类学家通常不需要进行个体识别，而需关注从骨骼残骸中获得饮食、健康、生物学关联和人群历史等信息。而在上新世和更新世遗迹（考古现场中经常可以发现上新世和更新世的化石遗迹）中，人类学家不但需要关注人类始祖和其他物种的群体信息，还要关注物种的进化等信息。

骨骼残骸可为所有的研究人员提供现代和古代的调查线索。如果想更好地利用这些线索，研究人员须掌握一些基本原则。无论是法医学、考古学，还是古生物学调查现场，人类学家需要首先回答以下两个基本问题。

· 这是人类骨骼吗？

· 这里有多少具骨骼？

至于这是法医学、考古学，还是古生物学现场等领域的问题，则需进一步分析后才能明确。本书为人类骨骼学学习指南，重点阐述人类骨骼解剖结构。骨骼残骸包括了人体和动物骨骼，但当骨骼呈碎片状态时，很难从骨骼和牙残骸中鉴别种属。尽管现在仍没有公认的鉴别人类和非人类骨骼的有效方法，但在面对多种规格、形态骨骼残骸现场时，确认这些骨骼残骸是否属于人类，仍是研究人员首先要回答的问题。乌贝拉克（1989 年）列举了易与人类骨骼混淆的哺乳动物骨骼形态，但这仅限于骨骼的整体形态，调查现场中最多见的则是非人类骨骼碎片。一旦研究人员熟知不同种属骨骼特点，以及现代人类骨骼的形态特征，那么进行骨骼特征比较，从而确定现存或灭绝的哺乳动物等调查工作就不再困难。随着骨骼识别经验的不断丰富，人类学家进行个体识别的能力也不断增强。

本章重点介绍每块人类骨骼的形态特征，这也是本书最为重要的内容。从颅骨开始，依据解剖结构分别论述。除此之外，第四章专门介绍有关牙齿的内容。我们从不同角度展示了每部分骨骼的形态，并进行描述。人类骨骼考古的内容主要是对骨骼和牙齿，以及其基本特征的描述。

第一节 颅 骨

对人类骨骼考古工作者来说，颅骨是最为复杂，也是最为重要的骨骼。颅骨是确认年龄、性别，以及原始人类进化历史的关键。颅骨具有广泛的功能，因此也具有复杂的结构。颅骨是视觉、嗅觉、味觉和听觉功能的骨性载体，并且起到保护脑的作用。

除此之外，颅骨还是具有咀嚼功能的骨性结构。正因为具有如此之多的功能，颅骨具有复杂的结构也不足为奇了。

　　在对颅骨进行详细研究之前，应对颅骨的解剖结构有所了解（图 3-1～图 3-7）。熟悉并掌握一些骨骼形态特征对颅骨分析是十分有益的。眼球位于眼眶（orbits）内，在眶壁下方、通往鼻腔的孔道称为骨性前鼻孔（anterior nasal aperture）或梨状孔（piriform aperture）。耳与颅内相通的通道为外耳道（external auditory meati），而颅骨底部较大的卵圆形的孔道称为枕骨大孔（foramen magnum）。位于颅骨侧面呈桥状的骨性结构为颧弓（zygomatic arches）。虽然牙齿也是头部重要组成部分，但由于牙齿具有重要而特殊的解剖结构，因此将在第四章专门介绍有关牙齿的内容。

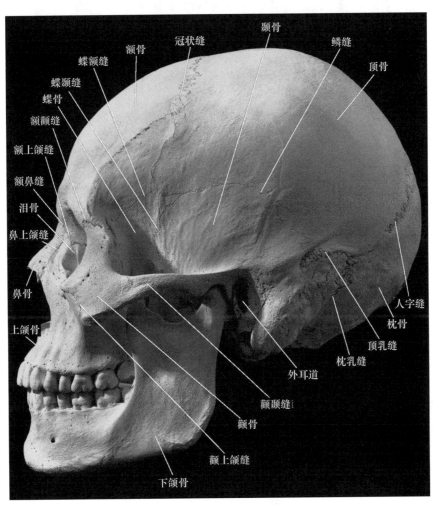

图 3-1　成年男性颅骨侧面观

（改自 The Human Bone Manuel，2005）

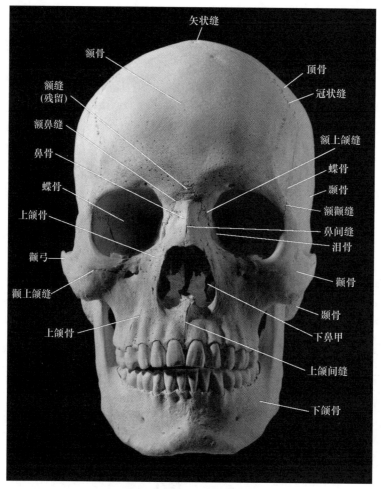

矢状缝
额骨
顶骨
冠状缝
额缝
(残留)
额鼻缝
鼻骨
蝶骨
上颌骨
颧弓
颧上颌缝
上颌骨
额上颌缝
蝶骨
颞骨
额颧缝
鼻间缝
泪骨
颧骨
颧骨
下鼻甲
上颌间缝
下颌骨

图 3-2　成年男性颅骨前面观
（改自 The Human Bone Manuel，2005）

一、颅骨的基本知识

（一）研究的注意事项

颅骨不仅是最为复杂的骨骼之一，同时也具有最精细的解剖结构。正因为其具有复杂而精细的解剖结构，因此，在进行有关颅骨的研究时，应在纱布或棉麻织物覆盖的、稳定的、附有衬垫材料的平台上处理颅骨标本。为了防止上、下牙列的牙相互碰撞，从而导致牙碎裂，不宜将上、下颌骨按原始解剖结构位置保存。当一定要以原始位置保存上、下颌骨时，应非常小心，在牙列间放置垫料以防牙碰撞。

处理颅骨标本时，一般应双手操作。手指不易损害枕骨大孔，但其他颅骨结构，如眶壁或颧弓，同样的操作则可能造成损坏，因此在处置颅骨时，不能抓握颅骨易碎的部位。除了眶壁之外，鼻骨也是具有轻薄骨板结构的骨骼，易受到损坏。同时，当

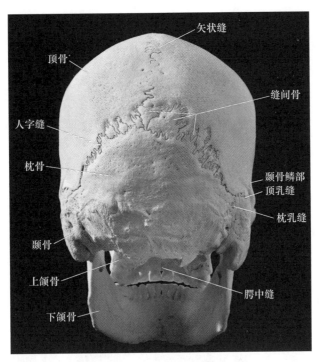

图 3-3　成年男性颅骨后面观

（改自 The Human Bone Manuel，2005）

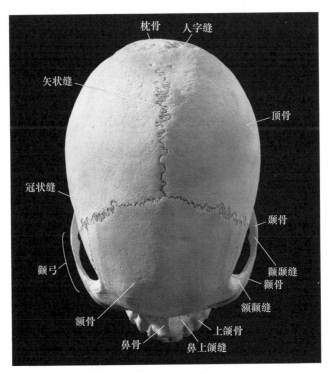

图 3-4　成年男性颅骨上面观

（改自 The Human Bone Manuel，2005）

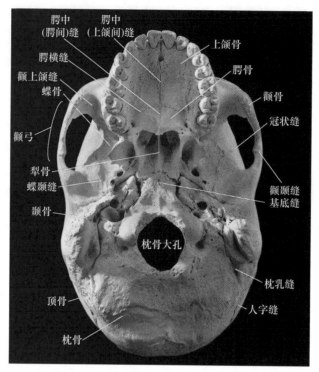

图 3-5　成年男性颅骨下面观

（改自 The Human Bone Manuel，2005）

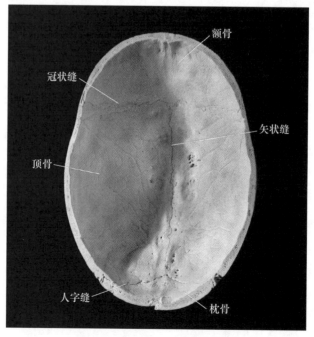

图 3-6　成年男性颅骨颅内上部

（改自 The Human Bone Manuel，2005）

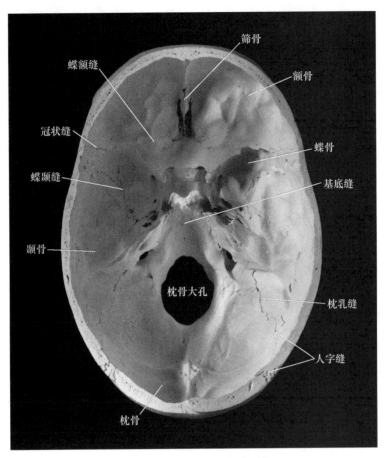

图 3-7　成年男性颅骨颅内下部
（改自 The Human Bone Manuel，2005）

处理颅骨时，与鼻骨相邻的骨性结构，如梨状孔、翼突和茎突都容易受到损坏。如果在处理过程中发生了牙脱落，应立即将牙还原，放置在原有牙槽骨内。应避免采取任何划、刺或扭转等方式处理或尝试处理颅骨标本。不过，即使谨慎处理，仍然不可避免造成骨骼标本断裂等情况。我们可以采取简单的黏合方式，还原骨骼的原始形态，注意要保证骨骼的完整，防止骨骼标本碎片永久丢失。

（二）颅骨的基本构成

人类的颅骨共有 23 块，构成了头部的骨性基础（图 3-1）。按照分布范围和具体功能方面的特点，通常又将颅骨分为两大类，即脑颅骨和面颅骨。此外，在左、右两侧的颞骨的内部各含 3 块听小骨（锤骨、砧骨和镫骨），借细小的肌肉和关节连结、固定并能产生轻微的调节运动，共同构成中耳内音响传导的主要部分。颅骨共计 29 块。

脑颅骨共有 8 块，共同围成颅腔，对脑等重要器官起到保护作用。在这 8 块脑颅骨中，额骨、枕骨、蝶骨和筛骨各有 1 块；而顶骨和颞骨则是左右对称的，各有 2 块。

面颅骨共 15 块，共同构成面部的骨性基础，对维持面形，支持消化道和呼吸道的上段具有重要意义。在这 15 块面颅骨中，上颌骨、鼻骨、泪骨、颧骨、腭骨、下鼻甲都是左右对称的，各有 2 块；而下颌骨、犁骨和舌骨则各有 1 块。

（三）颅骨的生长发育与骨缝和窦

与其他骨骼不同，出生时颅骨由 45 块相互独立的部分构成。新生儿的面颅骨相对较小，反映新生儿期大脑的成熟处于优势地位。此后，尤其是在上、下颌骨开始成熟时，面颅才慢慢赶上脑颅的生长发育程度。颅骨发育有 3 个重要阶段，分别是出现乳牙（6～24 个月）、出现恒牙（由 6 岁开始）和青春期。

出生时，颅骨各组成板骨之间由结缔组织连结，存在一定空间。这些"弱点"或囟门（fontanelles）起初由软骨膜性结构覆盖，之后完全被坚硬的骨质取代。成人颅骨呈铰链样连结，类似牙咬合或拉链样的连结称为骨缝（sutures）。这些骨缝的具体名称由相互连结的颅骨名称决定。例如，颧上颌缝（zygomatico maxillary sutures）即颧骨和上颌骨之间的骨缝连结，额鼻缝（frontonasal sutures）则是额骨和鼻骨之间的骨缝连结。但仍有一些骨缝连结并不遵循上述命名原则。如矢状缝（sagittal suture）即双侧顶骨之间、位于中线处的骨缝。额缝（metopic suture）为婴幼儿时期的额骨骨缝，成年后消失。冠状缝（coronal suture）为额骨和顶骨之间的骨缝。人字缝（lambdoidal suture）位于双侧顶骨和枕骨之间。鳞缝（squamosal sutures）并不常见，是位于颞骨与顶骨之间的鳞片状骨缝。蝶枕（sphenooccipital）或基底缝（basilar suture），实际上是软骨连结，位于蝶骨和枕骨之间。顶乳缝（parietomastoid sutures）通过顶骨和颞骨之间，向后延伸为鳞缝。枕乳缝（occipitomastoid sutures）在颅顶侧通过枕骨和颞骨之间。

在面颅生长发育过程中，部分颅骨气化为窦（sinuses），成为颅骨内的空腔。人体有 4 种窦，分别为上颌窦、额窦、筛窦和蝶窦。这些窦均与鼻腔相通，如果这些窦的黏膜受到刺激，可引起肿胀、渗出和头痛等不适。

系统地了解颅骨的骨性解剖结构应做到以下几点。首先，研究青年成人的颅骨，观察所有骨缝结构；其次，研究动态发生，注意生长发育过程中所有骨骼和骨缝的动态变化。

最完整的颅骨具有相当独特的形态特征，不难识别。由于颅骨的不同组成部分被发现时，经常不完整、呈碎片状，因此对每一块或每一对颅骨结构均应给予高度关注。应遵循以下步骤确定颅骨碎片的归属：确定该碎片是属于脑颅还是面颅；注意任何血管压迹、骨缝连结、孔道、表面结构、骨骼厚度变化、肌肉附着点、窦壁、牙根或牙槽窝等；注意包括窦发育在内的骨片横断面厚度。仔细观察骨缝连结的形态构成。

（四）法兰克福平面／耳眼平面（Frankfurt Horizontal，FH）

只有处于同一位置下的两个独立个体的颅骨比较，才能获得最好和最有益的结果。现行的颅骨定位规则称为法兰克福平面，是 1884 年在德国法兰克福召开测定方法会议时所确定的，因而得名。法兰克福平面是由左、右侧耳门上点（porion）和左侧眶下缘点（orbitale）三点所确定的一个平面。这些测量点均位于双侧外耳道和左侧眶下缘确定的平面内。

在法兰克福平面上，颅骨具有 6 个标准的位面观。从上面观察，以垂直面观（norma verticalis）观察颅骨；从侧面观察，以侧面观（norma lateralis）观察颅骨；从后面观察，以后面观（norma occipitalis）观察颅骨；从前面观察，以前面观（norma frontalis）观察颅骨；从下面观察，以下面观（norma basilaris）观察颅骨。所有这些位面均垂直或平行于法兰克福平面。这些骨性测量点用来描述和比较颅骨的形态和大小。

二、额骨

额骨位于脑颅前方（图 3-8～图 3-11）。与顶骨、鼻骨、上颌骨、蝶骨、筛骨、泪骨和颧骨相连结。额骨也是最大、最坚固的颅骨。额骨由垂直和水平两部分构成。

额骨有 2 个骨化中心。出生时，这 2 个中心相分离，通常在出生后第二年，这 2 个中心开始沿额骨缝（中线）相融合。当额骨碎裂时，与顶骨鉴别存在困难。但是，顶骨具有更大、更密集的脑膜压迹，而且与额骨相比，顶骨的颅内表面相对光滑、平整。额骨是主要的穹隆骨，具有实质的窦性结构，且毗邻圆锥状眶壁。

额骨鳞部与颅骨连结紧密，很难单独分离。不论是整体还是局部，如果以正确的

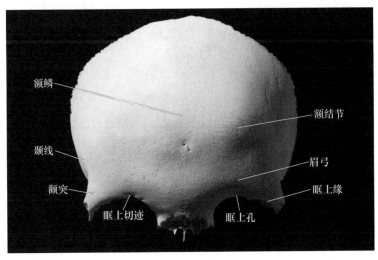

图 3-8　额骨前面观（颅外）

（改自 The Human Bone Manuel，2005）

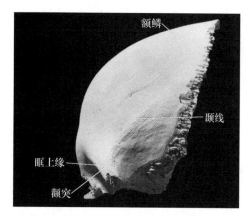

图 3-9 额骨左面观（颅外）
（改自 The Human Bone Manuel，2005）

骨性连结位置分离额骨或牙，则相对容易。换句话说，也应以正确的骨性连结位置拼合额骨碎片。冠状缝由前囟点（冠状缝和矢状缝的交界点）分别向前外侧延伸，意味着冠状缝和矢状缝并不是以直角相连结。利用这样的解剖结构，很容易分离额骨。额骨碎片中经常可见前外侧额窦。颅外颞线居中，是较为薄弱的颅骨结构。

具体结构介绍如下：

① 额鳞（frontal squama）：垂直的额鳞构成前额。

② 水平部（horizontal portion）：构成眶上缘以及额叶的底部。

③ 额结节（frontal eminences/frontal tubers/bosses）：前额的主要部分。前额两侧相对的两个突起，是额骨骨性结构测量的特征点。

④ 颞线（temporal lines）：位于颅外侧面，为颞肌附着点。颞肌是提举下颌骨的主要肌肉，被覆颞筋膜。颞线为颞窝上缘标志。该线在向前后延伸时呈波峰改变。根据形态，颞线可分为上颞线和下颞线。

⑤ 颧突（zygomatic processes）：构成了额骨最前外侧角。

⑥ 眉弓（superciliary arches/brow ridges）：跨越眼眶的环状骨性结构。男性眉弓较为突出，有时双侧眉弓可以相互连结。

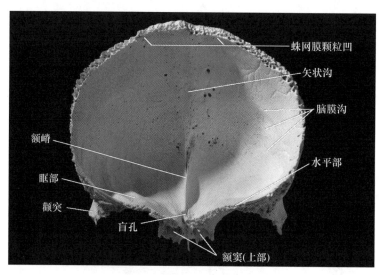

图 3-10 额骨后面观（颅外）
（改自 The Human Bone Manuel，2005）

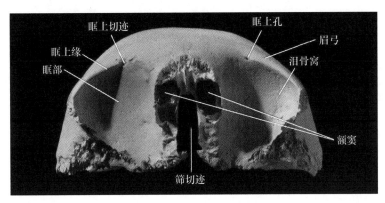

图 3-11　额骨下面观（颅外）

（改自 The Human Bone Manuel，2005）

⑦ 眶上缘（supraorbital margins）：眶上壁的边缘。眶上缘有眶上切迹，并有眶上孔。

⑧ 眶上切迹（supraorbital notches）：位于内侧眶上缘一半处。眶上切迹有眶上血管和神经通过至前额区域。

⑨ 额缝（metopic suture/frontal suture）：左、右额骨之间的骨缝。额缝随生长发育而消失，成人罕见。成人眉间经常可见额缝残痕。

⑩ 脑膜沟（meningeal grooves）：颅外前鳞部脑膜中动脉走行区域。脑组织被覆保护性硬膜，硬膜血供即来源于脑膜动脉。

⑪ 矢状沟（sagittal sulcus）：与颅内中线垂直。矢状沟内为上矢状窦，是较大的脑内静脉血流汇集处。

⑫ 额嵴（frontal crest）：矢状缝前缘终点汇合形成的中线峰状突起。其上附有大脑镰，为双侧大脑半球中间坚硬的膜状结构。

⑬ 盲孔（foramen cecum）：位于额嵴根部或基底部、大小多变的孔道结构，其中有来自额窦、通向上矢状窦的小型静脉血管通过。

⑭ 蛛网膜颗粒凹（arachnoid foveae/granular foveae）：位于颅内中线冠状缝的特殊突起。颗粒凹与脑表面的另一种膜性覆盖物蛛网膜相关。蛛网膜是位于硬膜下，附于脑表面上无血管分布的膜。生长发育中，蛛网膜丛、蛛网膜颗粒外推硬膜，造成颅骨再吸收，并形成颅内表面的凹陷。中线双侧额叶的表面遍布折的沟回压迹。

⑮ 眶板（pars orbitalis/orbital plate）：额骨的水平部分。眶板颅内表面崎岖，为额叶的前缘；后部相对凹陷、光滑，为眶面。

⑯ 泪骨窝（lacrimal fossae）：与泪腺相通，位于额骨眶壁的侧下方。

⑰ 筛切迹（ethmoidal notch）：分割眶板的沟状结构。筛骨通过筛切迹与颅骨其他部分相连结。

⑱ 额窦（frontal sinuses）：通常位于筛切迹前方，延伸至额骨内外骨板的距离不定，有时可延伸至眶板。法医学侦查中，常应用额窦的放射学特征进行个体识别。

三、顶骨

顶骨参与形成颅顶的侧面和顶部（图 3-12、图 3-13）。每个顶骨与对侧顶骨以及额骨、颞骨、枕骨和蝶骨相连结。顶骨呈正方形，是颅骨中最大的骨骼，具有相对均一的厚度。

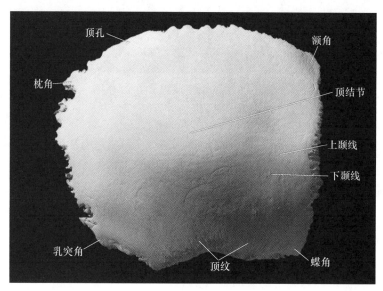

图 3-12　右顶骨侧面观（颅外）
（图示前侧朝右，上方即顶骨上方。改自 The Human Bone Manuel，2005）

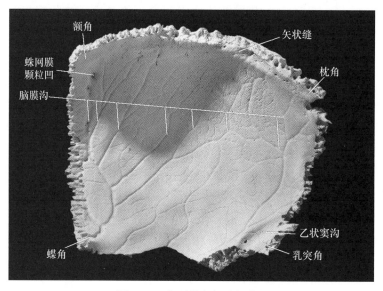

图 3-13　右顶骨中部（颅内）
（图示前侧朝左，上方即顶骨上方。改自 The Human Bone Manuel，2005）

具体结构介绍如下：

① 额角（frontal angle）：位于前囟。

② 蝶角（sphenoidal angle）：位于翼点（蝶骨、顶骨、颞骨和额骨交汇处）。

③ 枕角（occipital angle）：位于人字点（矢状缝和人字缝的交叉点）。

④ 乳突角（mastoid angle）：位于星点（人字缝和颞骨的连结处）。

⑤ 顶结节（parietal tuber）：顶骨外圆形的中心样突起，是成骨中心。

⑥ 颞线（temporal lines）：颞骨前外侧弧形的线性结构。

⑦ 上颞线（superior temporal line）：颞筋膜附着点。

⑧ 下颞线（inferior temporal line）：颞肌最上缘。

⑨ 顶孔（parietal foramen）：如存在，则位于近人字点的矢状缝处。其中有穿行顶骨向矢状窦走行的小静脉通过。

⑩ 顶纹（parietal striac）：纹状结构，呈放射状，由顶骨外后上方向鳞部斜坡边缘走行。

⑪ 脑膜沟（meningeal grooves）：脑膜中动脉在顶骨内走行区，该动脉供应硬膜血液。脑膜中动脉最前缘与顶骨冠状缘相平行，其大部分分支向枕角走行。

⑫ 矢状缝（sagittal sulcus）：位于颅内中线、顶骨连结的矢状边缘浅沟。矢状缝是额缝向后的延伸。

⑬ 蛛网膜颗粒凹（arachnoid foveae/granular foveae）：沿顶骨矢状边缘前内部的突起。与额叶蛛网膜颗粒凹具有同样的功能。

⑭ 乙状窦沟（sigmoid sulcus）：为乙状窦或横窦的浅沟。

四、颞骨

颞骨组成了颅顶和基底部的侧壁（图 3-14～图 3-16），容纳精细的听觉器官，并组成了下颌关节的上壁。由于功能水平不同，颞骨具有高度不规则的形态。颞骨与顶骨、枕骨、蝶骨、颧骨和下颌骨相连结。下颌关节，或颞颌关节经常缩写为 TMJ。部分颞骨非常坚固，因此与其他颅骨相比，颞骨具有很强的抗击能力。

具体结构介绍如下：

① 鳞部（squama）：皮薄，呈板状，为颅骨垂直组成部分，沿鳞缝与顶骨相连结。

② 颞骨岩部（petrous pyramid）：颞骨颅内粗大厚实的骨性结构。颞骨岩部前内侧尖锐的上缘将脑枕叶和颞叶分开，其内容纳内耳。岩部楔入枕骨和蝶骨。颞骨前内侧观可见颈动脉管。颞骨岩部容纳有锤骨、砧骨和镫骨等精细的听觉和平衡觉器官。

③ 外耳道（external acoustic meatus，EAM）：开口于外耳，向内走行大约 2cm，内端与鼓膜相接。

④ 颧突（zygomatic process）：颞骨的细小突起，其后半部分构成颧弓。其前缘是锯齿状的颞颧缝，上缘有颞筋膜附着，下缘附着咬肌纤维。

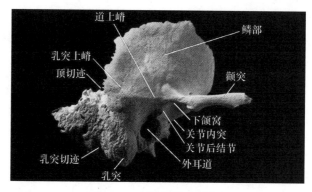

图 3-14　右颞侧面（颅外）

（图中前方朝右，上方即颞骨上方。改自 The Human Bone Manuel，2005）

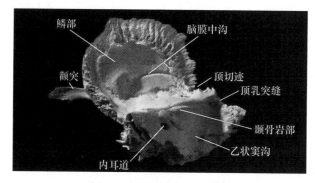

图 3-15　右颞中部（颅外）

（图中前方朝左，上方即颞骨上方。改自 The Human Bone Manuel，2005）

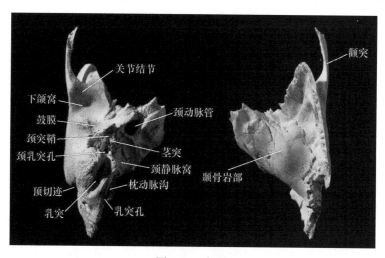

图 3-16　右颞

（左：下面观，图中上方即颞骨前方，右方为颞骨内侧。右：上面观，
图中上方即颞骨前方，左方为颞骨内侧。改自 The Human Bone Manuel，2005）

⑤ 道上嵴（suprameatal crest）：位于颞骨突起的上方，与外耳道平行，是耳道的测量点。

⑥ 乳突上嵴（supramastoid crest）：是道上嵴向后的延伸。乳突上嵴有部分颞肌和颞筋膜附着。

⑦ 顶切迹（parietal notch）：颞骨后上边界形成顶切迹，是鳞部和顶乳突缝的交会。

⑧ 乳突（mastoid process）：外表面粗糙，有如下肌肉附着：胸锁乳突肌、头夹肌和头最长肌。这些肌肉参与头部的伸、屈和旋转。在某些人群和人类化石中，当乳突上嵴也位于乳突时，颞肌也会附着于此。乳突内部由薄壁分割为多处孔洞样结构，称为乳突小房（mastoidcells）。

⑨ 乳突孔（mastoid foramen）：位于乳突后缘枕乳缝附近（偶尔多处）。其中穿行供硬膜、板障骨（颅骨内外骨板之间为骨松质，呈三明治结构）和乳突细胞的枕动脉小分支。

⑩ 乳突切迹（mastoid notch）/ 二腹肌沟（digastric groove）：二腹肌腱附着点，乳突中部垂直线。

⑪ 枕动脉沟（occipital groove）：位于乳突切迹正中，为容纳枕动脉的浅沟。

⑫ 颞下颌关节面（temporomandibular articular surface）：位于颞突下方的光滑关节面，关节面下方具有很大的坡度。

⑬ 关节结节（articular eminence）：形成了颞下颌关节面的前部。

⑭ 下颌窝（mandibular fossa/glenoid fossa）：位于下颌关节的后上方。关节窝正对蝶鳞缝。咀嚼时，下颌头在下颌关节窝内前后及侧方运动。在下颌头和下颌窝之间填充有纤维软骨组成的关节盘。

⑮ 关节后结节（postglenoid process）：位于外耳道前上方的突出，处于鼓室部（形成外耳道边缘）和下颌窝之间。外耳道的部分软骨在此附着加强。

⑯ 关节内突（entoglenoid process）：关节结节关节面下方的突起。

⑰ 鼓膜（tympanic）：是颞骨的一部分，位于外耳道后方。其前表面形成下颌窝的后壁，无关节结构。

⑱ 茎突（styloid process）：位于颞骨前下方细小的、棒状的骨性突起。茎突是长度不定的细长形突出，易于折断和碎裂或丢失（作为示例的茎突标本，其末端已经折断）。茎突有茎突韧带和一些小型肌肉附着。

⑲ 颈乳突孔（stylomastoid foramen）：位于茎突正后方，为面神经（第 7 对脑神经）的出口和颈乳突动脉的入口。

⑳ 茎突鞘（vaginal process）：包绕茎突基底部。

㉑ 颈静脉窝（jugular fossa）：位于茎突基底部。这个深窝内藏有颈内静脉球，该血管负责引流头部和颈部的血液。

㉒ 颈动脉管（carotid canal）：穿行颈内动脉的环形管道。颈动脉是头部和颈动脉

神经丛血液的主要供血动脉。颈动脉管位于颈动脉窝前方、蝶鳞缝水平。

㉓ 脑膜中沟（middle meningeal grooves）：颞骨外表面狭窄、界限清楚的通道。脑膜中沟迂曲的形态与颞叶沟回相对应。

㉔ 内耳道（internal acoustic/auditory meatus）：位于颞骨岩部后表面，其内穿行面神经和听神经（分别对应第 7、第 8 对脑神经）和迷路动脉。

㉕ 乙状窦沟（sigmoid sulcus）：位于颞骨乳突部内表面、颞骨岩部基底部后方大而弯曲的沟状结构。其中容纳乙状窦，是横窦向前下方延伸的部分，主要收集来源于颈内静脉的血液。乙状窦沟是顶骨后下角沟的延续。

图 3-17　听小骨双侧观
（改自 The Human Bone Manuel，2005）

五、听小骨

微小的听小骨（图 3-17），包括锤骨（malleus）、砧骨（incus）和镫骨（stapes），位于颞骨鼓室内。初始端与鼓膜相连结，其他部分居中排列。听小骨非常细小，需要放大后才能观察。在发掘过程中经常丢失，而且在研究中也很少涉及。

六、枕骨

枕骨位于颅骨的后方（图 3-18、图 3-19），大致的轮廓近似四边形，内面凹，外面凸，与颞骨、蝶骨、顶骨和最上位颈椎寰椎相连结。

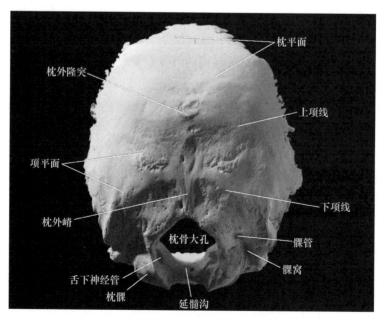

图 3-18　枕骨后下部（颅外）
（图示上方即枕骨上方。改自 The Human Bone Manuel，2005）

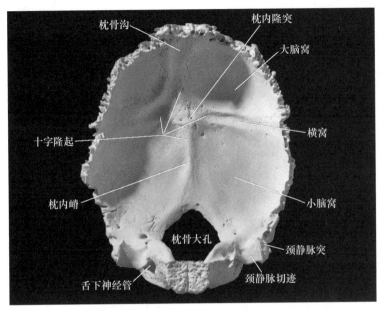

图 3-19　枕骨前侧（内颅）

（图示上方即枕骨上方。改自 The Human Bone Manuel，2005）

具体结构介绍如下：

① 枕骨大孔（foramen magnum）：枕骨最大的孔道，其中有脑干通行，并向下移行至椎管。

② 枕鳞（squamous）：构成枕骨大孔前下部最大的骨板结构。

③ 枕平面（occipital planum）：位于上项线的枕骨平面，枕平面下方为项平面（nuchal planum）。

④ 枕外隆突（external occipital protuberance）：位于颅中线和项平面交界处。其形态多变，且男性的枕外隆突更加突出。

⑤ 上项线（superior nuchal lines）：走行于颅外中线至枕骨鳞部。项平面和枕平面融合于上项线。部分肌肉附着于此，参与头部的伸直和旋转运动。

⑥ 下项线（inferiornuchal lines）：下项线与上项线平行。项肌肉的筋膜附着于此，部分项肌肉附着于下项线下方。

⑦ 枕外嵴（external occipital crest）：不规则、多变的中线或嵴状结构，位于双侧项肌肉之间。由枕外隆突向枕骨大孔后方延伸，有项韧带附着。

⑧ 基底部（basilar part）：枕骨大孔前方较厚的正方形突出。基底部与双侧颞骨岩部相连，并通过蝶枕缝与蝶骨连结。

⑨ 侧部（lateral）或髁部（condylar）：位于枕骨大孔双侧，与颞骨相连结。

⑩ 枕髁（ccipital condyles）：位于枕骨大孔双侧。下骨面凸起，与寰椎上关节面的凹陷相对应。

⑪ 髁窝（condylar fossae）：髁部后方的颅外压迹。当头部向后伸展时，髁窝与寰椎上关节面后缘相对应。

⑫ 髁管（condylar foramina）：位于髁窝深部，穿行导静脉。

⑬ 舌下神经管（hypoglossal canals）：髁突基底部前方的孔道，为舌下神经（对应第 12 对脑神经）出口和舌下动脉入口。

⑭ 颈静脉突（jugular processes）：髁突外侧的角状突起，其尖端位于枕乳缝的最前端。

⑮ 颈静脉切迹（jugular notch）：位于颈静脉突前方。该切迹形成颅骨颈静脉孔的后半部分，而前半部分则由颞骨构成。

⑯ 十字隆起（cruciform eminence）：将颅底分为 4 个凹陷，因呈十字形而得名。

⑰ 大脑窝（cerebral fossae）：枕骨颅内人字缝下方长方形压迹，内容纳枕叶和大脑。

⑱ 小脑窝（cerebellar fossae）：位于枕骨鳞部下方前部，内容纳小脑。

⑲ 枕内隆突（internal occipital protuberance）：位于十字隆起中心。

⑳ 枕骨沟（occipital/sagittalsulcus）：走行于枕内粗隆上方。为颅内矢状窦的移行部分，是脑内血液汇集通路。

㉑ 枕内嵴（internal occipital crest）：十字隆起的前臂。有时可在枕骨大孔一侧或双侧移行为沟状。例如枕乳沟（occipitomarginal sulcus），为脑内血液汇集通路。

㉒ 横窝（transverse sulci）：十字隆起的横臂，内容纳横窦。右侧横窦常粗大，与矢状窦相通。作为静脉回流系统之一，横窦骨性结构和软组织具有很大变异性。枕骨横窦经顶骨乳突角，与枕骨矢状窦和颅内颈静脉突相连结。

㉓ 延髓沟（groove for the medulla oblongata）：位于枕骨颅内基底部斜坡的孔道。

七、上颌骨

上颌骨为成对骨（图 3-20），构成脸部的主要结构。功能上，上颌骨容纳牙根，而且构成骨性前鼻孔和鼻孔底、大部分硬腭和眶壁。除了容纳牙根的部分外，大部分上颌骨是轻巧和易碎的。上颌骨具有 4 个主要构成部分，并与额骨、鼻骨、泪道、筛骨、前鼻甲、上腭、犁骨、颧骨和蝶骨相连结。

具体结构介绍如下：

① 齿槽突（alveolar process）：上颌骨的水平部分，容纳齿根。

② 牙槽（alveoli）：除牙齿缺失发生再吸收之外，牙槽均与牙槽突伴行支持牙根。

③ 鼻牙槽斜窝（canine jugum）：在上颌骨表面容纳犬齿根的骨性突起。

④ 颧突（zygomatic process）：构成大部分面颊。

⑤ 眶下孔（infraorbital foramen）：位于面部眶下壁边缘。

⑥ 犬齿窝（canine fossa）：位于眶下孔下方的变异孔道，为颧骨、额骨和牙槽在上颌骨的汇合点。

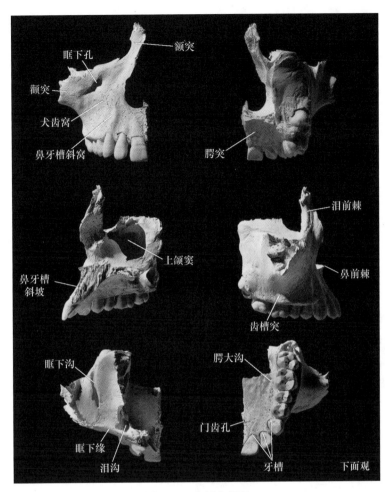

图 3-20　右侧上颌骨

（左上：前面观；右上：后面观；左中：中间观；右中：侧面观；左下：上面观；右下：下面观。
改自 The Human Bone Manuel, 2005）

⑦ 鼻前棘（anterior nasal spine）：骨性鼻前孔下缘中线处的骨性突起。

⑧ 眶下沟（infraorbital sulcus）：位于眶壁下，并开口于眶壁后上方，在前下方通过眶下管（infraorbital canal）连结眶下孔。

⑨ 上颌窦（maxillary sinus）：位于牙槽突上方、眶壁下方的较大空腔。

⑩ 额突（frontal process）：与额骨、鼻骨、泪道和筛骨相连结。

⑪ 泪前棘（anterior lacrimal crest）：位于上颌骨额突侧面的垂直突起。上颌骨与泪骨组成泪窝和泪道。泪道容纳鼻泪管，与下方鼻腔相通。

⑫ 腭突（palatine process）：构成硬腭的前 1/3 和鼻腔腔壁。

⑬ 门齿孔（incisive foramen）：开孔于硬腭中线前。

⑭ 门齿管（incisive canal）：附着于上颌骨、开口于门齿孔的双叶状管道。门齿管内走行较大腭动脉终末分支和鼻腭神经。

⑮ 颌前缝（premaxillary suture）：在门齿管和邻近骨壁上，尤其是在青年标本上，有时可见颌前缝。

⑯ 腭大沟（greater palatine groove）：位于硬腭后部，为牙槽突和腭骨的连结处。沟内走行腭大沟静脉和神经。

⑰ 上颌结节（maxillary tuber）：牙槽突末后端的皱纹样结构。上颌结节具有变异性，与腭骨锥突或蝶骨侧翼相连结。

⑱ 鼻牙槽斜坡（nasoalveolar clivus）：位于犬齿齿轭、梨状孔和牙槽缘之间。

八、腭骨

腭骨为小型骨骼（图 3-21），构成了硬腭的后部和部分鼻腔壁。在现场中，极少会发现独立的完整腭骨，腭骨经常紧密附着于蝶骨和上颌骨。除蝶骨和上颌骨之外，腭骨还与犁骨、下鼻甲、筛骨，以及其他骨性结构相连结。

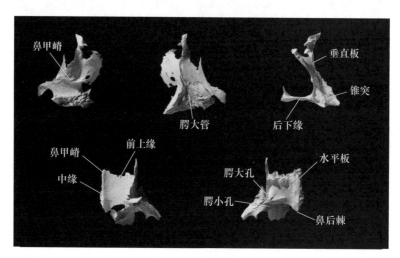

图 3-21　右侧腭骨

（左上：内侧观，图示前侧为腭骨左侧；中：外侧观，图示前侧为腭骨前面；
右上：后面观，图示前侧为腭骨右侧；左下：上面观，图示侧面为腭骨右侧；
右下：下面观，图示侧面为腭骨右侧。改自 The Human Bone Manuel，2005）

具体结构介绍如下：

① 水平板（horizontal plate）：构成了硬腭的后 1/3。

② 腭大孔（greater palatine foramen）：穿行于硬腭后部，位于上颌骨牙槽突与腭骨水平板交界处。其中通行腭大神经和血管。

③ 腭大管（pterygopalatine canal）：分离上颌骨和腭骨垂直板时，可见向上后方走行的腭大管。

④ 鼻后棘（posterior nasal spine）：位于水平板上，构成鼻腔上缘，具有比腭面更为光滑和规则的结构。

⑤ 腭小孔（lesser palatine foramina）：位于硬腭后侧角、腭大孔的后方，与水平板和垂直板的交界相邻，通行腭小神经。

⑥ 垂直板（perpendicular plate）：紧附于与上颌窦相对的上颌骨中后壁，位于蝶骨翼板和腭骨牙槽突后缘之间。

⑦ 锥突（pyramidal process）：垂直板后边界为致密骨结构，以锯齿状连结与蝶骨翼板相连，该部分骨性结构称为锥突。

⑧ 鼻甲嵴（conchal crest）：近水平面的骨性突起，位于垂直板中部，与中鼻甲相连结。

九、犁骨

犁骨是小型的、犁状骨骼（图 3-22），将鼻腔分割。犁骨下缘与上颌骨和腭骨相连结，上缘通过蝶骨翼与蝶骨相连结，前上方与筛骨相连结。因此，犁骨构成了鼻中隔的后下缘，参与分离鼻腔。

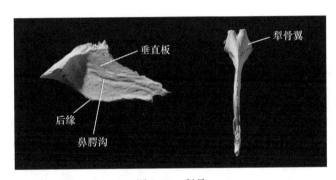

图 3-22　犁骨

（左：右侧面观；右：后面观。图示上方即为犁骨上方。改自 The Human Bone Manuel，2005）

具体结构介绍如下：

① 犁骨翼（alae/wings）：位于犁骨上表面双侧犁骨沟内，为犁骨最厚和最坚固的部分，紧密附着于蝶骨。

② 垂直板（perpendicular plate）：位于蝶骨翼中间的细小骨板。

③ 后缘（posterior border）：将鼻腔分割为两部分，无骨性连结。

④ 鼻腭沟（nasopalatine grooves）：容纳鼻腭神经和血管，自犁骨翼向前下方走行，为垂直板双侧标识。

十、下鼻甲

下鼻甲为鼻腔侧壁的水平延伸（图 3-23），与上颌骨和腭骨中壁相连结，同时也与筛骨和泪管相连结。由于下鼻甲非常易碎，因此很少单独发现。下鼻甲形态多变，

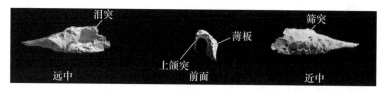

图 3-23　右侧下鼻甲

（图示上方即为下鼻甲下方。左：侧面观，图示前面朝右，图示上方即为下鼻甲下方；中：前面观，
图示侧边朝左，图示上方即为下鼻甲下方；右：中间观，图示前方朝左，图示上方即为下鼻甲下方。
改自 The Human Bone Manuel，2005）

其前侧和后侧集中，后面游离、增厚，且血管化。下鼻甲具有嗅觉和加湿吸入空气的
功能。

十一、筛骨

筛骨是非常轻巧的海绵状骨（图 3-24）。除了重量较轻之外，其大小和性状类似于
加入饮料中的小方冰块。筛骨位于眶骨中间中线位置，与 13 块骨骼相连结：额骨、蝶
骨、鼻骨、上颌骨、泪骨、腭骨、下鼻甲和犁骨。筛骨易碎，因此很难发现完整的筛
骨。只有当筛骨完全分离时，才能细致地观察筛骨的复杂结构。

图 3-24　筛骨

（左：上面观；中：右侧面观，图示前方朝左；右：前面观，图示上方朝上。
改自 The Human Bone Manuel，2005）

具体结构介绍如下：

① 筛板（cribriform plate）：位于鼻腔内，由于具有多孔状结构，因此类似筛状。
由颅内观察筛板可见颅骨内充满筛骨切迹。起自鼻黏膜的嗅神经（第 1 对脑神经）经
筛板至颅内。

② 鸡冠（crista galli）：筛骨筛板上向颅内突出的垂直突起。鸡冠突入嗅球之间，
后表面与大脑镰相连结。大脑镰是硬膜纵行突起，将大脑半球分成两部分。

③ 筛骨迷路（labyrinths）：由位于筛骨中线两侧骨壁组成的筛骨小房。筛骨迷路的
侧板构成了大部分眶壁，以及鼻腔的上壁。

④ 垂直板（perpendicular plate）：位于迷路之间的扁平骨板。垂直板构成了部分鼻

中隔，后部与犁骨相连结。

十二、泪骨

　　泪骨是非常细小、菲薄和易碎的矩形骨板（图 3-25）。泪骨构成了筛骨前的部分眶壁。泪骨与额骨、上颌骨、筛骨和下鼻甲相连结。很少单独被发现。泪骨构成了部分眶壁和鼻腔。

　　泪后嵴（posterior lacrimal crest）：位于眶壁中部的垂直突起，为泪沟后半部分的边界。

图 3-25　右侧泪骨

（左：外侧观，图中前方为泪骨右侧，图中上方为泪骨上方；右：内侧观，图中前方为泪骨左侧，图中上方为泪骨上方。改自 The Human Bone Manuel，2005）

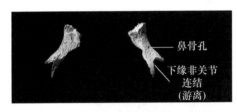

图 3-26　右侧鼻骨

（左：内侧观，图中前方为鼻骨右侧，图中上方为鼻骨上方；右：外侧观，图中前方为鼻骨左侧，图中上方为鼻骨上方。改自 The Human Bone Manuel，2005）

十三、鼻骨

　　鼻骨是位于额骨眉间细小、菲薄的矩形骨板（图 3-26）。鼻骨前壁形成鼻骨缝。鼻骨上方与额骨相连，侧方与上颌骨额突相连，后部与筛骨相连。鼻骨孔内走行静脉。

十四、颧骨

　　颧骨（图 3-27）构成了面部的主要突起（面颊）。颧骨具有圆形的眶窝、与颞窝相邻的圆形颧点和相对粗糙的下缘等特征，因此易于鉴别。颧骨主要通过 4 个突起（额突、蝶突、颞突和上颌骨突）与其他骨骼相连。

　　具体结构介绍如下：

　　① 额突（frontal process）：由颞窝垂直分割眶壁。

　　② 颞突（temporal process）：向后延伸，与颧突共同构成颧弓。

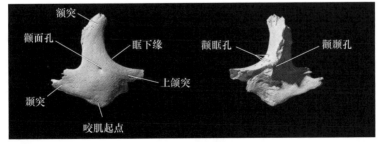

图 3-27　右侧颧骨

（图中上方为颧骨上方。左侧：外侧观，图中前方为颧骨右侧；右侧：内侧观，图中前方为颧骨左侧。改自 The Human Bone Manuel，2005）

③ 上颌突（maxillary process）：向中线延伸，构成眶下壁边缘。

④ 颧面孔（zygomaticofacial foramen）：穿行于颧骨的外侧凸面。颧面孔具有变异性，通行颧面神经（第 5 对脑神经分支）和静脉。

⑤ 咬肌起点（masseteric origin）：始自颧上颌至颞颧缝（位于颞骨），位于颧骨下缘粗糙的骨性结构，是咬肌的主要附着点。咬肌是抬举下颌骨的主要肌肉。

⑥ 颧眶孔（zygomaticoorbital foramina）：穿行于眶壁下角，通行颧颞神经和颧面神经（第 5 对脑神经的分支）。

⑦ 颧颞孔（zygomaticotemporal foramen）：位于颧骨颞面的中心，通行颧颞神经。

十五、蝶骨

蝶骨是颅骨中最为复杂的骨骼（图 3-28～图 3-31）。尽管蝶骨意为"楔状的"，但实际上，蝶骨的结构更为复杂。由于蝶骨在颅骨内前、后和下方各个方向均有骨性连结，因此很难具体形容蝶骨形态。蝶骨位于颅骨之间，骨质脆弱，因此在破碎的颅骨中，很难发现完整的蝶骨结构，而部分蝶骨则可附着于其他颅骨之上。

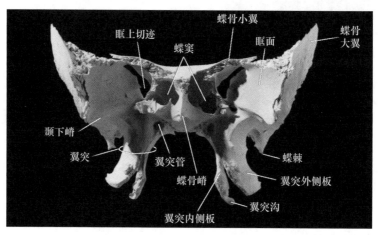

图 3-28　蝶骨前面观

（图中上方为蝶骨上方。改自 The Human Bone Manuel，2005）

颅骨多块骨骼均与蝶骨相连结。居中的连结有犁骨、筛骨、额骨和枕骨。蝶骨也与成对颅骨结构相连结，如顶骨、颞骨、颧骨和腭骨（还可为上颌骨）。蝶骨应分为体部、大翼、小翼和翼突内侧板 4 个部分进行检验。从蝶骨后面观，蝶骨形似飞行的动物，具有中央体部、成对的翅部和悬垂的爪部（翼板）。

具体结构介绍如下：

① 体部（body）：蝶骨的主体部分，位于颅骨中间部，是颅骨最重要的组成部分。蝶骨前壁构成了鼻腔后壁，与筛骨筛状板和垂直板相连结。蝶骨后部与枕骨在蝶枕缝处连结。蝶骨前下部与犁骨相连结。

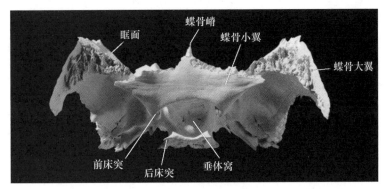

图 3-29 蝶骨上面观

（图中前方为蝶骨上方。改自 The Human Bone Manuel，2005）

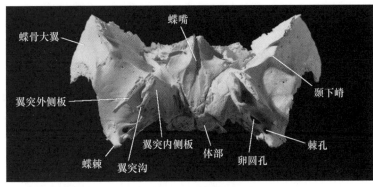

图 3-30 蝶骨后面观

（图中上方为蝶骨上方。改自 The Human Bone Manuel，2005）

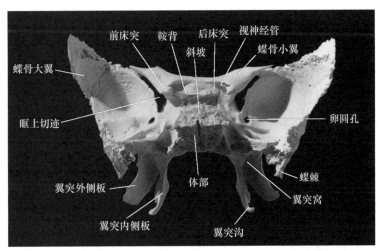

图 3-31 蝶骨下面观

（图中前方为蝶骨上方。改自 The Human Bone Manuel，2005）

② 视神经管（optic canals）：位于体部两侧，向蝶骨小翼前下方、眶上裂中上部走行。视神经（第 2 对脑神经）和眼动脉由视神经管通往眼球。

③ 蝶鞍（sella turcica）：蝶骨颅内面的鞍形压迹，位于颅内，视神经管的后下方，蝶骨体部上方，具有 4 个床突结构。

④ 垂体窝（hypophyseal fossa）：蝶鞍的最深压迹，内容纳分泌生长激素的垂体。

⑤ 鞍背（dorsum sellae）：正方形的骨板，构成蝶鞍后部边缘。

⑥ 后床突（posterior clinoid processes）：位于鞍背上外侧的两个骨性突起，具有变异性。

⑦ 斜坡（clivus）：起自鞍背，向后方蝶枕缝倾斜走行的颅内浅沟。

⑧ 蝶窦（sphenoidal sinuses）：蝶骨体部成对的大型空腔。

⑨ 蝶嘴（sphenoidal rostrum）：蝶骨前下方中线处骨性突起。

⑩ 蝶骨嵴（sphenoidal crest）：起自蝶骨体部前表面的连续骨性突起。蝶骨嵴与筛骨垂直板相连结，构成部分鼻中隔。

⑪ 蝶骨大翼（greater wings）：附着于蝶骨体部，为体部最远延伸部，构成大部分颅中窝和颞窝的颅内面。蝶骨大翼与颞骨、顶骨、额骨、颧骨和上颌骨相连结。

⑫ 眶上切迹（superior orbital fissures）：位于蝶骨小翼和蝶骨大翼之间的空间（缝隙）。眶后壁前面观可见眶上切迹。眶上切迹及后述的 3 个骨性孔道是蝶骨颅内面最易见到的孔道性结构。这些孔道由蝶骨大翼和体部融合处向侧后方移行。这些弧形孔道有时也被称为"新月孔"（crescent of foramina）。

⑬ 圆孔（foramen rotundum）：位于中颅窝蝶骨大翼和体部交界处的最前部和中部。通行由眶上切迹走行的下颌神经（第 5 对脑神经的分支）。

⑭ 卵圆孔（foramen ovale）：位于双侧圆孔后方，在颅内与鞍背相一致。通行下颌神经和脑膜副动脉。

⑮ 棘孔（foramen spinosum）：位于蝶骨大翼卵圆孔正后方，为蝶骨后下方近颞骨的骨性突起。通行脑膜中动脉和下颌神经分支。

⑯ 颞下嵴（infratemporal crests）：蝶骨大翼在颅外表面的标志点。在颧弓水平构成颞窝的基底部。

⑰ 蝶骨大翼的眶面（orbital surfaces）：构成了眶后壁，与颅底相比，为非常光滑和平整的表面。

⑱ 蝶骨小翼（lesser wings）：远小于并薄于蝶骨大翼，为颅底翼状突起。蝶骨小翼构成的颅底容纳左、右额叶。位于蝶骨体部上面，与腭骨水平眶板相连结。

⑲ 前床突（anterior clinoid processes）：蝶骨小翼最后方的骨性突起，为小脑幕的附着点，小脑幕硬膜的组成部分，将小脑与大脑半球的枕叶相分割。

⑳ 翼突（pterygoid processes）：只有在蝶骨后位或侧位可见。翼突由 2 片薄骨片组成。

㉑ 翼突外侧板（lateral pterygoid plate）：垂直的薄骨板，后位可见。

㉒ 翼突内侧板（medial pterygoid plate）：大致与翼突外侧板平行，但更近中线，为垂直骨板。翼突内侧板前与腭骨相连结，为抬举下颌骨的翼内肌附着点。

㉓ 翼突窝（pterygoid fossae）：位于翼突内外侧板之间的，具有粗糙表面的骨性凹陷。

㉔ 翼突沟（pterygoid hamulus）：钩状突起，构成翼突内侧板后外侧基底角。

㉕ 翼突管（pterygoid canals）：由翼突板穿出，走行于翼突板基底部。

十六、下颌骨

下颌骨（图 3-32～图 3-34），或下颌，通过颞下颌关节在关节髁（关节盘）与颞骨相连结。下颌骨最主要的功能是咀嚼（mastication）。下颌骨有下牙列和咬肌的附着点。下颌骨通过体部和升支完成咀嚼和抬举下颌的功能。

具体结构介绍如下：

① 体部（body）或水平支：下颌骨固定牙的粗大部分。由于需要固定牙，下颌骨体部十分坚硬、致密，抵御外界暴力的能力很强，因此，在遭受肉食动物损害和物理降解之后，下颌骨体部仍然可以存留。

② 颏孔（mental foramen）：位于前臼齿下方、近下颌骨体中部外表面的粗大、具有变异性的孔道。穿行颏静脉和颏神经（第 5 对脑神经的部分）。

③ 外斜线（oblique line）：体部外表面由升支根部经颏孔下部的表浅骨性隆起。

④ 臼齿外沟（extramolar sulcus）：位于升支前缘根部和最后一个臼齿外侧牙槽缘之间的沟，是颊部肌肉颊肌的附着处。

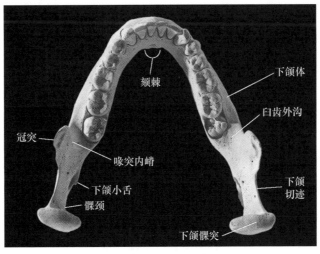

图 3-32　下颌骨上面观

（改自 The Human Bone Manuel，2005）

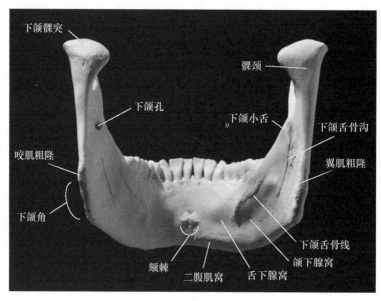

图 3-33　下颌骨后面观
（改自 The Human Bone Manuel，2005）

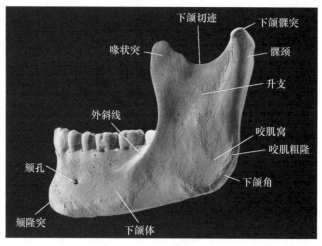

图 3-34　下颌骨侧面观
（改自 The Human Bone Manuel，2005）

⑤ 下颌舌骨线（mylohyoid line）：起自最后一个臼齿外侧牙槽缘，在体部表面向前下方走行，为下颌舌骨肌附着处。下颌舌骨肌构成了口腔肌肉床，并具有抬举舌和舌骨的作用。

⑥ 颌下腺窝（submandibular fossa）：位于内斜线之下，沿牙槽部走行的浅窝。唾液腺之一的颌下腺位于颌下腺窝。

⑦ 舌下腺窝（sublingual fossa）：位于前臼齿内斜线之上，牙槽部下方的浅窝。唾液腺之一的舌下腺位于舌下腺窝。

⑧ 下颌结节（mandibular torus）：指下颌后牙舌侧牙槽缘的骨性增厚。下颌结节的形态多变，有时不易鉴别。

⑨ 下颌正中联合（mandibular symphysis）：特指1岁之前左右下颌骨在中线未融合的部位。经常指下颌骨前中门齿之间的位置。

⑩ 颏棘（mental spines）：位于体部内面近中线处的骨性突起，是颏舌肌和颏舌骨肌的附着点。

⑪ 二腹肌窝（digatris fossa）：位于内斜线下中线两侧近下颌骨下缘处的卵圆形陷窝，为下拉下颌骨的二腹肌前腹附着点。

⑫ 颏隆突（mentalprotu berance）：三角形的骨性隆起，位于体部正中联合前方。颏隆突在中门齿牙槽窝区域被明显的骨性凹陷［称为"颏沟"（唇颏沟）］分割。

⑬ 升支（ascending ramus）：骨质薄于体部。由牙水平垂直上升的垂直骨板，与颅底下方相连结。

⑭ 下颌髁突（mandibular condyle）：升支后上方较大的圆形关节突起，与颞下颌关节相连结。

⑮ 髁颈（condylar neck）：髁突前下区域。髁突下方中前面的翼肌凹（pterygoid fovea）是翼外肌的附着点。咀嚼时，翼外肌帮助下拉并稳定下颌髁突。

⑯ 喙状突（coronoid process）：升支上较薄、三角形、形态变异广泛的骨性突起。喙状突前边缘突出增厚，后缘凹陷变薄。喙状突的中部和侧面附着有颞肌。

⑰ 下颌切迹（mandibular notch）：位于喙状突和髁突之间的切迹。

⑱ 下颌角（gonial angle）：下颌骨后下方的圆形突起，为咬肌的主要附着点。

⑲ 咬肌粗隆（masseteric tuberosity）：咬肌附着的下颌角外侧面粗糙隆起。咬肌粗隆经常与斜嵴相邻。当咬肌粗隆的突起明显超出升支外侧时，突出的部位被称为外翻。

⑳ 咬肌窝（masseteric fossa）：下颌角外表面的浅窝，具有变异性。

㉑ 喙突内嵴（endocoronoid ridge/buttress）：喙突内侧由尖部向下垂直突起。

㉒ 下颌孔（mandibular foramen）：倾斜入骨，位于升支内侧面中央偏后上方。通行下牙槽血管和下牙槽神经（第5对脑神经的分支）。

㉓ 下颌小舌（lingula）：下颌孔处的锐利骨性突起，有蝶下颌韧带附着。

㉔ 下颌舌骨沟（mylohyoid groove）：由下颌孔边缘开始向前下，有下颌舌骨血管和神经通过。

㉕ 翼肌粗隆（pterygoid tuberosities）：下颌小舌后下方的粗糙隆起，有抬举下颌骨的翼内肌附着。

十七、舌骨

舌骨位于颈部，按压甲状软骨（颈前突起处）上方可触及，是人体唯一一处与其他骨骼无连接的骨。舌骨借助茎突舌骨肌与颞骨茎突相连，悬浮在软组织中。舌骨与颅骨、下颌骨、舌、喉、咽、胸骨和肩带骨均有肌肉和韧带连结。舌骨形态的变形在法医学扼死案件中多见。舌骨呈 U 形，由 3 个主要部分融合而成（图 3-35）。

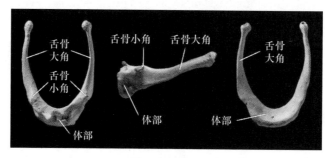

图 3-35 舌骨

（左：上面观，图中后方为舌骨上方；中：侧面观，图中前方为舌骨左侧，图中上方为舌骨上方；
右：下面观，图中后方为舌骨上方。改自 The Human Bone Manuel，2005）

具体结构介绍如下：

① 体部（body）：跨越中线，为皮薄、后上凹和弯曲的骨性结构，其后与舌骨角相融合。

② 舌骨大角（greater horns）：细长的骨性结构，构成舌骨后侧，由体部向双侧后侧方突出。每个舌骨大角尖均有一向外突出的结节，为甲状舌骨外侧韧带附着处。

③ 舌骨小角（lesser horns）：位于体部和舌骨大角连结处外表面的圆锥样骨化隆起。为茎突舌骨肌附着点。

第二节 躯 干 骨

人类的躯干骨共计 51 块，其中包括椎骨 24 块、骶骨 1 块、尾骨 1 块、胸骨 1 块以及肋骨 24 块。骶骨和尾骨实际上也是由若干块椎骨融合而成，故在分类上一般也常常归入椎骨之中。所有的椎骨上下相连，加上骶骨和尾骨共同形成脊柱。脊柱作为人类躯干的中轴，并担负着保护脊髓的作用，肋骨与呼吸功能密切相关，胸骨则起着支持上肢的作用。胸部的椎骨和胸骨、肋骨一起共同构成了胸廓，对许多重要的内脏器官（如心脏、肺等）具有保护作用。

一、椎骨

在整个脊柱上，可划分为如下 5 部分：颈椎（图 3-36）7 块、胸椎（图 3-37）12 块、腰椎（图 3-38）5 块、骶骨 1 块、尾骨 1 块。即使是碎片，颈椎、胸椎和腰椎也可被分别鉴别。颈椎位于颈部，胸椎位于胸腔，腰椎位于骨盆上方。可以用字母和数字标记每节椎骨（C 为颈椎，T 为胸椎，L 为腰椎）。例如，最高位的颈椎标记为 C1。

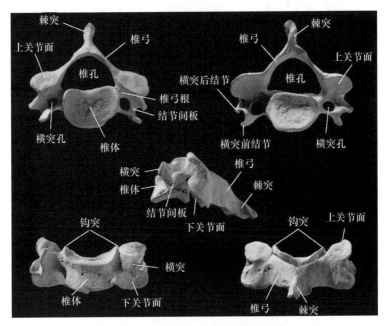

图 3-36　第五颈椎，典型的颈椎

（左上：上面观，图中后方为颈椎上部；右上：下面观，图中后方为颈椎上部；中：
左视图，图中后方为颈椎右部；左下：前视图，图中上方为颈椎上部；右下：
后视图，图中上方为颈椎上部。改自 The Human Bone Manuel，2005）

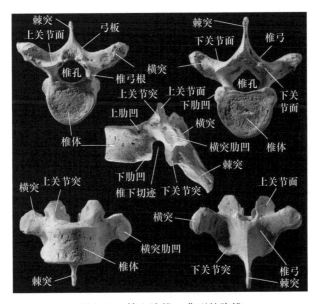

图 3-37　第七胸椎，典型的胸椎

（左上：上面观，图中后方为胸椎上部；右上：下面观，图中后方为胸椎上部；中：侧视图，
图中上方为胸椎上部；左下：前视图，图中上方为胸椎上部；右下：后视图，
图中上方为胸椎上部。侧面观从左下方打光，以突出肋骨衔接处。改自 The Human Bone Manuel，2005）

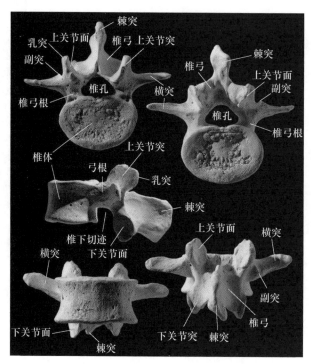

图 3-38 第三腰椎，典型的腰椎

（左上：上面观，图中后方为腰椎上部；右上：下面观，图中后方为腰椎上部；中：侧视图，
图中上方为腰椎上部；左下：前视图，图中上方为腰椎上部；右下：后视图，
图中上方为腰椎上部。侧面观从左下方打光，以突出肋骨衔接处。改自 The Human Bone Manuel，2005）

　　椎体通过滑膜关节连结。每个可动椎体均具有上、下各 2 个关节面。这 4 个关节面控制了椎体的活动。关节面的形态不但决定了椎体的活动度，也为脊椎鉴定提供了依据。每节椎体由韧带和肌肉连结为可行屈曲运动的整体。每节椎体均有承重、锚定肌肉和韧带，以及保护脊髓的功能。当获得整体脊椎序列，或脊柱中较大的脊椎时，就比较容易确定椎体的类型和顺序。由于需要承担更多的重量，末端椎骨的椎体显得更为粗大。有的椎骨具有独特的形态特征，如寰椎（C1），故易于鉴定。而其他的椎骨，尤其是位于中间的颈椎和胸椎，当与其他椎骨相分离时，则不易鉴别。

　　椎间盘位于椎体之间，具有独特的纤维软骨同心环状结构。椎间盘由环状纤维带及由纤维软骨构成的纤维环组成。椎间盘中心是由软组织构成的髓核。髓核由纤维囊包绕，连结上、下椎体并封闭椎间盘。髓核的软组织成分对椎体的活动至关重要。椎间盘总长度超过脊柱的 1/5，并决定了脊椎的曲度。腰椎和颈椎的椎间盘较厚，可以允许颈椎和腰椎进行较大幅度的活动。

　　大部分椎骨具有 3 个初级骨化中心和 5 个次级骨化中心。未成熟椎骨具有壳心和双侧椎弓（椎体即由壳心和少部分椎弓组成）3 个初级骨化中心。次级骨化中心位于棘突。初级骨化中心为位于椎体上、下表面的板状、同心圆状的骨性突起。上、下表面的未成熟椎体（图 3-39）呈波浪状表现，并由同心圆状骨板取代圆形骨板（哺乳动物多见），融合后形成成熟椎骨。

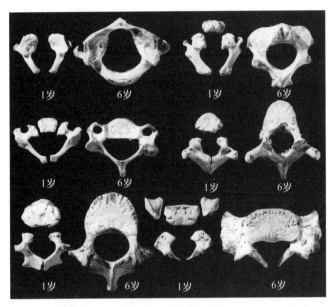

图 3-39　椎体生长发育

[1 岁和 6 岁未发育成熟椎骨的上视图对比。上：寰椎（左），枢椎（右）；中：第五颈椎（左），第五胸椎（右）；
下：第二腰椎（左），第一骶骨（右）。图中前方为椎体上部。改自 The Human Bone Manuel，2005]

人类椎骨数量存在变异，变异度在 10% 左右。最常见的变异是增加或减少 1 节椎骨。最常发生变异的位置是 C7、T12 与 L5，如出现 T13 等。

在介绍特殊椎骨形态前，我们将首先介绍椎骨的基本形态：

① 椎孔（vertebral foramen）：脊髓通行于椎骨的孔道。各个椎骨的椎孔形成了通行脊髓的椎管。

② 椎体（vertebral body）：卷轴样骨性结构，构成主要的承重部分（寰椎和枢椎除外）。椎体骨壁较薄，由轻质、易碎的海绵骨组成，因此易于出现死后损坏。椎体同时也是血液生发中心。椎体后方近中线处可见通行椎骨静脉的孔道。

③ 椎弓（vertebral arch）：位于椎体后部包绕脊髓。

④ 椎弓根（pedicle）：位于椎体前方的椎弓处。其上和下表面切迹通行脊神经，脊神经由脊髓发出，通行于各节椎骨之间。各椎骨之间通行脊神经的孔道为椎间孔（intervertebral foramina）。

⑤ 椎板（lamina）：附着在棘突和茎之间的板层骨性结构。

⑥ 棘突（spinous process）：脊柱后方正中骨性突起，附着棘间韧带和棘上韧带，以及肌肉。这些韧带限制脊柱的屈曲运动，在脊柱屈伸活动中，棘突具有杠杆作用，但脊柱活动的幅度主要取决于附着于脊柱的肌肉的功能。

⑦ 横突（transverse process）：位于脊柱两侧。与棘突相似，在附着肌肉收缩过程中，横突主要起杠杆作用。脊柱的运动有赖于这些肌肉及杠杆的共同作用，韧带则主要限制脊柱的活动。胸椎横突与肋骨相连结。

⑧ 上关节面（superior articular facet）：位于大部分颈椎的后上方、胸椎的后方和腰椎的中后方。

⑨ 下关节面（inperior articular facet）：与上关节面相对。

⑩ 肋凹（costal foveae）：胸椎具有肋凹结构，为肋骨关节面，位于椎体侧和翼突上。

下面按照脊柱构成上的 5 个部分依次介绍颈椎、胸椎、腰椎、骶骨和尾骨的各自特点。

（一）颈椎

颈椎共 7 块（图 3-40、图 3-41），根据形态特征又可分为典型颈椎和特殊颈椎两种。C3～6 属典型颈椎；其余均为特殊颈椎。

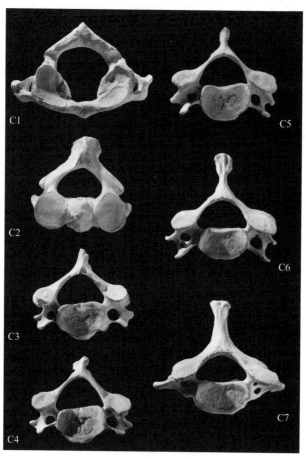

图 3-40　颈椎上面观

（图中后方为椎体上部。改自 The Human Bone Manuel，2005）

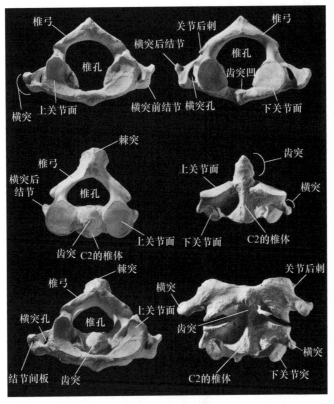

图 3-41　寰椎和枢椎

（左上：寰椎上面观，图中后方为寰椎上部；右上：寰椎下面观，图中后方为寰椎上部；左中：枢椎
上面观，图中后方为枢椎上部；右中：枢椎前面观，图中上方为枢椎上部；左下：寰枢椎关节
上面观，图中后方为关节上部；右下：寰枢椎关节前面观，图中上方为关节上部。改自 The Human Bone Manuel，2005）

1. 典型颈椎

① 椎体：颈椎椎体上、下关节面呈鞍背状，并借此相互连结。颈椎椎体小于胸椎和腰椎。

② 椎弓：椎体根部的横突中间有横突孔，中间通行来自大脑后部的椎动脉。依据椎体的大小，椎弓与椎体内缘构成了三角形的椎孔。

③ 棘突：颈椎棘突是位于椎体后方明显的骨性突起（大部分位于正后方，少部分位于下方）。颈椎棘突常呈分支状，比胸椎棘突短，没有腰椎棘突粗大。

④ 横突：颈椎横突较小，为成对骨性突起，具有横突孔。

⑤ 上、下关节面：颈椎关节面呈杯状或盘状。上、下关节面为前上方与后下方对应成对存在。与上关节面相比，下关节面位于椎体的更后方。

2. 特殊颈椎

第一颈椎：又名为寰椎（atlas），位于颅骨和枢椎之间，呈环形，没有椎体，由前弓（anterior arch）和后弓（posterior arch）构成。前弓前面的正中有一前结节（anterior tubercle），后弓后面的正中有一后结节。寰椎后弓上的后结节相当于其他颈椎上的棘突。前弓的后面尚有一凹陷的关节面，为齿突凹（dental fovea），与第二颈椎的齿突形成关节。寰椎的横突特别长而尖端不分叉。

第二颈椎：又名为枢椎（axis），其显著的特点是从椎体向上伸出一个齿突（dens/odontoid process）。当人的头部向左、右转动时即以齿突为轴，寰椎在此轴上左右回旋。枢椎的齿突在发生学上原为寰椎的椎体愈合于枢椎而成，枢椎的棘突特粗，横突尖端不分叉并且下垂。

第七颈椎：又名隆椎（vertebra prominens），形态介于颈椎和胸椎之间。在所有颈椎中，第七颈椎具有最粗大的椎体和平整的上关节面。第七颈椎的棘突形态接近胸椎，为体表可感知的最为高耸的棘突。

（二）胸椎

胸椎共 12 块（图 3-42、图 3-43），由上而下椎体体积递增，这与脊柱各部位负重的情况有关。每节胸椎均与一对肋骨相连结。T2～9 具有典型的胸椎结构，其余均具有独自的特点。

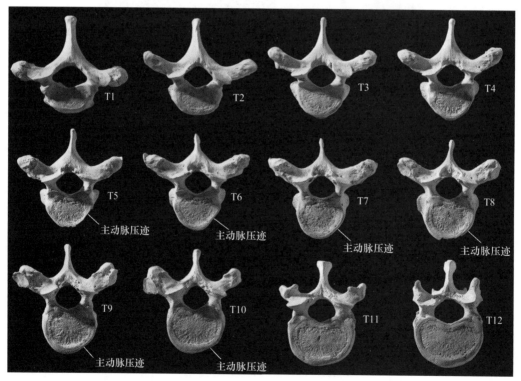

图 3-42　胸椎上面观

（图中后方为胸椎上部。改自 The Human Bone Manuel，2005）

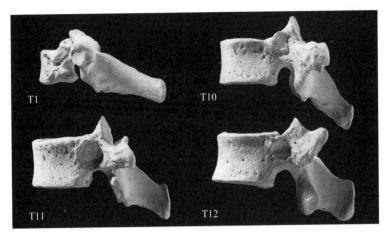

图 3-43　特殊胸椎左面观

（图中上方为胸椎上部。改自 The Human Bone Manuel，2005）

1. 典型胸椎

①椎体：上位胸椎椎体轮廓大致呈三角形，而下位椎体则更为圆钝。胸椎椎体大小介于颈椎和腰椎之间。椎体后缘具有关节面结构，与肋骨相连结。每根肋骨均与胸椎椎体侧方和横突末端相连结。T2～9 仅具有半个上、下关节面，位于椎体后侧的上、下缘，称为半关节面（demifacets）。因此，典型胸椎椎体均具有 4 个与肋骨相连结的关节，分别位于两侧的后上方和后下方。当肋骨不与相邻椎体"分享"关节连结时，则椎体上的关节面为"完整"肋关节，或关节面（facets）。

②椎弓：与颈椎相比，胸椎椎体与椎孔的比例更小，椎体形态更加圆钝。胸椎没有横突孔。

③棘突：与短小、分支状的颈椎和短斧状的腰椎棘突相比，胸椎棘突更加细长、平直。T2～9 的椎体和棘突之间的角度更加尖锐。

④横突：为椎体后方明显的骨性突起。横突的前外侧具有与肋骨相连结的关节面/肋凹（facets/foveae）结构。

⑤上、下关节面：胸椎的上、下关节面在垂直面上非常平整，朝向前方（下关节面）和后方（上关节面）。

2. 特殊胸椎

第一胸椎：椎体两侧的上肋凹呈圆形，单独接第一肋头；下肋凹呈半月形，不完整，只有当其与第二胸椎的上肋凹相接时才成为一个完整的凹，接第二肋骨的肋头。第一胸椎的棘突向后平伸，在皮下也能触到。与其他胸椎相比，保持了更多的颈椎形态。

第十胸椎：椎体侧方通常具有完整上肋凹和横突肋凹结构。上肋凹位置在椎体侧面上缘的下方，接第十肋头。

第十一胸椎：在椎体的两侧仅各有一个完整的肋凹，但位置略低，在该椎体侧面上、下缘之间，接第十一肋头。在横突尖端的前面无横突肋凹。横突亦很短小。

第十二胸椎：椎体两侧亦仅有一对肋凹，其位置更低，接近椎弓根的下缘。横突更为短小，横突尖端的前面亦无肋凹。下关节面的形态与腰椎关节面更为接近。

（三）腰椎

胸椎共 5 块（图 3-44、图 3-45）。与颈椎和胸椎一样，依阶段、腰椎大小自上向下逐渐增加。L1 为最小腰椎。后面观可见 4 个上、下关节面之间的区域呈四边形。L1 和 L2 该区域垂直方向呈长方形，L3 和 L4 该区域垂直方向呈正方形，L5 该区域则在水平方向呈长方形。腰椎是未融合脊椎中最大的脊椎，注意 L5 具有额外的与骶骨相连结的成对关节面。

具体结构介绍如下：

① 椎体：腰椎椎体不具有肋凹和横突孔。

② 椎弓：与椎体相比，腰椎椎弓所占比例很小。椎弓起自椎体中部上方。

③ 棘突：腰椎呈短斧状，与其他脊椎棘突相比，腰椎棘突更为宽阔圆钝。

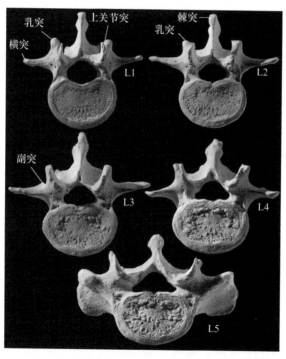

图 3-44　腰椎上面观
（图中后方为腰椎上部。注意 L5 "骶骨化"，与骶骨有 5 处连结。
改自 The Human Bone Manuel，2005）

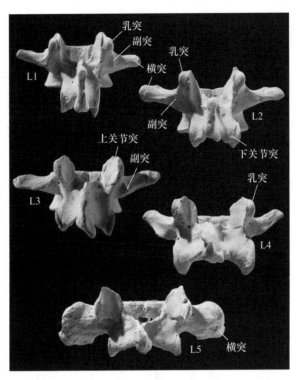

图 3-45 腰椎后面观

（从这个角度来观察骨骼，可以使它们的个体身份得到确认。改自 The Human Bone Manuel，2005）

④ 横突：与胸椎相比，腰椎横突更为细小，且缺乏关节面结构。L1 关节面结构已经消失，或退化为椎体下方的突起。腰椎横突长轴通过椎体和椎弓板侧上方。

⑤ 上、下关节面：腰椎上、下关节面并不完全相互对应。上关节面凹陷面向中后方，下关节面凸起面向侧前方。腰椎上关节面凹陷面向中后方，下关节面凸起面向侧前方。在腰椎下关节面和椎体后面侧方可见大型沟槽结构。

（四）骶椎

骶椎在青春期阶段融合成为一块不能移动的、具有边缘的骶骨（图 3-46～图 3-49）。典型骶骨由 5 个部分构成，偶尔也会有 4 个部分或 6 个部分。骶骨位于脊柱下部。上与髋骨相连结，下与尾骨相连结。

骶骨有 5 个分别位于骶椎的骨化中心。每节骶骨由 2 块骺板构成的初级骨化中心形成。另外的骨化中心形成骶骨前外侧的突起。双骺板形成骶骨的关节结构，一块形成关节面，另一块形成关节面的外侧缘。

骶骨岬碎片易与腰椎混淆，但腰椎没有骶翼结构。骶骨关节面碎片易与髋骨混淆，但骶骨关节面周边没有相邻骨性结构。骶骨前表面光滑凹陷，有横线结构。骶椎依次减小。耳状关节面位于外侧，V 字形骶翼位于前方。

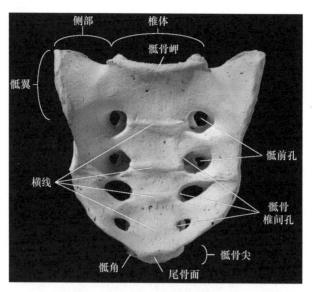

图 3-46 骶骨前下观
（改自 The Human Bone Manuel，2005）

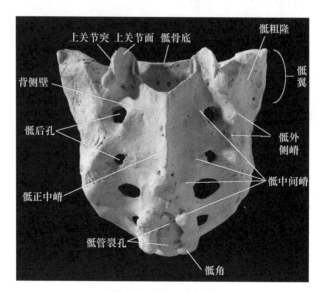

图 3-47 骶骨后上观
（改自 The Human Bone Manuel，2005）

具体结构介绍如下：

① 骶骨岬（promontory）：骶骨板前缘的突起。骶骨板表面平整，前上倾斜，与腰椎下缘相连结。

② 骶翼（alae）：第一骶椎向外侧的延伸。其内后侧关节面与髋骨相连结。

③ 骶髂关节（sacroiliac joint）：骶骨和髂骨之间固定的滑膜关节，侧面观可见。骶骨关节面呈耳状，与髋骨相连结。

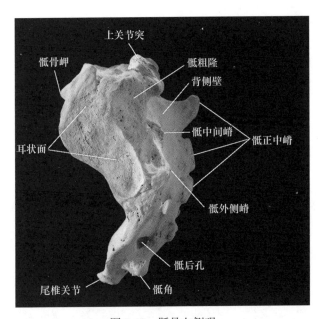

图 3-48　骶骨左侧观

（图中骨骼前部为骶骨左侧。改自 The Human Bone Manuel，2005）

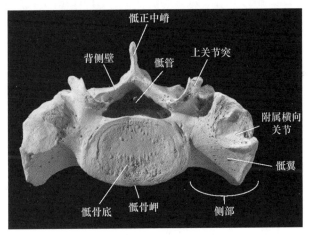

图 3-49　骶骨前上观

（图中骨骼上部为骶骨后侧。改自 The Human Bone Manuel，2005）

④ 骶前孔（anterior sacral foramin）：开孔于骶骨前表面，有骶神经通过。

⑤ 横线（transverse lines）：骶骨前表面水平突起边缘，是椎骨融合痕迹。

⑥ 上关节面（superior articular facets）：位于腰椎关节突下方的骶骨关节面。

⑦ 背侧壁（dorsal wall）：粗糙、不规则和形态多变的骨板。由骶椎骨板和关节突融合而成。

⑧ 骶正中嵴（median crest）：背侧中线处形态高度变异的突起，由骶椎融合而成。

（五）尾骨

尾骨是退化的尾部（图 3-50），形态具有高度变异性，有 3～5 个融合部分（通常为 4 个）。未完全发育的尾骨上方有关节面和横突，但缺乏棘突等结构。尾骨通过上关节面和一对被称为角（cornua）的较大突起与骶骨相连结。外侧未发育的关节突与骶骨相接触。尾骨和骶骨可以发生晚期融合。

与骶骨一样，尾骨依次减小，尾椎融合后可见水平横线。尾骨附着盆腔肌肉和韧带。

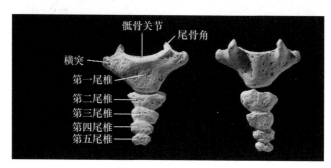

图 3-50　尾骨

（左：前面观；右：后面观。图中骨骼上部为尾骨上部。改自 The Human Bone Manuel，2005）

二、胸骨

胸骨 1 块，位于胸部正前方正中线上，为一长条状扁骨（图 3-51），通过软骨连结和固定第 1～7 肋。成年胸骨由 6 节段发育成胸骨柄、胸骨体和剑突 3 个主要部分。这 6 节段可能在成年后全部融合，但可通过胸骨两侧的肋切迹来辨认部位。

胎儿阶段，胸骨具有 4 个初级骨化中心（胸骨柄和胸骨体第 2～4 节段）。虽然胸骨体各部分融合的时间并不规律，但一般在青春期后，下位节段（第 4 和 5 节段）即开始融合。成人前，第 2～4 节段开始融合。如前所述，即使在成人阶段，胸骨也可能不融合。

胸骨碎片可能被误认为是骨盆或未成熟的脊椎碎片。肋切迹、锁切迹，以及融合线等骨性特征，足以鉴别胸骨。胸骨骨密度较低，皮质菲薄，且具有微孔结构，上述特征可以用来与骨盆等其他骨骼相鉴别。婴儿的胸骨节段常与脊椎中心相混淆，但婴儿的脊椎中心更坚硬，外表面成熟度低（具有更多波纹和颗粒样结构）。与后表面光滑、凹陷相比，胸骨柄和胸骨体的前表面更为粗糙、突起。融合线呈水平状，最宽的融合线位于胸骨柄下方胸骨体第 3 节段。

具体结构介绍如下：

① 胸骨柄（manubrium）：胸骨 3 个组成部分中最大、最厚的方形结构，位于胸骨最上部，是胸骨最为宽大的部分。

② 锁切迹（clavicular notches）：位于胸骨上角，为与左、右锁骨相连结的突起。

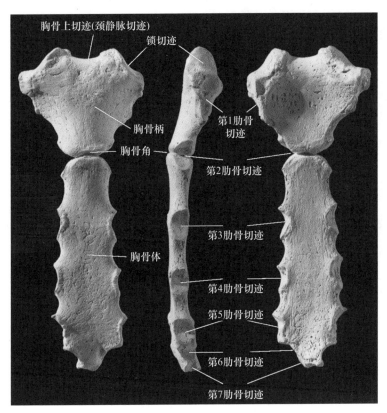

图 3-51　胸骨

（左：前面观；中：左面观；右：后面观。胸骨上的剑突未骨化，图中未显示。
图中上方为胸骨上部。改自 The Human Bone Manuel，2005）

③ 颈静脉／胸骨上切迹（jugular/suprasternal notch）：胸骨柄上缘中部的切迹。

④ 肋切迹（costal notches）：位于肋切迹下方胸骨柄双侧，为第 1 肋与胸骨的软骨连结处。胸骨柄与胸骨体共同构成第 2 肋骨切迹。

⑤ 胸骨体（corpus sterni）：胸骨的中心组成部分，是胸骨的体部。胸骨体由 2~5 胸骨节融合而成。成人阶段，胸骨体和胸骨柄可以发生融合、部分融合或不融合。

⑥ 胸骨角（sternal angle）：胸骨柄和胸骨体融合形成的角。

⑦ 肋切迹（costal notches）：位于胸骨体侧方，位于第 2~7 肋与胸骨的软骨连结处。

⑧ 融合线（lines of fusion）：胸骨节之间的突起。位于第 3~5 肋切迹水平连线处。

⑨ 胸骨裂孔（sternal foramen）：5%~10% 的成人胸骨体中线部位具有穿通胸骨体的胸骨裂孔结构。

⑩ 剑突（xiphoid process）：位于胸骨下方的多变骨性融合。老年人经常发生胸骨剑突融合。剑突与胸骨体共同构成第 7 肋切迹。剑突常部分或全部融合为不规则形态，并可有穿孔。总之，剑突是具有高度变异性的骨性结构。

三、肋骨

每侧胸廓通常有 12 根肋骨，成人共有 24 根肋骨（图 3-52～图 3-54）。但肋骨数量可能存在变异，每侧腰椎可能具有第 11 或 13 肋。上位 7 根肋骨（第 1～7 肋）通过软骨直接与胸骨相连结。第 8～10 肋通过软骨相互融合后再与胸骨相连结。而最后 2 根肋骨，第 11 和 12 肋的末端则与胸骨无连结。所有肋骨的近端均与胸椎相连结。第 1～7 肋长度逐渐增加，第 7～12 肋则逐渐缩短。胸肋骨末端可以进行性别和年龄推断，通过对个体肋骨的研究，很多调查人员已经制定了处理和排列肋骨的规范。

除了第 11 和 12 肋之外，其他肋骨均有 4 个骨化中心。青少年阶段的肋骨头或结节处具有骨骺结构，并在成人早期与肋骨融

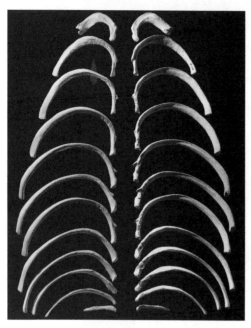

图 3-52　右侧肋骨
（左：上面观；右：下面观。改自 The Human Bone Manuel，2005）

合。第 1 肋碎片可能与髋关节下支混淆，但肋骨骨皮质更薄，表面更不规则，而且横截面也远小于髋关节。肋骨近端碎片可能与跖骨或掌骨干混淆，但肋骨横截面更加规则，且具有较为尖锐的边缘。肋结节、肋骨头或部分肋沟结构足以鉴别肋骨。第 1 肋的肋骨头和肋骨颈相对小于颈椎的横突。肋骨头可能与破碎的婴儿尺骨相混淆，但只要注意骨骼的成熟程度就不难鉴别。

（一）典型肋骨

具体结构介绍如下：

① 肋骨头（head of rid）：肋骨近端的骨性膨出。肋骨头具有与相应胸椎相连结的 2 个关节面（半关节面）。

② 肋骨颈（neck of rid）：位于肋骨头与胸椎横突关节连结之间的狭窄部分。

③ 肋结节（tubercle）：位于肋骨后下方，通过中部的关节面和无关节结构的韧带与胸椎横突相连结。

④ 肋角（angle）：肋骨侧方至肋结节的锐角结构，以肋骨外侧方突然转向肋结节远端的线性突起为标志，该标志为背部深层肌肉的附着点。肋骨上缘一般较圆钝、光滑，下缘内侧有肋沟，较锐且略凹。肋结节至肋角的距离从第 4 肋至第 11 肋逐渐增大。

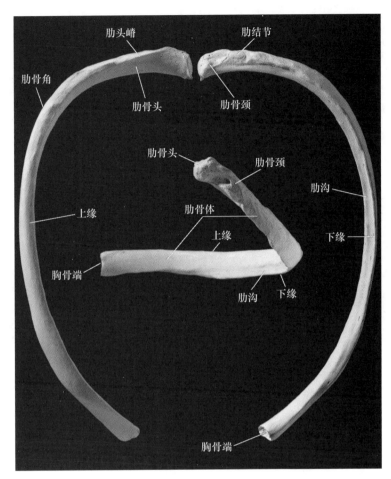

图 3-53　右侧第 8 肋骨，典型的肋骨

（左：上面观；右：下面观。中：后下观。改自 The Human Bone Manuel，2005）

⑤肋骨体（shaft of rid）：肋结节和肋骨远端（前端）之间逐渐变细的部分。与第 7～12 肋相比，第 3～6 肋更为圆钝和纤细。

⑥肋沟（costal groove of rid）：肋骨下缘中间的沟状结构，走行肋间动脉、**静脉**和神经。第 5～7 肋的肋沟最为明显。

⑦胸骨端（sternal end of rid）：肋骨体的前端，与软骨相连结处骨质粗糙、多孔，表面呈杯状椭圆形。胸骨端表面随年龄增长而发生变化。第 11 和 12 肋的胸骨端逐渐变细，呈圆锥状。

⑧肋骨上缘（cranial/upperedge）：大部分圆钝、平滑并突起。

⑨肋骨下缘（caudal/lower edge）：尖锐，具有肋沟，肋沟使肋骨下面呈凹陷状。

（二）特殊肋骨

第 1 肋：形态最为特殊，因此也最易鉴别。第 1 肋较为宽阔，前下部扁宽、短小，

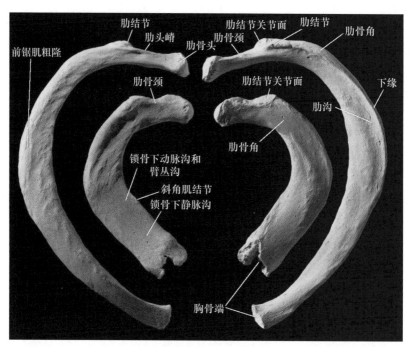

图 3-54 右侧第 1、第 2 肋骨

（左侧：上面观；右侧：下面观。改自 The Human Bone Manuel，2005）

弯曲程度大，只有一个较小且圆钝的关节面。第 1 肋上表面粗糙，有肌肉附着，且有 2 条表浅沟槽，一条位于前面的走行锁骨下静脉，另外一条走行锁骨下动脉和臂丛下干。这 2 条沟槽之间具有隆起的前斜角肌结节（scalene tubercle），附着前斜角肌。第 1 肋并无明显的下肋沟。

第 2 肋：形态介于最不规则的第 1 肋和相对规则的第 3~9 肋之间。第 2 肋中部外缘具有粗大的前锯肌粗隆。

第 10 肋：与第 3~9 肋相似，但头部通常只有一个关节面。

第 11 肋：只有一个关节面，且缺乏结节结构。胸骨端狭窄且呈尖状。第 11 肋肋骨角较钝，且具有表浅的肋沟。

第 12 肋：短于第 11 肋，甚至有可能比第 1 肋更短。与第 11 肋相似，第 12 肋也缺乏肋骨角和肋沟等结构。

第三节 四 肢 骨

一、上肢骨

人类由于身体直立，前肢从支撑体重解放出来，成为劳动器官。在漫长的进化过程中，手的功能变得特别灵巧，于是上肢骨比下肢骨小，而手指骨特别发育。上肢骨包括上肢带骨（含锁骨和肩胛骨）、上臂骨（肱骨）、前臂骨（含桡骨和尺骨）和手骨（含 8 块腕骨、5 块掌骨、14 块指骨和几块籽骨）。上肢骨通过胸锁关节与躯干连结，其本身各部分由上而下形成灵活的肩关节、肘关节、前臂骨连结、桡腕关节和手关节。

（一）锁骨

锁骨是管状的 S 形骨骼（图 3-55～图 3-58）。锁骨中间端（胸骨端）通过位于胸骨锁切迹的滑膜关节与胸骨相连结。锁骨外侧端（肩峰端）与肩胛骨肩峰相连结。锁骨

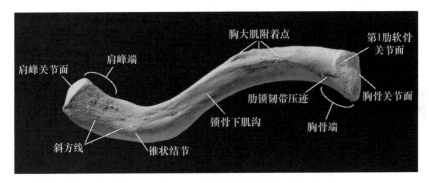

图 3-55　右侧锁骨下面观

（图片上方为锁骨前面，图片左方为锁骨外侧。改自 The Human Bone Manuel，2005）

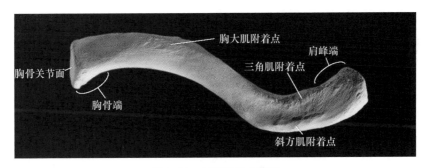

图 3-56　右侧锁骨上面观

（图片上方为锁骨前面，图片右方为锁骨外侧。改自 The Human Bone Manuel，2005）

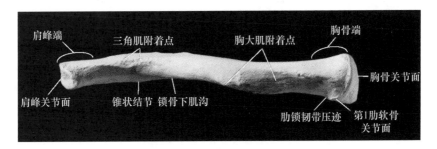

图 3-57　右侧锁骨前面观

（图片上方为锁骨上面，图片左方为锁骨外侧。改自 The Human Bone Manuel，2005）

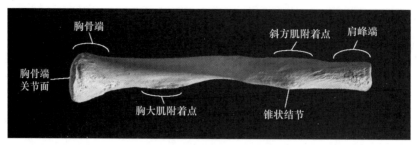

图 3-58　右侧锁骨后面观

（图片上方为锁骨上面，图片右方为锁骨外侧。改自 The Human Bone Manuel，2005）

横截面呈圆形或椭圆形。中间端横截面呈圆形或喇叭口状，外侧端横截面则呈扁平状。上述形态在活体皮下触诊可及。

锁骨为膜内成骨，锁骨体和胸骨端具有 2 个骨化中心。锁骨是最先骨化的骨骼，同时也是最后融合的骨骼。怀孕 5 周后即开始骨化，20～25 岁之间胸骨端才开始融合。

锁骨外侧端经常与肩胛骨肩峰相混淆。肩胛骨肩峰移行为肩胛冈，锁骨外侧端则移行为圆柱状的锁骨体部。锁骨外侧端的关节面朝向外侧方，而肩峰的关节面朝向前方。

处置锁骨碎片应遵循以下原则：锁骨中部为圆柱形，外侧部则呈扁平状。锁骨中间端向前方凸起，在中部向后弯曲，在外侧方扁平区域再次向前凸出。因此，锁骨中部和外侧部的凸起形成了锁骨 S 形的外观。锁骨下表面多呈不规则和粗糙形态。第 1 肋软骨关节面和肋隆起均位于锁骨下方。

具体结构介绍如下：

① 肋压迹（costal impression）：位于锁骨中间端（胸骨端）下表面，具有宽阔、粗糙的表面，为肋锁韧带的附着点。肋锁韧带可起加强胸锁关节的作用。

② 锁骨下动脉沟（subclavian sulcus）：走行于锁骨体后下 1/4 处，为颈部大静脉走行区和锁骨及肋骨之间锁骨下肌肉的附着点。锁骨骨折时，锁骨下动脉沟可防止这些大静脉遭受骨折断端的损伤。

③ 锥状结节（conoid tubercle）：位于锁骨外侧端（肩峰端）后部，为圆锥韧带附着点，圆锥韧带另一端附着于肩胛骨喙突，起加强肩关节的作用。

④ 斜方线（trapezoid line）：起自锥状结节，为斜方韧带附着点，斜方韧带功能与圆锥韧带相似，均起加强肩关节的作用。

与下表面相比，锁骨上表面（superior surface）较为平滑。锁骨后侧方粗糙表面为斜方肌附着标志，前侧方粗糙表面为三角肌附着标志，而中前方粗糙表面为胸大肌附着点。

（二）肩胛骨

肩胛骨是巨大、扁平的三角形骨骼（图 3-59～图 3-63），具有后面（背侧）和肋侧

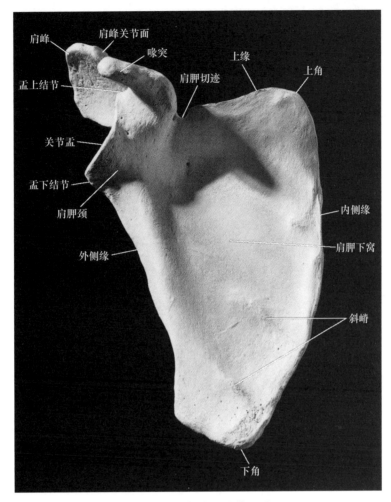

图 3-59　右侧肩胛骨前面观

（图片上方为肩胛骨上方，图片左方为肩胛骨外侧。改自 The Human Bone Manuel，2005）

（前面或腹侧）2 个面，同时具有三角形的 3 个边。肩胛骨与锁骨和肱骨相连结。

　　肩胛骨有 7 个以上骨化中心，其中 1 个发生为体部，2 个发生为喙突和肩峰，各有 1 个发生为脊椎缘和下角。其他边缘的骨化中心数量不定，常在青春期发育、融合。

　　肩胛骨碎片可能与骨盆相混淆，在相对扁平的骨碎片中，肩胛骨应薄于骨盆，实际上，与骨板和松质骨组成的三明治样骨性结构的骨盆相比，肩胛骨仅由独立的骨板组成。肩胛骨关节盂碎片可能与髋关节相混淆，但与髋臼相比，关节盂更加表浅，且小于髋臼。肩胛骨喙突可能与胸椎横突相混淆，但喙突并不具有关节结构。肩峰外侧可能与锁骨外侧碎片相混淆，但肩峰呈扁平狭长突起形态，与锁骨的圆柱形体部不同，上述特征可资鉴别。另外，与锁骨不同，肩峰下表面更加光滑且凹陷。肩胛骨骨片或婴儿肩胛骨可与蝶骨大翼相混淆，但肩胛骨骨片边缘并不完整，常呈破碎形态，而蝶骨大翼通常外侧游离，或可见骨缝边缘形态。当肩胛骨完整时，关节盂位于外侧，肩峰位于后侧。

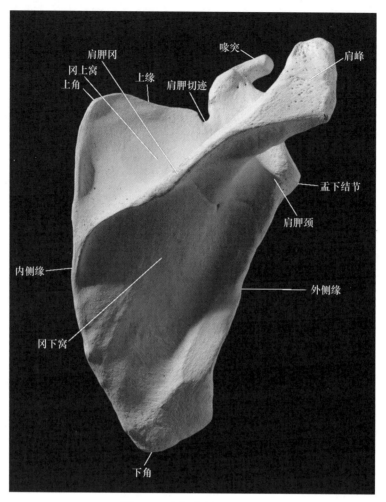

图 3-60　右侧肩胛骨后面观
（图片上方为肩胛骨上方，图片右方为肩胛骨外侧。改自 The Human Bone Manuel，2005）

　　当肩胛骨呈碎片状时，遵循下列原则进行处理：对于分离的关节盂，关节窝呈泪滴状，并且下缘圆钝。当水平位观时，关节窝前缘可见切迹。盂上结节位于关节盂上缘前，关节盂后缘变窄粗糙，前缘无增生，并向肩胛骨下方倾斜。对于分离的肩峰，下表面凹陷且比上表面光滑，肩峰位于肩胛骨中前侧尖端。对于分离的脊柱缘，前面相对凹陷而后面凸出，斜边右外上侧向中下侧走行（与肩峰平行）。对于分离的前角，前面凹陷而后面凸出，较厚的边缘为侧 / 腋缘。对于分离的侧 / 腋缘，关节盂上、下沟槽与侧 / 腋缘平行，下缘较薄，前表面最厚，厚度随肩胛冈向外侧增厚。对于分离的喙突，下表面光滑，上表面粗糙，前缘较长，下表面的凹陷与肩胛冈相对（后下方）。对于分离的肩胛冈，中部薄而肩峰处厚，下缘指向下方且有结节。与肩胛冈相邻的结构中，在中部冈下窝最深，在外侧冈上窝最深。肩胛冈基底部侧上方冈上窝处具有孔洞结构。

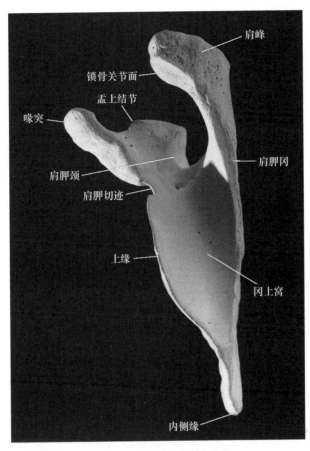

图 3-61　右侧肩胛骨侧面观

（图片上方为肩胛骨上方，图片右方为肩胛骨前侧。改自 The Human Bone Manuel，2005）

具体结构介绍如下：

① 上缘（superior/cranial border）：最短且最不规则。

② 肩胛切迹（scapular notch）：位于肩胛骨上缘，具有变异性。肩胛切迹为半圆形，部分构成了肩胛骨喙突。肩胛切迹内走行肩胛上神经。如通行韧带时，则可能发生骨化形成孔状结构。

③ 喙突（coracoid process）：位于肩胛骨上缘前方和侧前方。喙突形似手指，圆钝且粗糙，有多种肌肉、韧带和筋膜附着，对维持肩关节功能具有重要作用。

④ 肩胛下窝（subscapular fossa）：位于肩胛骨前面的表浅凹陷。

⑤ 斜嵴（oblique ridges）：由侧前方向中后方穿过肩胛下窝，由肌间韧带和肩胛下肌构成。肩胛下肌是执行肩关节内收运动，并辅助其他运动的主要肌肉。

⑥ 侧 / 腋缘（lateral/axillary border）：肩胛骨增厚的边缘，通常轻微凹陷。

⑦ 关节盂（glenoid cavity）：表浅的、垂直延伸的骨性凹陷，容纳肱骨头。该解剖结构赋予肱骨头极大的活动度（环形运动）。与髋关节相比，肩关节更容易发生脱位。

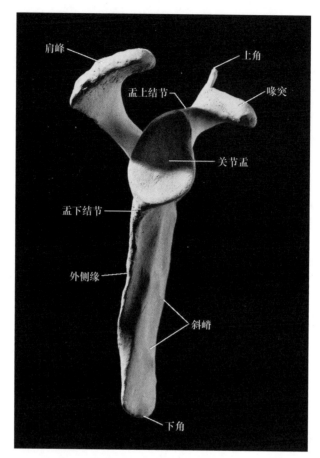

图 3-62　右侧肩胛骨上面观
（图片左方为肩胛骨前面，图片上方为肩胛骨外侧。改自 The Human Bone Manuel，2005）

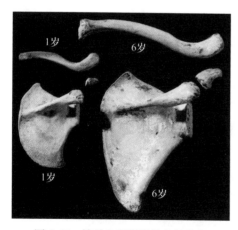

图 3-63　锁骨和肩胛骨的生长发育
［上：1 岁婴儿（左）和 6 岁儿童（右）锁骨上面观；下：1 岁婴儿（左）和 6 岁儿童（右）的肩胛骨背面观。改自 The Human Bone Manuel，2005 ］

⑧ 盂上结节（supraglenoid tubercle）：位于关节盂上缘，喙突基底部，是执行屈臂功能的肱二头肌长头的附着点。

⑨ 盂下结节（infraglenoid tubercle）：位于关节盂下缘，是执行伸臂内收前臂功能的肱三头肌长头的附着点。

⑩ 肩胛颈（scapular neck）：关节盂中部相对窄缩的区域。

⑪ 中/脊柱缘（medial/vertebral border）：肩胛骨最直、最长和最薄的边缘。

⑫ 肩胛冈（scapular spine）：位于肩胛骨后面的骨性突起。经行肩胛骨后表面，后与肩峰和中缘相融合。

⑬ 肩峰（acromion process）：肩胛骨侧缘肩胛冈的骨性突起。肩峰颅侧面非常粗糙，是三角肌的附着点。三角肌是沿肩胛骨下缘走行，主要执行前臂外展功能的肌肉，主要执行肩胛骨旋转功能的斜方肌也附着在肩峰上。肩峰中前缘具有与锁骨远端相连结的小关节面。

⑭ 冈上窝（supraspinous fossa）：位于肩胛冈基底部上缘较大的凹陷，是执行前臂外展功能冈上肌的起始点。

⑮ 冈下窝（infraspinous fossa）：位于肩胛冈下缘的凹陷，是执行前臂外旋功能的冈下肌起始点。冈下肌肌腱附着于冈下窝边缘。

⑯ 肩胛上角（superior angle）：位于肩胛骨上缘和脊柱缘的交界处。肩胛提肌附着于肩胛上角背侧。

⑰ 肩胛下角（inferior angle）：位于肩胛骨脊柱缘和腋侧缘交界处。前锯肌附着于肩胛下角侧后方，大圆肌起始于肩胛下角中部和侧缘。

（三）肱骨

肱骨是上肢中最大的骨骼（图 3-64～图 3-69），由圆形的关节头部、骨干和不规则的远端构成。肱骨近端的关节与肩胛骨关节窝相连结，远端与桡骨和尺骨相连结。

肱骨共有 8 个骨化中心：肱骨干、肱骨头、大结节、小结节（有些早期的骨化中心

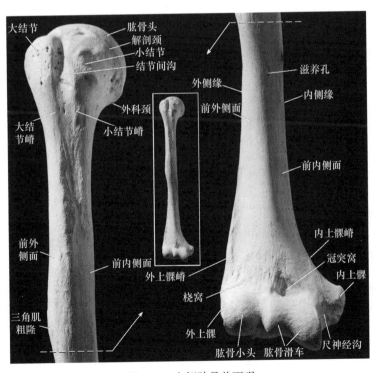

图 3-64 右侧肱骨前面观

（左：肱骨近端；右：肱骨远端。改自 The Human Bone Manuel，2005）

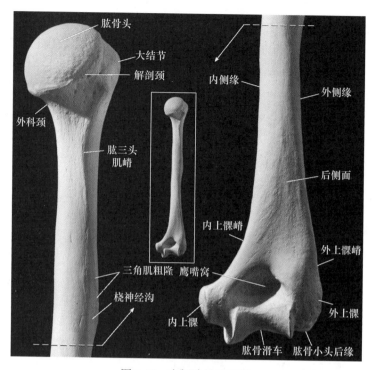

图 3-65　右侧肱骨后面观

（左：肱骨近端；右：肱骨远端。改自 The Human Bone Manuel，2005）

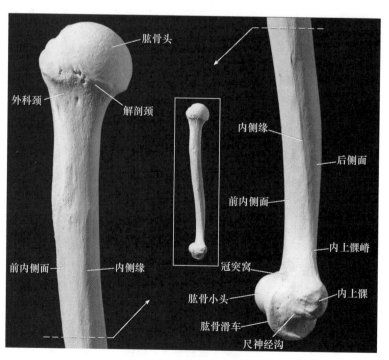

图 3-66　右侧肱骨内侧观

（左：肱骨近端；右：肱骨远端。改自 The Human Bone Manuel，2005）

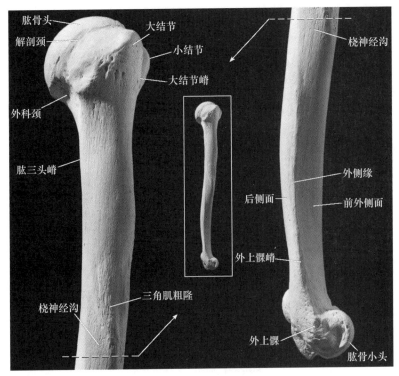

图 3-67　右侧肱骨外侧观

（左：肱骨近端；右：肱骨远端。改自 The Human Bone Manuel，2005）

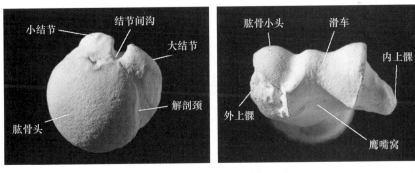

图 3-68　右侧肱骨近端与远端

（左：近端，肱骨前侧向上，外侧向右；右：远端，肱骨前侧向上，外侧向左。
改自 The Human Bone Manuel，2005）

是肱骨头和结节的联合）、肱骨小头、滑车（在与肱骨干融合之前，肱骨小头与滑车融合）、内上髁和外上髁。

　　由于肱骨头为半球形结构，而股骨头类似于球形，因此二者不易混淆。股骨头具有明显的压迹或凹陷，而肱骨头无类似结构。与桡骨、尺骨和腓骨相比，肱骨干更大且呈圆形。与股骨干相比，肱骨干更小且形态更规则。与胫骨相比，肱骨更小且缺乏明显三角形形态。

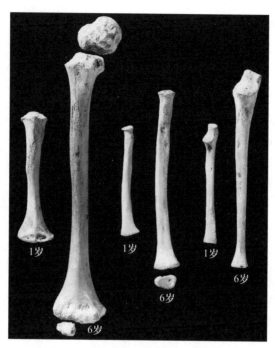

图 3-69　肱骨、尺骨和桡骨的生长发育

［1 岁和 6 岁未发育成熟的肱骨（左）、桡骨（中）和尺骨（右）前面观。
改自 The Human Bone Manuel，2005 ］

　　对于完整的肱骨，肱骨头位于内侧，肱骨小头位于外侧，鹰嘴窝位于背侧。对于分离的近端，肱骨头位于内侧，小结节和结节间沟位于前侧。对于分离的远端，鹰嘴窝位于背侧，内上髁最为突出，肱骨小头位于水平前外侧。如果关节末端缺如，则冠突窝较大且位于尺突窝内侧。对于肱骨干碎片，三角肌粗隆位于外侧，由后上方向前下方走行，滋养孔位于近端。可见小型桥状结构跨越肱骨干和内侧缘，内侧缘上可见滋养孔。结节间沟的外侧唇部粗大。

　　具体结构介绍如下：

　　① 肱骨头（head）：肱骨近端与肩胛骨关节窝相连结的球形骨性结构。

　　② 解剖颈（anatomical neck）：环绕肱骨头关节面的浅窝，有关节囊附着。

　　③ 外科颈（surgical neck）：肱骨头下方区域，连结肱骨头和肱骨干。

　　④ 小结节（lesser tubercle）：位于近端肱骨干、肱骨头下侧前方小型圆钝的骨性突起。小结节代表肩胛下肌的插入点，肩胛下肌起自肩胛骨肋面，止于肱骨中部。

　　⑤ 大结节（greater tubercle）：与小结节相比，大结节更大，位于小结节侧后方。大结节表面粗糙，是冈上肌、冈下肌和小圆肌的附着点。这些肌肉与肩胛下肌一同构成了旋臂肌群。除了旋臂以外，这些肌肉还参与上肢的内收和外展。

　　⑥ 结节间沟（intertubercular sulcus）：起自大、小结节之间，向肱骨干近端延伸，附着肱二头肌长头肌腱。肱横韧带跨越结节间沟形成桥状及韧带下方孔道结构。

⑦ 大结节嵴（crest of the greater tubercle）：形成了结节间沟侧缘，是胸大肌的附着点。胸大肌起自锁骨内前侧、胸骨和真肋的肋软骨。胸大肌参与屈、内收和旋臂运动。

⑧ 小结节嵴（crest of the lesser tubercle）：形成了结节间沟内缘，是大圆肌和背阔肌的附着点。大圆肌和背阔肌参与旋臂和外展运动。

⑨ 肱骨干（shaft）：多变三角形结构，近端稍圆，向远端压缩，逐渐呈三角形。

⑩ 三角肌粗隆（deltoid tuberosity）：位于肱骨干侧方，是三角肌附着点，三角肌起自肩胛骨前壁和上表面、肩峰和肩胛冈侧缘和上表面，为主要的外展上肢肌肉。三角肌粗隆呈 V 字形，表面粗糙。

⑪ 桡神经沟（radial sulcus）：位于肱骨干后表面，向三角肌粗隆（下缘向肱骨干远端移行）后下方走行，为容纳桡神经和深部伴行静脉的潜在倾斜沟槽。

⑫ 滋养孔（nutrient foramen）：位于肱骨干近端远侧的内前方。当尽力屈肘或屈膝时，滋养孔即位于正前方。滋养孔较大，可从滋养孔透视骨骼，内有滋养动脉通过。

⑬ 鹰嘴窝（olecranon fossa）：肱骨远端 3 个骨性凹陷中最大的一个。位于后方，前臂伸直时容纳尺骨鹰嘴。鹰嘴窝最深部可见滑车上孔（septal aperture）。

⑭ 冠突窝（coronoid fossa）：位于肱骨远端前面的骨性凹陷，前臂屈曲时容纳尺骨冠突。

⑮ 桡窝（radial fossa）：位于肱骨远端前外侧的骨性凹陷，前臂屈曲时容纳桡骨头。

⑯ 肱骨小头（capitulum）：位于肱骨远端外侧的圆形突起，与桡骨头相连结。

⑰ 滑车（trochlea）：位于肱骨远端的线轴样切迹，与尺骨相连结。

⑱ 外上髁（lateral epicondyle）：位于肱骨小头侧上方无关节结构的骨性隆起，是桡侧副韧带的附着点，也是旋后肌和前臂伸肌的起始点。

⑲ 内上髁（medial epicondyle）：位于滑车内上方无关节结构的骨性突起，比外上髁更为突出，是尺侧副韧带、前臂屈肌和旋前圆肌的附着点。

⑳ 内上髁嵴（medial supracondylar crest）：位于内上髁上方，形成肱骨远端内侧的尖锐边缘。

㉑ 外上髁嵴（lateral supracondylar crest）：位于外上髁上方，形成肱骨远端外侧的尖锐边缘。

（四）桡骨

桡骨是上肢最短的骨骼（图 3-70～图 3-74）。与尺骨相比，桡骨活动度更大，而且可以围绕肱骨小头进行旋转运动，因此得名。桡骨在近端与肱骨小头，在内侧与尺骨顶部形成桡关节。桡骨在远端与腕骨构成腕关节。

桡骨有 3 个骨化中心：桡骨干、桡骨头和桡骨远端。

桡骨干可能与尺骨和腓骨混淆，桡骨远端可能与胸骨柄的锁切迹混淆，以下特征

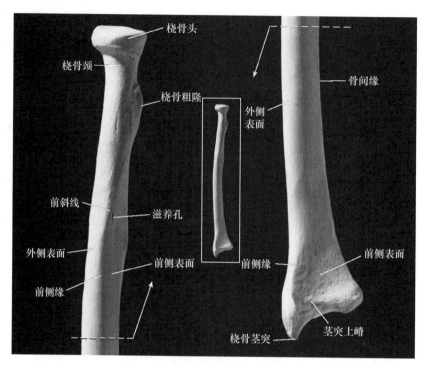

图 3-70　右侧桡骨前面观

（左：近端；右：远端。改自 The Human Bone Manuel，2005）

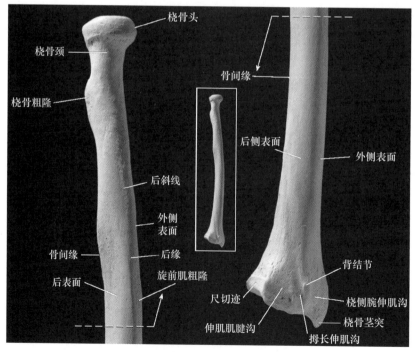

图 3-71　右侧桡骨后面观

（左：近端；右：远端。改自 The Human Bone Manuel，2005）

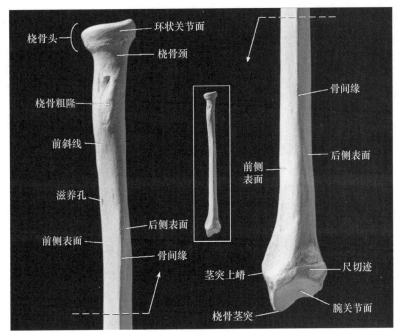

图 3-72　右侧桡骨内侧观

（左：近端；右：远端。改自 The Human Bone Manuel，2005）

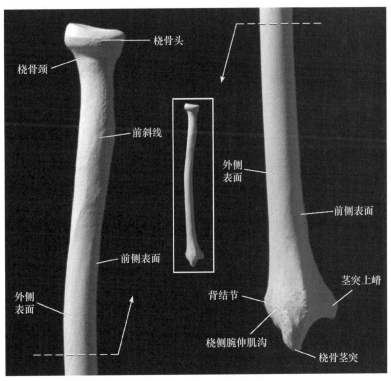

图 3-73　右侧桡骨外侧观

（左：近端；右：远端。改自 The Human Bone Manuel，2005）

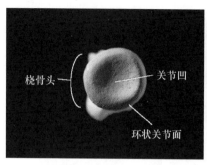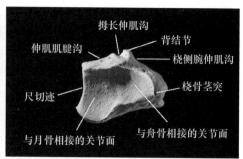

图 3-74　右侧桡骨近端和远端

（左：近端，桡骨外侧向上，前侧向右；右：远端，桡骨背侧向上，外侧向右。

改自 The Human Bone Manuel，2005）

有助鉴别。尺骨干由近端向远端逐渐变窄（横截面直径减小），而桡骨没有这种变化；尺骨干具有尖锐的骨间缘，骨间缘不如桡骨的圆钝，桡骨的骨间缘横截面呈泪滴状，且更为规则和光滑；大部分尺骨干横截面呈三角形，只有在远端时才呈圆形，与之相反，桡骨干近端横截面呈圆形，而中段呈三角形。桡骨远端横截面呈椭圆形，骨皮质较薄，腓骨也是细长并具有骨嵴结构的长骨，但横截面比桡骨更为规则，也比桡骨更长。桡骨远端可见 2 个关节面，而胸骨柄的锁切迹只有一个关节面。

对于完整的桡骨，尺切迹、桡骨粗隆和骨间缘位于内侧，背结节位于背侧，茎突位于外侧。对于分离的近端，桡骨粗隆面向前内侧，尺骨近端内侧关节面最大，桡骨颈后内侧具有与桡骨粗隆内侧缘上表面相一致的峰状突起。对于分离的桡骨干，骨间缘位于内侧，斜线位于前面，滋养孔位于远端骨干前方，中段后侧方表面最为粗糙。对于分离的远端，前表面较为光滑平整，后表面具有深槽，尺切迹位于内侧，茎突位于外侧，茎突前表面光滑。

具体结构介绍如下：

① 桡骨头（head）：桡骨近端的圆形关节结构。近端杯状关节面（关节凹）与肱骨小头相连结，桡骨头边缘（圆周关节面）与尺骨桡切迹相连结。

② 桡骨颈（neck）：位于桡骨头和桡骨粗隆之间的细长区域，是肱二头肌的附着点。肱二头肌主要参与屈臂，而较少参与内旋前臂，二头肌囊位于肱二头肌下。

③ 桡骨粗隆（radial tuberosity）：位于桡骨近端前内侧圆钝、粗糙、形态多变的骨性结构。

④ 桡骨干（shaft）：桡骨粗隆和桡骨远端之间的细长部分。

⑤ 滋养孔（nutrient foramen）：位于桡骨近 1/2 端前表面，面向远端。

⑥ 骨间缘（interosseous crest）：桡骨干内侧的尖锐边缘，附着纤维膜性结构，该纤维膜将前臂分为前侧和后侧，分别容纳伸肌和屈肌肌群。

⑦ 斜线（oblique line）：位于桡骨干前表面，起自桡骨粗隆基底部向侧下方螺旋走

行，有手部外附肌附着。

⑧ 旋前圆肌附着点（pronator teres insertion）：位于桡骨中段外表面的粗糙骨性结构。

⑨ 尺切迹（ulnarnotch）：桡骨远端内侧的关节凹，与尺骨远端相连结。

⑩ 桡骨远端关节面（distal radial articular surface）：与内侧的桡骨和外侧的手舟骨相连。

⑪ 茎突（styloid process）：桡骨远端外侧的尖锐突起。

⑫ 背结节（dorsal tubercle/lister's tubercle）：桡骨远端背侧面上的一个显著骨性隆起。该结节与桡骨远端背侧其他骨性隆起之间的骨沟，容纳着手部外在伸肌群的肌腱。

（五）尺骨

尺骨是上肢中最为细长的骨骼（图 3-75～图 3-79）。近端与肱骨滑车和桡骨头相连结。远端与桡骨尺切迹和腕骨关节盘相连结，从而使手和桡骨可以围绕尺骨进行旋转，这也是其他哺乳动物的特征。

尺骨有 3 个骨化中心：尺骨干、鹰嘴和远端。

尺骨近端和远端具有排他性特征，可资鉴别。尺骨碎片可能与桡骨和腓骨相混淆。

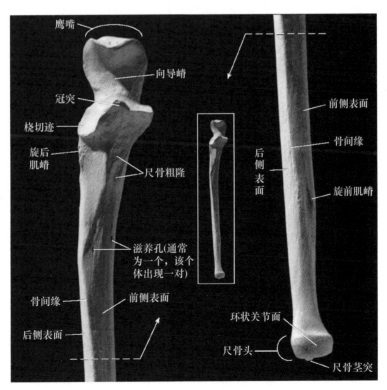

图 3-75　右侧尺骨前面观

（左：近端；右：远端。改自 The Human Bone Manuel，2005）

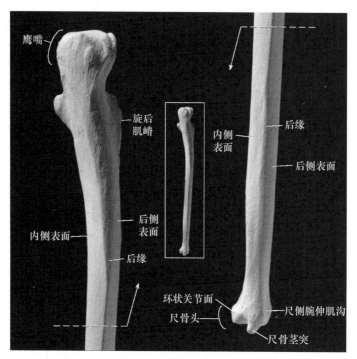

图 3-76　右侧尺骨后面观

（左：近端；右：远端。改自 The Human Bone Manuel，2005）

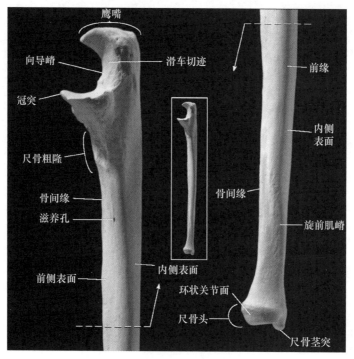

图 3-77　右侧尺骨内侧观

（左：近端；右：远端。改自 The Human Bone Manuel，2005）

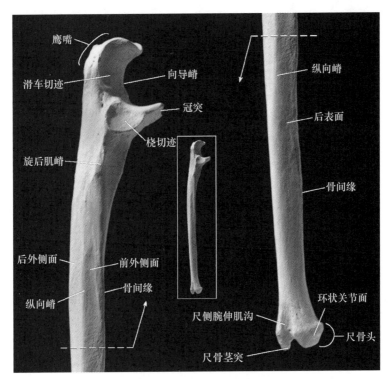

图 3-78　右侧尺骨外侧观

（左：近端；右：远端。改自 The Human Bone Manuel，2005）

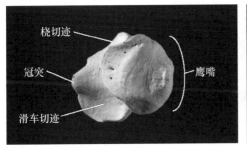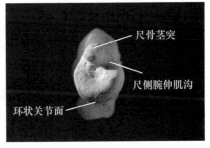

图 3-79　右侧尺骨近端和远端

（左：近端，尺骨外侧向上，前侧向左；右：远端，尺骨前侧向下，外侧向右。
改自 The Human Bone Manuel，2005）

桡骨干具有 2 个圆钝成角和 1 个尖锐成角的三角形或泪滴状横截面。桡骨远端并未变窄，也没有尺骨干规则。腓骨横截面更为规则，且具有多个尖锐突起。

对于完整的尺骨，鹰嘴位于近端后方，桡切迹和骨间缘位于外侧。对于分离的近端，适用上述标准处置，注意尺骨粗隆位于内侧。对于分离的尺骨干，尺骨干远端收窄，滋养孔位于尺骨干前表面远端，骨间缘位于外侧，骨间缘前表面近端凹陷，远端平整，在尺骨干中段和远端，骨间缘后表面可能具有特异性的多变沟槽结构。对于分离的远端，茎突位于后方，尺侧腕伸肌沟位于茎突外侧。

① 鹰嘴（olecranon）：尺骨近端巨大、圆钝的骨性突起，肱三头肌和主要伸肌均附着于鹰嘴。

② 滑车切迹（trochlear notch）：与肱骨远端滑车关节面相连结，与桡骨旋转运动不同，尺骨围绕长轴的旋转功能被滑车关节所限制。

③ 向导嵴（guiding ridge）：将滑车切迹垂直分为内、外两部分。

④ 喙突（coronoid process）：位于半月切迹基底部前突，形似鸟嘴样的骨性突起。

⑤ 尺骨粗隆（ulnar tuberosity）：位于喙突正下方的粗糙压迹，是肱肌的附着点。肱肌是起自肱骨前表面的屈肘肌肉。

⑥ 桡切迹（radial notch）：与桡骨相连结的小关节面，位于喙突外侧缘。

⑦ 尺骨干（shaft）：位于尺骨粗隆和远端之间。

⑧ 滋养孔（nutrient foramen）：位于尺骨干前内侧远端。

⑨ 骨间缘（interosseous crest）：位于尺骨干外侧正对桡骨方向。

⑩ 旋前肌嵴（pronator ridge）：位于尺骨干远端 1/4 处的多变骨性突起，前内侧是旋前方肌的附着点。

⑪ 茎突（styloid process）：尺骨远端最为尖锐和突出的骨性突起，位于尺骨远端后内侧，是腕关节尺侧副韧带的附着点。茎突被沟槽样的凹陷分为头部和体部。

⑫ 尺侧腕伸肌沟（extensor carpi ulnaris groove）：与茎突相邻，位于茎突后侧方，附着尺侧腕伸肌肌腱，参与腕关节屈曲和内收。

⑬ 桡关节（radial articulation）：尺骨远端外侧的圆周关节，圆周结构使桡骨尺切迹与尺骨、尺骨桡切迹与桡骨头相连结。

（六）手骨

手是人体远端的复杂结构，是原始鱼类鳍部放射性骨骼的进化结构。普通爬行类动物足部具有的小型腕骨结构，就是形成手指的基础。在此基础之上，逐渐形成较大的近端骨性结构（掌骨），以及附属的指骨结构。在不同的哺乳动物，指骨经过进化形成不同的结构，如蝙蝠的翅膀，或者单趾的马蹄。但是人类保持了原始的五指结构。人类手部共有 27 块骨骼（图 3-80、图 3-81），8 块腕骨呈两排排列，之后是远端的 5 块掌骨呈单排排列，在远端有 5 块近节指骨呈单排排列、4 块中节指骨呈单排排列，最后是单排排列的 5 块远节指骨。

除了上述的 27 块主要手部骨骼之外，在手部韧带内常存在一些小籽骨。由于这些籽骨通常不具有功能意义，因此并不是骨骼学家关注的对象。在第 1 掌骨掌面常可发现成对的籽骨。

我们将分 3 部分介绍手部骨骼：腕骨（carpals）、掌骨（metacarpals）和指骨（phalanges）。在腕骨部分，就像足部的跗骨一样，不同骨骼的名称已应用多年。如果想深入了解手部骨骼命名，可以参考奥拉希利（O'Rahilly）的相关著作。

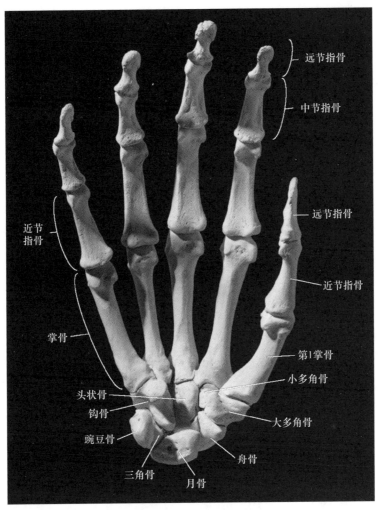

图 3-80　右手掌面观（前侧）

（小的籽骨未包含在内。改自 The Human Bone Manuel，2005）

　　在介绍手部骨性特征之前，了解手部骨骼的解剖学名称十分重要。只有在解剖学位置时，"前""后""内侧"和"外侧"才有解剖学意义。因此，描述手部解剖结构时，还可以根据解剖特点应用以下名称。

　　① 前：掌侧。

　　② 后：背侧。

　　③ 内侧：尺侧，也为小指侧。

　　④ 外侧：桡侧，也为拇指侧。

　　腕骨为单骨化中心。由于规格过小以及结构的复杂性，通常不要求对腕骨进行鉴别。如果仔细收集手部骨骼，通常可收集完整。每个腕骨均有各自的特征，腕骨之间不难区别。由于腕骨均小于跗骨，且具有独特形态，因此不易与跗骨相混淆。

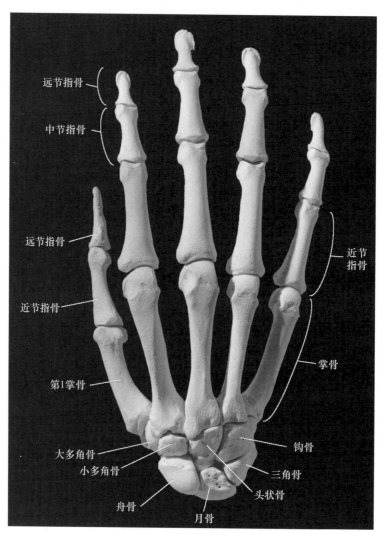

图 3-81　右手背面观（后侧）

（小的籽骨未包含在内。改自 The Human Bone Manuel，2005）

很多骨骼，尤其是在考古学现场发掘，由于骨骼残骸的死后分布和嗜尸性动物（穴居动物）的破坏，很难收集到完整的手部骨骼。穴居动物经常会将细小的骨骼移至洞穴。因此，在考古发掘，如没有仔细、认真发掘，则可能丢失籽骨、豌豆骨和末节指骨等细小骨骼。

1. 腕骨

成人的 8 块腕骨经常被描述为六面立方体，但这是误解。每一块腕骨都是不同的、具有特异性的。因此，可以根据形态直接确定腕骨。了解腕骨的功能有助于理解腕骨的解剖学结构。腕骨掌面有 4 个主要的骨性突起。钩状骨的钩状突起和豌豆骨突起位于第 5 掌骨基底部掌侧内缘。舟状结节和大多角骨嵴位于第 1 掌骨基底部掌侧外缘。

腕骨被纤维带包绕。屈肌支持带形成腕管（carpal tunnel），其中走行屈肌肌腱。

腕骨被分为近侧列和远侧列。其中，近侧列由桡至尺分别为手舟骨（scaphoid）、月骨（lunate）、三角骨（triquetral）和豌豆骨（pisiform），舟骨和月骨与桡骨相连结；远侧列由桡至尺分别为大多角骨（trapezium）、小多角骨（trapezoid）、头状骨（capitate）和钩骨（hamate）。

（1）手舟骨

手舟骨形似舟状，具有 2 个主要的关节面。其中凹陷关节面与头状骨相连结，凸起关节面与桡骨远端相连结。作为最大的腕骨之一，手舟骨位于腕骨的近端和最外侧，介于桡骨和拇指基底部的大多角骨之间。手舟骨结节（tubercle）邻近手舟骨凹陷关节面，为圆钝、无关节连结的骨性突起，是包绕腕关节的屈肌支持带的 4 个附着点之一。

凹陷关节面位于手舟骨远端头部。手舟骨结节位于掌侧外缘（与拇指相对）。

鉴别：将手舟骨凹陷关节面面向检查者，则手舟骨结节位于上方，且结节斜向外侧。

（2）月骨

月骨形似初月，深在的凹陷关节面与头状骨相连结，凸起的关节面则与手舟骨一起与桡骨相连结。

桡骨面为近端，头状骨面为远端。外侧细长、光滑的关节面与手舟骨（拇指基底部）相连结。其余的关节面呈三角形，位于背侧。最大的无关节连结的骨表面为掌侧。

鉴别：将光滑面置于桌面，则最为凹陷的关节面面向检查者，其余的关节面将随之上升。

（3）三角骨

三角骨是腕骨近端自拇指端的第 3 块骨，主要有 3 个关节面，因此得名。三角骨具有与豌豆骨相连结的圆形凸起的关节面，可以与小三角骨相鉴别。

三角骨掌侧内表面与豌豆骨相连结的关节面是 3 个关节面中最小的；与钩骨相连结的关节面最大，位于远端；与月骨相连结的关节面位于外侧。

鉴别：将 2 个最大关节面相交线面向检查者，则掌侧关节面位于上方。

（4）豌豆骨

豌豆骨形似豌豆，与三角骨相连结的关节面平整。无关节连结的体部是屈肌支持带的附着点，是最小的腕骨。由于豌豆骨由韧带演变而来，因此实际上是籽骨。除豌豆骨之外，在屈指韧带中还可见其他一些更小的籽骨，如在掌指关节和指间关节处。

豌豆骨无关节连结的体部位于手掌基底部尺骨角。由于存在变异性，豌豆骨鉴别的准确率为 85%～90%。

鉴别：无关节连结的体部表面为上方。体部具有沟槽结构，并向侧方延伸。

（5）大多角骨

大多角骨是腕骨中中等大小的骨。大多角骨与第 1 掌骨（拇指）基底部相连结的关节面呈鞍状，且具有细长的结节或嵴，可供鉴别。

大多角骨掌侧近端内侧具有骨嵴结构，为屈肌支持带附着点，邻近骨嵴内侧有沟槽，与拇指相连结的关节位于远端外侧。

鉴别：将平整关节面置于桌上，骨嵴位于上方，凹陷关节面位于骨嵴对侧，邻近骨嵴可见沟槽。

（6）小多角骨

小多角骨呈靴形，是腕骨远端列中最小的。小多角骨远端与第 2 掌骨基底部相连结。

最大的无关节面的结构位于远端，突出部指向近端外侧（拇指侧）。尖锐边缘位于外侧，与大多角骨相连结的凸起关节面位于近端，而与手舟骨相连结的关节面则凹陷。

鉴别：将靴底置于桌面，位于关节面之间的狭窄、V 字形的沟槽面对检查者，靴尖指向外侧。

（7）头状骨

头状骨是腕骨中最大的骨，与第 2 掌骨、第 3 掌骨，有时也与第 4 掌骨相连结，远端呈正方形，近端呈圆形。头状骨头圆钝，近端与月骨和手舟骨凹陷的关节面相连结。头状骨基底部远端与第 3 掌骨基底部相连结。

头状骨与月骨和手舟骨相连结。最大的、平整的无关节连结表面位于背侧。头部凹陷的关节面与钩骨相连结，位于内侧（小指侧）。

鉴别：将基底部置于桌上，头部位于上方，细长的关节连结则位于侧面（始自头状骨头基底部）。

（8）钩骨

钩骨是具有钩状结构的腕骨，钩状突起在掌侧无关节连结，是屈肌支持带的附着点。钩骨通过钩状基底部与第 4 掌骨和第 5 掌骨基底部相连结。钩状突起位于掌侧远端内侧，在腕管边缘。

鉴别：将无关节面一侧置于下方，则与掌骨相连结的关节面背向检查者，钩状突起斜向外侧。

2. 掌骨

由拇指至小指，掌骨编号为 1～5，与手指相对应。掌骨均为管状骨，具有圆柱形的远端和关节面（掌骨头，head），以及矩形的近端（基底部，base）。依据基底部的形态，掌骨易于鉴别。

第 2～5 掌骨基底部相互连结。第 2～5 掌骨基底部还与腕骨远端相连结：三角骨与第 1 和第 2 掌骨相连结，小多角骨与第 2 掌骨相连结，头状骨与第 2 和第 3 掌骨相连结（有时与第 4 掌骨相连结），钩状骨与第 4 和第 5 掌骨相连结。

除第 1 掌骨之外，每个掌骨均具有 2 个骨化中心：初级骨化中心位于掌骨干或基底部，次级骨化中心位于远端（掌骨头）。第 1 掌骨只具有基底部 1 个骨化中心。

第 2～5 掌骨短于第 2～5 跖骨。掌骨的长径比大于跖骨，且比跖骨更为纤细。掌骨头更为圆钝，而跖骨头内、外侧呈压缩形态。

鉴别掌骨时应注意，基底部为近端、外侧观时，掌侧骨干凹陷。掌骨基底部特征是鉴别掌骨的依据。

（1）第 1 掌骨

第 1 掌骨是最短的掌骨，比其他掌骨更为粗大。近端具有鞍状关节面，与三角骨相连结。

鉴别：第 1 掌骨基底部掌侧的最大突起常朝向内侧，因此，在近端观时，常可见近端朝向内侧和外侧的鞍状关节面。内侧关节面通常较小，外侧关节面较大且凹陷。背侧观时，侧缘即掌骨最长轴线。

（2）第 2 掌骨

第 2 掌骨是最长的掌骨，位于食指基底部。基底部具有曲面状关节面，与三角骨、头状骨、大多角骨和第 3 掌骨相连结。

鉴别：第 2 掌骨近端为宽阔、刃状关节面，关节面内侧与第 3 掌骨相连结。

（3）第 3 掌骨

第 3 掌骨位于中指基底部，是唯一在基底部具有尖锐茎突突起的掌骨，与头状骨、第 2 和第 4 掌骨相连结。

鉴别：茎突位于外侧或第 2 掌骨侧。

（4）第 4 掌骨

第 4 掌骨位于环指基底部，比第 2 和第 3 掌骨更短小。其方形基底部具有 3 或 4 个关节面，与头状骨（有时）、钩骨、第 3 和第 5 掌骨相连结。

鉴别：近内侧基底部具有直角关节缘。

（5）第 5 掌骨

第 5 掌骨位于小指基底部，是最为细小的掌骨，具有与钩骨和第 4 掌骨相连结的 2 个关节面。

鉴别：无关节连结的骨表面位于内侧，不与第 4 掌骨相连结。

3. 指骨

指骨短于掌骨，不具有圆形髓部结构，骨干呈前后扁平状。拇指的指骨短于其他指骨，且中节指骨缺如。指骨近端膨大部位为基底部（base），远端为头部（近节和中节指骨，head）或者末端（仅指远节指骨，distal tip），与掌骨头和趾间关节相邻的突起是侧副韧带的附着点。

指骨腹侧面光滑圆润，掌侧面平坦粗糙。尤其是指骨干（shaft）两侧，具有脊背样结构，附着有纤维屈肌鞘，屈指时固定屈肌肌腱。

指骨具有 2 个骨化中心：初级骨化中心位于指骨干和远端，次级骨化中心位于基底部。指骨具有骨干，掌侧面平整，横截面呈半圆形。趾骨的横截面则呈圆形。

最好在收集所有标本的情况下进行比较和处置，放射学检查有助于处置指骨。

（1）近节指骨

近节指骨近端具有凹陷的关节面，与掌骨相连结。拇指近节指骨具有短小、粗壮的外观，易于识别。

（2）中节指骨

中节指骨具有与近节指骨和远节指骨相连结的 2 个关节面。拇指只有 2 节指骨，中节指骨缺如。

（3）远节指骨

远节指骨具有与中节指骨相连结的关节面。末端均具有非关节性膨大，即远节指骨粗隆。拇指远节指骨短小、粗壮，易于识别。远节指骨背侧圆润，掌侧粗糙。

二、下肢骨

人类下肢的功能主要是支持躯体、承受体重和运动，一般下肢骨（除趾骨外）均较上肢骨粗大。下肢骨包括下肢带骨（髋骨）、大腿骨（股骨）、位于大腿和小腿之间的髌骨、小腿骨（含内侧的胫骨和外侧的腓骨）、足骨（含 7 块跗骨、5 块跖骨和 13～14 块趾骨）。

（一）髋骨

下肢带骨仅有 1 种，即髋骨，左、右各 1 块。

髋骨是一对形状不规则的扁骨（图 3-82～图 3-86）。两侧的髋骨在前方正中线处借软骨相接，形成耻骨联合，在后方分别与骶骨构成关节。左、右髋骨与后面的骶骨共同围成一个完成的骨性环，即骨盆。在 16 岁以前，髋骨为 3 块独立的骨，即髂骨、坐骨和耻骨，上述 3 块骨之间以软骨相连。16 岁以后，软骨骨化、消失，髂、坐、耻 3 骨融为一体，愈合的中心点位于髋臼。髋臼是髋骨外面的一个深窝，与股骨头共同构成髋关节。现将髂、坐、耻 3 骨分述如下。

每侧髋骨均有 3 个初级骨化中心和 5 个次级骨化中心。髂骨、骶骨和尾骨各为初级骨化中心，并以髋臼为中心融合。髂前上棘和髂嵴是髂骨的 2 个次级骨化中心，耻骨联合是耻骨的次级骨化中心，坐骨结节是坐骨的次级骨化中心，第 8 个次级骨化中心位于髋臼深部。

髂骨碎片可能与颅骨或肩胛骨碎片相混淆，但颅骨皮质厚度均匀。肩胛骨比髂骨更薄，而且可见肩胛下缘。髋骨关节碎片可能与骶骨碎片相混淆，但骶骨具有翼状结构，而且没有骶髂部增厚和坐骨切迹。

当髋骨完整时，耻骨位于前方，髂嵴位于上方，而髋臼位于外侧。当髋骨呈碎片

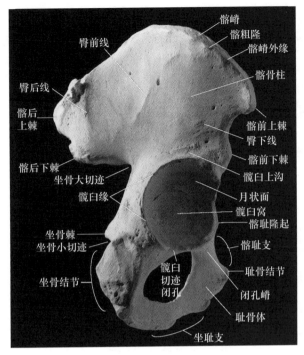

图 3-82　右侧髋骨外侧观

（图中骨骼上部为髋骨上部，骨骼前部朝右。改自 The Human Bone Manuel，2005）

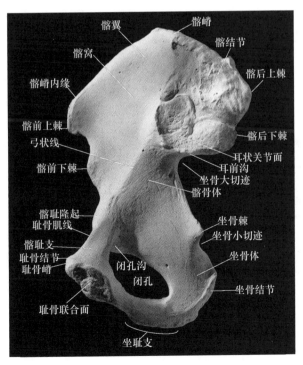

图 3-83　右侧髋骨内侧观

（图中骨骼上部为髋骨上部，骨骼前部朝左。改自 The Human Bone Manuel，2005）

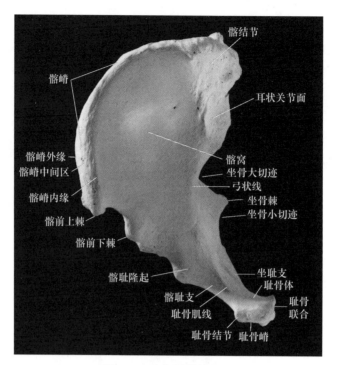

图 3-84 右侧髋骨前上观

（图中骨骼前部为髋骨下部。改自 The Human Bone Manuel，2005）

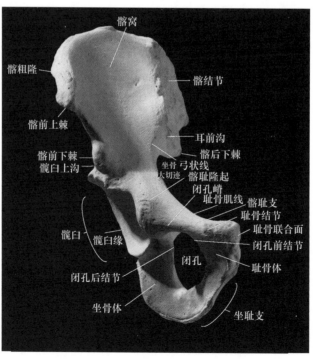

图 3-85 右侧髋骨前面观

（改自 The Human Bone Manuel，2005）

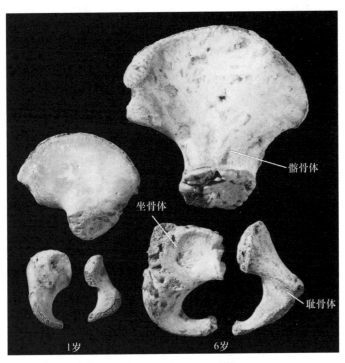

图 3-86　髋骨的生长发育

[1 岁（左）和 6 岁（右）个体髋骨三个组成部分外侧观。改自 The Human Bone Manuel，2005]

状时，可遵循下列原则处置：对于分离的耻骨，腹侧面相对粗糙，背侧面平滑凸起，耻骨联合位于中线处，耻骨上支比下支粗壮。对于分离的坐骨，骨质最厚的部分与髋臼相对，较薄的部分位于前下方。坐骨结节位于侧后方。对于分离的髂骨，髂嵴位于侧前方，关节面和相关结构位于后内方。对于分离的髂嵴，髂结节位于侧前方，侧前方比后表面更为凹陷，髂嵴由内后方直至关节面前缘后转向外侧。对于分离的髋臼，髋臼切迹位于下方、略朝向前方，月状面为髋臼下缘，比上缘更圆钝，坐骨上支位于后方，耻骨上支和髂骨均位于前方。对于分离的关节面，位于髂骨后方，朝向内侧，顶端指向前方，后上方粗糙，为骶髂韧带附着点，坐骨大、小切迹位于后下方。

具体结构介绍如下：

① 髂骨（ilium）：位于髋臼上方扁平、刃状的部分。

② 坐骨（ischium）：粗大圆钝的骨性结构，坐位时位于人体后下方。

③ 耻骨（pubis）：位于髋骨前下方中线处，与髋关节相邻。

④ 髋臼（acetabulum）：尺骨侧面、半球形的骨性凹陷，容纳股骨头。

⑤ 髋臼窝（acetabular fossa）：也称为髋臼切迹，髋臼中无关节连结的部位，附着圆韧带，限制股骨运动，并通行血管，为股骨头提供血供。

⑥ 月状面（lunate surface）：髋臼内新月形的关节面，是与股骨头接触的实际关节面。

⑦ 髂骨柱（iliac pilar）：位于髂骨外侧、髋臼上方的垂直型骨性增厚，是髂骨上缘。

⑧ 髂粗隆（iliac tubercle）：位于髂骨柱前末端的骨性增厚。

⑨ 髂嵴（iliac crest）：髂骨的前边缘，上面观时呈 S 形。很多腹部肌肉附着于髂嵴。

⑩ 臀线（gluteal lines）：位于髂骨外侧面粗糙、不规则的骨性线状突起，可借此区分附着于臀部的肌肉，其走行路线具有个体差异。臀下线位于髋臼上方。臀前线（anterior gluteal line）通过位于髂骨柱后侧的骨窝，向后下方曲行。臀后线（posterior gluteal line）在髂骨后缘近似垂直走行。臀小肌位于下线和上线之间。臀中肌位于前线和后线之间。臀大肌起始于臀线，并向臀线后方走行。臀小肌和臀中肌外展和内旋股骨，而臀大肌则外旋、伸展和内收股骨。

⑪ 髂前上棘（anterior superioriliac spine）：位置与名称相同，位于髂嵴前方，为缝匠肌和腹股沟韧带的附着点。

⑫ 髂前下棘（anterior inferior iliac spine）：骨盆前缘的钝性突起，为髋臼上方，是股直肌的附着点，负责髋关节的屈曲和膝关节的伸展。髂前下棘下方是髂股韧带的附着点。

⑬ 髂后上棘（posterior superior iliac spine）：位于髂嵴后方末端，附着部分臀大肌，附着外旋、伸展和内收股骨。

⑭ 髂后下棘（posterior inferior iliac spine）：位于关节面后下方尖锐的骨性突起，附着部分骶结节韧带，固定骶骨。

⑮ 坐骨大切迹（greater sciatic notch）：位于髂嵴后下方。外旋髋关节的梨状肌和通往下肢的神经通过该切迹。该处是髋骨中骨皮质最厚的部分。

⑯ 坐骨棘（ischial spine）：位于坐骨大切迹下方，附着骶棘韧带。

⑰ 坐骨小切迹（lesser sciatic notch）：位于坐骨棘上方和坐骨后方之间的切迹。外旋和外展髋关节的闭孔内肌通行于此切迹。

⑱ 坐骨结节（ischial tuberosity）：位于髋骨后下方粗大、粗糙且圆钝的骨性结节，有半腱肌、半膜肌、股二头肌（长头）和股方肌等外展髋关节的肌肉附着。

⑲ 耳状面（auricular surface）：髂骨内侧与骶骨相连结的耳状关节面。

⑳ 髂结节（iliac tuberosity）：位于关节面后上方的粗糙凸起，有骶髂韧带附着。

㉑ 耳前沟（preauricular sulcus）：位于耳状面前下方的沟，具有变异性。

㉒ 髂窝（iliac fossa）：髂骨内表面表浅的凹陷。

㉓ 弓状线（arcuate line）：起自关节面顶端，向耻骨走行，跨越髋骨内前下方表面的骨性突起。

㉔ 髂耻隆起（iliopubic eminence）：位于弓状线外侧髂骨和耻骨的交界处。

㉕ 髂耻支（iliopubic ramus）：髂骨和耻骨的骨性连结。

㉖ 坐耻支（ischiopubic ramus）：坐骨和耻骨的细小、平直的骨性连结。

㉗ 耻骨联合（pubic symphysis）：双侧髋骨在耻骨部分的连结面，由闭孔膜封闭。

㉘ 闭孔（oburator foramen）：耻骨和坐骨共同形成的环状孔洞，由闭孔膜封闭。

㉙ 闭孔沟（obturator groove）：位于闭孔侧上方耻支内表面的沟槽，通行闭孔血管和闭孔神经。

1. 髂骨

在组成髋骨的 3 骨中，髂骨的体积最大，位于髋骨的上外侧部，可区分髂骨体和髂骨翼。髂骨体占据着髋臼的后上部，颇为肥厚。髂骨翼是由体向后外侧和上方扩展的骨板，其中心很薄，上缘增厚，名为髂嵴。髂嵴略呈弯曲状，其前端为髂前上棘，后端为髂后上棘。髂前上棘之下方尚有一髂前下棘，髂后上棘之下方尚有一髂后下棘。髂后下棘的下方为坐骨大切迹。髂骨翼的前（内侧）面凹陷，呈髂窝，该窝的下界是弓状线，此线向后达耳状面。耳状面呈耳廓状，是一个关节面，与骶骨上的同名结构相接，形成骶髂关节。

2. 坐骨

坐骨位于髋骨的后下部，可区分为坐骨体和坐骨支两部分。坐骨体占据髋臼的后下部，颇为肥厚。由体向前伸出坐骨支，与来自前方的耻骨下肢愈合，共同围成闭孔。在坐骨体、支交界处的后方，该骨变得格外肥厚，形成坐骨结节。结节的上方有一个扁三角形的突起，称坐骨棘。该棘与坐骨结节之间为坐骨小切迹。坐骨棘与髂后下棘之间则为坐骨大切迹。

3. 耻骨

耻骨位于髋骨的前下部，由耻骨体和耻骨支两部分组成。耻骨体占据了髋臼的前下部。由耻骨体向前内侧伸出的骨板称耻骨上支，此支向下方转折，移行为耻骨下支。耻骨上支的边缘上有一钝嵴，称耻骨梳。耻骨梳在外侧与髂骨的弓状线相续，在内侧终止于耻骨结节。在耻骨上、下支交界处的内侧面上形成一个卵圆形的粗糙面，即耻骨联合面。

（二）股骨

股骨是人体最长、最重和最强壮的骨骼（图 3-87～图 3-93），在站立、行走和跑跳时，承担人体全部的重量，因此，经常可在法医学、考古学和古生物学现场发现股骨残骸。股骨特征可以提供个体信息，具有特殊的价值。

股骨通过髋臼与髋骨连结，远端与髌骨和胫骨近端连结。股骨在髋关节的运动包括内旋、外旋、内收、外展、屈曲和伸展。膝关节的运动则较为受限，仅有屈曲和伸展。尽管膝关节是一种滑动的屈曲关节，但仍然被认为是最复杂的关节结构之一。

股骨有 5 个骨化中心：股骨干、股骨头、股骨远端，以及大、小转子。无论是完整还是碎片，股骨均可与其他骨骼相混淆。与肱骨头相比，股骨头更接近球形，且具

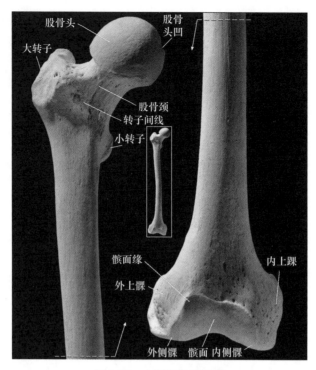

图 3-87　右侧股骨前面观

（左：近端；右：远端。改自 The Human Bone Manuel，2005）

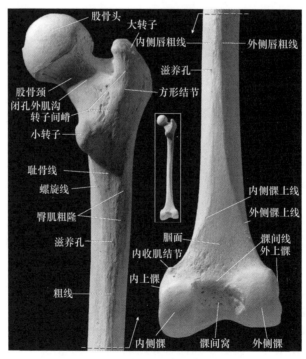

图 3-88　右侧股骨后面观

（左：近端；右：远端。改自 The Human Bone Manuel，2005）

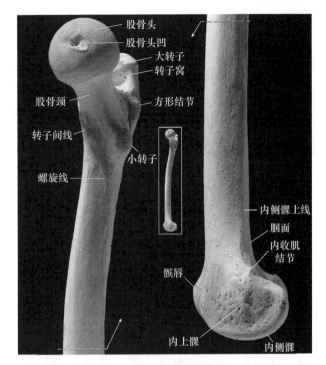

图 3-89　右侧股骨内侧观

（左：近端；右：远端。改自 The Human Bone Manuel，2005）

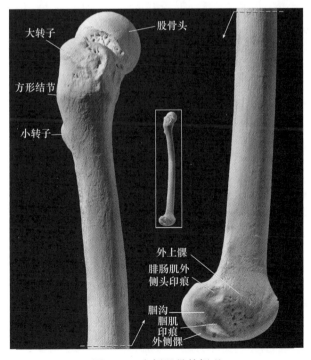

图 3-90　右侧股骨外侧观

（左：近端；右：远端。改自 The Human Bone Manuel，2005）

图 3-91　右侧股骨上面观
（图片上方为股骨后面，图片左方为股骨外侧。
改自 The Human Bone Manuel，2005）

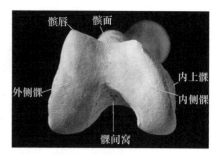

图 3-92　右侧股骨下面观
（图片上方为股骨前面，图片左方为股骨外侧。
改自 The Human Bone Manuel，2005）

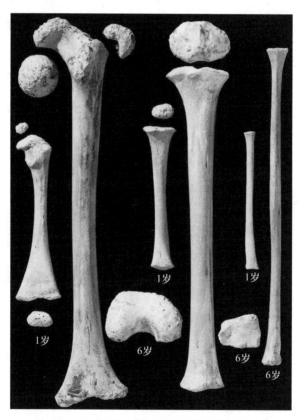

图 3-93　股骨、胫骨和腓骨的生长发育
［1 岁和 6 岁未成年的股骨（左）、胫骨（中）和腓骨（右）。改自 The Human Bone Manuel，2005］

有凹陷。与其他骨干相比，股骨干更大、骨皮质更厚、横截面更圆，且只有股骨嵴一处尖锐成角。

　　对于完整的骨骼或近端，股骨头位于近端，朝向内侧，小转子和股骨嵴位于后侧。对于分离的股骨头，凹陷位于内侧后下方，股骨头和股骨颈交界处后下方凹陷深于前上方。对于近端股骨干，滋养孔开孔于远端，股骨嵴位于后下方，臀肌粗隆位于上方、朝向外后方。对于股骨干，滋养孔开孔于远端，远端增粗，与内后方相比，外后方表面更为凹陷。对于远端股骨干，远端增粗，外上髁嵴比内上髁嵴更为突出，与外侧髁相比，内侧髁向远侧延伸更远。对于股骨远端，髁间窝位于远端后方，髌切迹外侧缘更为突出，外侧髁具有凹槽，内侧髁膨出起自股骨干。相对于股骨干轴线，外侧髁比内侧髁更为突出，与外侧髁相比，内侧髁向远端突出。

具体结构介绍如下：

① 股骨头（head）：与髋臼相连结的圆形结构，呈球状。

② 关节凹（fovea capitis）：位于股骨头近中心部，无关节连结的小压迹，附着由髋骨髋臼切迹而来的圆韧带。

③ 股骨颈（neck）：股骨头和股骨干的连结部。

④ 大转子（greater trochanter）：股骨外侧近端较大的、无关节连结的骨性突起，为臀小肌（转子前面）和臀中肌（转子后面）的附着点，上述肌肉起自髋骨外侧面，均具有外展股骨、稳定髋关节的功能。尤其在行走时，上述肌肉对髋关节的稳定性具有关键作用。

⑤ 转子间线（intertrochanteric line）：位于股骨颈基底部前表面，在大、小转子之间多变的、垂直的、粗糙的骨性突起。转子间线前方附着髂股韧带，为人体最大的韧带，具有加强固定髋关节的作用。

⑥ 转子窝（trochanteric fossa）：位于大转子内后方的凹陷，是闭孔外肌肌腱的附着点。封闭闭孔的肌肉起自该肌腱。闭孔外肌外旋髋关节。在附着点上方，大转子内上附着有多条肌肉：上孖肌、下孖肌、闭孔内肌和梨状肌。后两种肌肉主要外展髋关节，而所有这些肌肉均参与髋关节外旋。

⑦ 闭孔外肌沟（obturator externus groove）：围绕股骨颈后表面外上方的表浅压迹。直立行走需将闭孔外肌与股骨后表面相连结，故进化出闭孔外肌沟。

⑧ 小转子（lesser trochanter）：位于股骨颈与股骨干交界下方，股骨后面圆钝的骨性突起，为髂腰肌韧带的附着点（起自髂窝的髂腰肌和起自腰椎的腰大肌的韧带）。这些肌肉是主要的屈髋肌群。

⑨ 转子间嵴（intertrochanteric crest）：位于大、小转子之间，股骨近端后表面的线性突起，由外上方向内下方走行。在转子间嵴中线处可见方形结节（quadrate tubercle），是外旋髋关节的股方肌附着点。

⑩ 臀线（tuberosit）：起自大转子基底部，向股骨嵴边缘走行的宽阔、狭长和粗糙的骨性突起。可以表现为压迹或突出，常被认为是第三转子（third trochanter），是臀大肌的部分附着点。臀大肌起自髋骨、骶骨和尾骨的后表面，参与伸直、外展和外旋髋关节。

⑪ 螺旋线（spiral line）：位于小转子下方，连结转子间嵴和股骨嵴边缘的螺旋性突起，是股内侧肌和股四头肌的附着点。上述肌肉参与伸膝，另一端经髌骨附着于胫骨前。

⑫ 耻骨线（pectineal line）：短而弯曲的骨嵴，自小转子基底部向下外侧延伸，介于螺旋线和臀肌粗隆之间。该结构是耻骨肌的止点，该肌起自髋骨耻骨部，具有大腿内收、外旋和屈曲髋关节的功能。

⑬ 股骨干（femoral shaft）：位于近端和远端之间的股骨。

⑭ 股骨嵴（linea aspera）：走行于股骨干后表面狭长、宽阔、粗糙的骨性突起，汇集臀线、螺旋线和耻骨肌线，并分割远端股骨髁。股骨嵴是股肌的主要附着点，也是内收髋关节肌肉的主要附着点。

⑮ 滋养孔（nutrient foramen）：位于股骨干后表面中部远端，与股骨嵴相邻。

⑯ 内侧髁上线（supracondylar line）：股骨嵴内下方的延伸，标记股骨干远端内侧角。没有外侧髁上线清晰。

⑰ 外侧髁上线（lateral supracondylar line）：股骨嵴外下方的延伸，比内侧髁上线明显。

⑱ 腘面（popliteal surface）：股骨远端后侧宽阔、平滑的三角形区域，以下方的骨嵴和内、外侧髁上线为边界。

⑲ 外侧髁（lateral condyle）：股骨远端外侧与膝关节相连结的较大骨性突起。

⑳ 外上髁（lateral epicondyle）：外侧髁外侧的突起，是膝关节外侧副韧带的附着点。外上髁上表面是腓肠肌的附着点，腓肠肌参与屈膝和屈踝。

㉑ 腘沟（popliteal groove）：位于外侧髁外后方的平滑凹陷，附着腘肌肌腱，腘肌另一端附着于胫骨后表面，参与膝关节内旋。

㉒ 内侧髁（medial condyle）：股骨远端内侧与膝关节相连结的较大骨性突起，内侧膨出于股骨干。内侧髁比外侧髁向远端延伸。

㉓ 内上髁（medial epicondyle）：内侧髁内侧的突起，是膝关节内侧副韧带的附着点。

㉔ 内收肌结节（adductor tubercle）：位于内上髁上端、内侧髁上线的骨性突起，具有变异性，是大收肌的附着点。大收肌起自耻骨坐骨支和坐骨结节，参与内收髋关节。

㉕ 髁间窝（intercondylar fossa）：也称为髁间切迹，位于股骨远端背侧髁间的凹陷。髁间窝是连结股骨和胫骨的前后交叉韧带附着点，上述韧带起加强膝关节的作用。

㉖ 髌面（patellar surface）：位于股骨远端前表面切迹状关节面。当屈伸膝关节时，髌骨在髌面前滑动。髌面外侧表面突起，前方突起大于内侧。该结构防止膝关节过屈时发生髌骨脱位。

（三）髌骨

髌骨是人体最大的籽骨（图 3-94），与股骨远端（髌切迹）连结。髌骨跨越股四头肌肌腱，股四头肌是大腿最大的肌肉，主要负责伸膝。髌

图 3-94　右侧髌骨

（左：前面观，图片上方为髌骨上端，图片左方为髌骨外侧；右：后面观，图片上方为髌骨上端，图片右方为髌骨外侧。改自 The Human Bone Manuel，2005）

骨保护膝关节，同时增长股四头肌的杠杆臂，增加股骨和髌韧带的接触面积。

髌骨只有 1 个骨化中心。只有在呈高度碎片状的情况下，髌骨才可能与髋骨碎片相混淆。与髋臼深邃的关节窝不同，髌骨具有平整的关节面。

髌骨形似三角。纤细菲薄的尖端指向远端，增厚圆钝的一端为近端。与股骨外侧髁相连结的外侧关节面大于内侧关节面。

鉴别：将关节面置于桌面，尖端远离检查者。

具体结构介绍如下：

① 髌尖（apex）：无关节接触，指向远端。

② 外侧关节面（lateral articular facet）：朝向后方，与股骨远端相接触，是髌骨最大的关节面。

③ 内侧关节面（medial articular facet）：朝向后方，与股骨远端相接触，比外侧关节面小。

（四）胫骨

胫骨是下肢主要的承重骨（图 3-95～图 3-100）。胫骨近端与股骨远端连结，外侧与腓骨有 2 次连结（近端和远端），远端与距骨连结。

胫骨有 3 个骨化中心：1 个位于胫骨干，另外 2 个位于胫骨两端。胫骨粗隆有时也可是另外的骨化中心。与股骨和肱骨不同，胫骨横截面呈三角形。胫骨干远大于尺骨和桡骨。胫骨近端和远端具有鉴别特征，但近端关节面可能与脊椎关节面混淆，胫骨关节面更加致密和光滑。

对于完整的胫骨，胫骨粗隆位于近端前侧，内踝位于远端内侧。对于胫骨的近端，胫骨粗隆位于前外侧，腓关节位于后外侧，腓关节面较小，呈圆形，髁间隆起位于后侧，起自前外侧，走向后内侧，粗隆前侧宽于后侧，髁间隆起内侧边缘凸起，外侧边缘平滑。对于胫骨干的碎片，胫骨干远端变细，骨间缘位于外后侧，胫骨干内侧最为宽阔，朝向前面，滋养孔开孔于近端后侧，胫骨干中部骨皮质最厚。对于胫骨的远端，最为突出的部分是内、外踝，跖屈韧带附着的沟槽位于后侧，腓切迹位于外侧，骨间缘起自胫骨前表面，距骨上关节面起自上表面。

具体结构介绍如下：

① 胫骨平台（tibial plateau）：胫骨近端与股骨远端相连结的平面，分为 2 个关节面，分别与股骨内外侧髁相对应。胫骨平台上有内侧和外侧半月板，周边有纤维软骨环围绕。

② 内侧髁（medial condyle）：位于胫骨平台内侧。与胫骨相连结的关节面呈卵圆形，长轴前后方呈水平状，外侧缘平直。

③ 外侧髁（lateral condyle）：位于胫骨平台外侧，与内侧关节面相比，外侧关节面较小，但更圆。

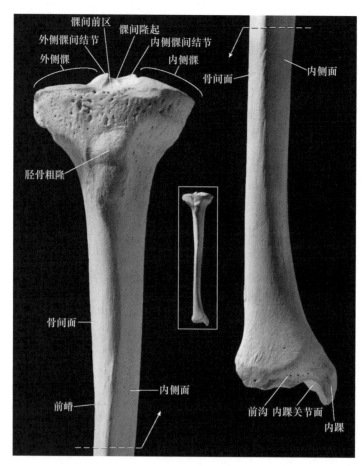

图 3-95　右侧胫骨前面观

（左：近端；右：远端。改自 The Human Bone Manuel，2005）

④ 髁间隆起（intercondylar eminence）：胫骨平台关节面之间的骨性隆起。

⑤ 内侧髁间结节（medial intercondylar tubercle）：构成髁间隆起内侧。

⑥ 外侧髁间结节（lateral intercondylar tubercle）：构成髁间隆起外侧。前后交叉韧带和半月板前后端位内、外侧髁间结节前、后方。

⑦ 腓骨上关节面（superior fibular articular facet）：位于胫骨外侧髁后下方。

⑧ 胫骨粗隆（tibial tuberosity）：位于胫骨近端前表面的多皱纹区域。上部较为光滑宽阔，主要起伸膝作用的股四头肌髌韧带附着于胫骨粗隆。

⑨ 胫骨干（shaft）：位于胫骨远端和近端之间的部分。

⑩ 比目鱼肌线（soleal line）：起自胫骨后表面近端外上方，向内下方走行，是腘肌附着点的下缘。腘肌起自股骨外侧髁腘槽，参与胫骨屈曲和内旋。参与屈踝的腘肌筋膜和比目鱼肌附着于比目鱼肌线。

⑪ 滋养孔（nutrient foramen）：位于比目鱼肌线外下方，胫骨近端较大的孔洞。

⑫ 前嵴（anterior crest）：胫骨干前缘的凸起。

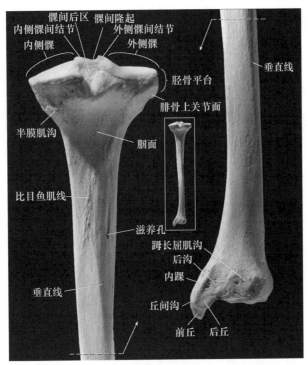

图 3-96　右侧胫骨后面观

（左：近端；右：远端。改自 The Human Bone Manuel，2005）

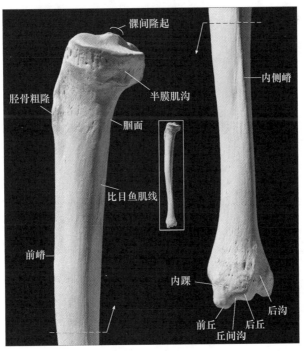

图 3-97　右侧胫骨内侧观

（左：近端；右：远端。改自 The Human Bone Manuel，2005）

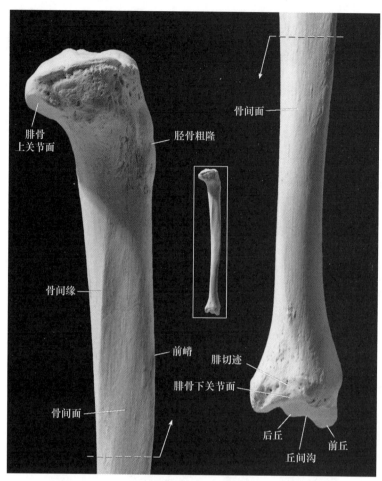

图 3-98　右侧胫骨外侧观
（左：近端；右：远端。改自 The Human Bone Manuel，2005）

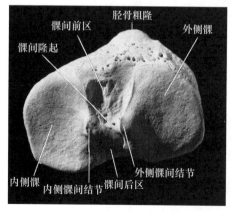

图 3-99　右侧胫骨上面观
（图片上方为胫骨前面，图片右方为胫骨外侧。
改自 The Human Bone Manuel，2005）

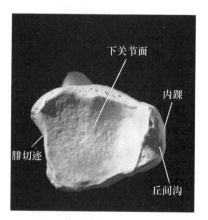

图 3-100　右侧胫骨下面观
（图片上方为胫骨前面，图片左方为胫骨外侧。
改自 The Human Bone Manuel，2005）

⑬ 内侧面（medial surface）：构成胫骨干内侧，为皮下可触及的最大胫骨干表面。

⑭ 骨间面（interosseous surface）：位于胫骨干外侧，与腓骨相对，是胫骨3个面中最为凹陷的。

⑮ 骨间缘（interosseous crest）：胫骨外侧的骨嵴，与腓骨相对，附着骨间膜。骨间膜将胫骨和腓骨束缚在一起，与上肢筋膜相同，骨间膜将下肢肌群分割为前、后两组。

⑯ 内踝（medial malleolus）：位于胫骨远端内侧的骨性突起，构成踝关节可触及的皮下结节。内踝外侧关节面与距骨连结。

⑰ 腓切迹（fibular notch）：腓骨远端外侧角，为三角形无关节连结的增厚区域，是胫腓韧带的附着点。胫腓韧带将胫骨和腓骨结合为韧带联合。胫骨和腓骨远端经韧带紧密绑缚形成距腓关节，与距骨外侧、内侧和上端关节面连结。

⑱ 腓骨下关节面（inferior fibular articular surface）：腓骨下端关节面，朝向腓切迹基底部外侧。

⑲ 踝沟（malleolar groove）：位于踝关节内侧，附着胫骨后肌和趾长屈肌韧带。

（五）腓骨

腓骨是位于胫骨外侧的细长长骨（图3-101～图3-103），与胫骨有2处连结，与距骨有1处连结。虽然腓骨仅是间接参与构成膝关节，是一些韧带的附着点，却是踝关节外侧边界的重要组成结构。腓骨很轻，上端与股骨无连结。

与胫骨相同，腓骨有3个骨化中心：1个位于腓骨干，另外2个位于腓骨两端。腓骨近端和远端形态差异较大，不易与其他骨骼相混淆。腓骨远端关节面平坦，虽然可能与其他骨骼相混淆，但腓骨远端具有2个相互垂直的平坦关节面结构。腓骨干纤细、笔直，横截面常呈四边形（偶尔为三角形），具有尖锐的骨嵴。与尺桡骨相比较，腓骨横截面较为规则。

对于完整的腓骨，与胫骨连结的关节面位于内侧，腓骨头位于近端，平滑结构的关节面位于远端，踝窝位于后侧。对于腓骨的近端，茎突位于近端后外侧，关节面朝向内侧，腓骨颈外侧粗糙。对于腓骨干，尽量应用完整标本进行比较，滋养孔开孔于近端，骨间缘位于近端三角形区域，末端具有粗糙平整的关节面结构，腓骨干远端与骨间缘走行方向相反。对于腓骨的远端，踝窝位于后方，关节面位于内侧。

具体结构介绍如下：

① 腓骨头（head）：腓骨近端膨大，近端腓骨头比远端更大、更粗糙，是股二头肌（屈曲和外旋膝关节）和外侧副韧带的附着点。

② 茎突（styloid process）：腓骨最突出的部分，构成腓骨头后侧。

③ 腓骨近端关节面（proximal fibular articular surface）：位于内侧平整圆形的关节面，与胫骨外侧近端相应关节面连结。

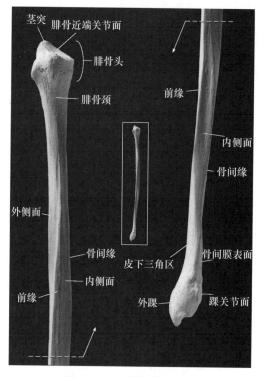

图 3-101　右侧腓骨前面观
（左：近端；右：远端。改自 The Human Bone Manuel，2005）

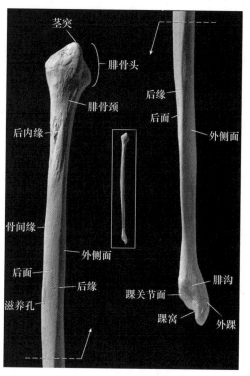

图 3-102　右侧腓骨后面观
（左：近端；右：远端。改自 The Human Bone Manuel，2005）

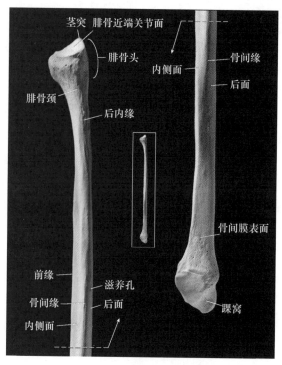

图 3-103　右侧腓骨内侧观
（左：近端；右：远端。改自 The Human Bone Manuel，2005）

④腓骨干（shaft）：位于腓骨近端和远端之间的细长部分。

⑤骨间缘（interosseous crest）：面对腓骨干，向前内侧走行。有骨间膜附着，骨间膜绑缚胫腓骨，并将下肢肌肉分为前侧和后侧肌群。

⑥滋养孔（nutrient foramen）：开孔于骨干中部近端后内侧。腓骨干横截面在该水平面形态多变。

⑦外踝（lateral malleolus）：腓骨最下端的骨性突起。外踝外侧无关节连结，构成皮下可触及的外侧突起。

⑧踝关节面（malleol ararticular surface）：朝向内下方、平整的三角形关节面，与距骨外关节面连结。

⑨踝窝（malleolar fossa）：踝关节面后方，有加强踝关节的胫腓韧带和距腓韧带附着。

⑩腓沟（fibular groove）：腓长肌和腓短肌韧带的附着点，腓骨远端后表面的标记。腓长肌和腓短肌参与踝关节跖屈，终止于第1和第5跖骨。

（六）足骨

足部骨骼与手部骨骼相似。足骨的进化与手骨相近。人体每足共有26块骨骼（图3-104），少于手的27块。足骨包括：7块跗骨，其中2块位于近端、4块位于远端、1块位于中心；跗骨远端为5块跖骨；更远端是5块近节趾骨、4块中节趾骨和5块远节趾骨。与手相似，除了上述26块足骨之外，在足部韧带中还可见小型籽骨。第1跖骨头常可见成对的籽骨。足骨可分为3个部分：跗骨（tarsals）、跖骨（metatarsals）和趾骨（phalanges）。

应使用规范的方位术语描述足骨的解剖结构。跖面（plantar）指足的跖骨面，是足的底面。背面（dorsalis）与跖面相对，为上面。近端（proximal）指胫骨方向。远端（distal）指足趾方向，最远端足趾常指末端。另外，大脚趾有时也称为蹬趾（hallux），编号为1，其他足趾依次编号。

从爬行动物进化到直立行走过程中，人类足部发生了戏剧性改变。进化过程中，足部运

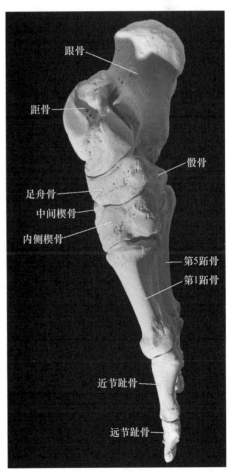

图 3-104　右侧足骨内侧观
（小的籽骨未包含在内。改自 The Human Bone Manuel，2005）

动、屈曲和抓持能力逐渐消失，而衍生出缓冲力和推进作用的解剖结构。

1. 跗骨

7块跗骨与5块跖骨构成了足的纵弓和横弓。距骨（talus）上方与胫、腓骨远端连结。跟骨（calcaneus）构成了足跟，支撑距骨，前方与第三大的跗骨——骰骨（cuboid）连结。跖骨近端与骰骨和3块楔骨（cuneiforms）连结。第7块跗骨——足舟骨（navicular）位于距骨头和3块楔骨之间。

跗骨均只有1个骨化中心。跟骨的骨化中心位于后端。与腕骨相比，大部分跗骨更为致密和强健。鉴定跗骨碎片有时并无必要。跟骨骨质相对疏松，无关节连结区域常发生骨折。由于跗骨大于腕骨，因此经常在考古学发掘现场中发现跗骨。与腕骨一样，处理跗骨需要正确的解剖学定位，进一步的处理方法可参见巴斯（Bass）的相关著作。

（1）距骨

距骨在其他动物也称为距骨（astragalus，图3-105、图3-106），是第二大跗骨，位于胫骨和腓骨下方、跟骨上方，无肌肉附着。距骨尖在远端与足舟骨连结，形成了距小腿关节（talocrural joint）的下部。

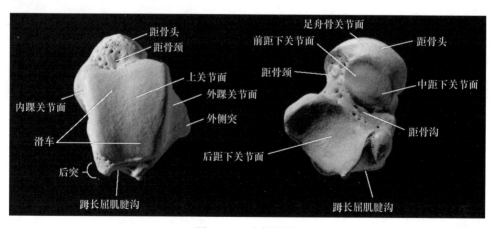

图 3-105　右侧距骨

［左：背面观（或上面观）；右：底面观（或下面观）。图片上方为距骨远端。改自 The Human Bone Manuel，2005］

远端距骨鞍背状关节面是上面，距骨头位于前方。与腓骨相连的踝关节面位于外侧。

鉴别：由踇趾轴线上方观，距骨头位于内侧。

具体结构介绍如下：

① 距骨头（head）：距骨远端圆形的凸出关节面，与足舟骨凹陷相匹配。

② 距骨体（body）：位于距骨颈后四方形的体部。

③ 滑车（trochlea）：距骨体的鞍背样关节面，具有内侧和外踝关节面（malleolar surfaces），分别与胫、腓骨连结。

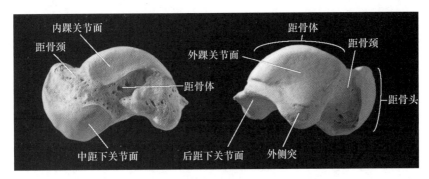

图 3-106　右侧距骨

（左：内侧观；右：外侧观。图片上方为距骨背面。改自 The Human Bone Manuel，2005）

④ 距骨颈（neck）：距骨头和体的连结处。通常距骨颈具有小型关节面结构。当踝关节过屈时，该关节面与胫骨远端相连结。该关节面也被称为人形面。

⑤ 姆长屈肌腱沟（groove for flexor hallucis longus）：距骨体后表面短小、近似垂直的沟槽，由于穿行跖屈足踝的腓肠肌肌腱而得名。

⑥ 跟骨/距下关节面（calcaneal/subtalar articular surfaces）：位于距骨下表面，形态多变。

⑦ 距骨沟（sulcustali）：位于距下关节面中后部的深沟。

（2）跟骨

跟骨是最大的跗骨，也是最大的足骨（图 3-107～图 3-109）。位于距骨下方，前侧（远端）与骰骨连结。

完整的跟骨很难与其他骨骼混淆。破碎的跟骨可能与股骨大转子相混淆，但股骨近端的关节面为球形。跟骨结节位于跟骨后方，且下表面无关节连结。载距突位于距骨头内下方。

鉴别：当足跟位于检查者对侧时，关节面位于上方。

具体结构介绍如下：

① 跟骨结节（calcaneal tuber）：跟骨后侧较大的、圆钝、无关节连结的突起是跟腱的附着点。当腓肠肌和比目鱼肌收缩时，以跟骨体为支点、跟骨结节为力臂，使足跖屈。

② 内侧突和外侧突（lateral and medial processes）：位于跟骨结节的跖面，为足内在肌附着点。内侧突较大。

③ 载距突（sustentaculum tali）：位于跟骨内侧，支撑距骨头。

④ 支撑沟（sustentacular sulcus）：位于载距突下方。有跖屈蹲趾的蹲长伸肌肌腱在此沟中穿行，并向距骨后上方移行。

⑤ 腓结节（fibular tubercle）：位于跟骨外侧面下方的突起，有腓长肌和腓短肌肌腱附着。腓长肌和腓短肌参与跖屈足，另一端分别附着于第 1 和第 5 跖骨。

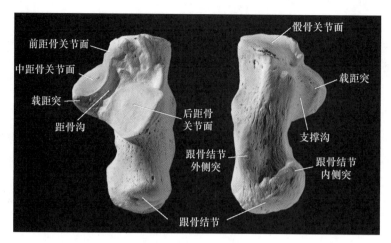

图 3-107　右侧跟骨

［左：背面观（或上面观）；右：底面观（或下面观）。图片上方为跟骨远端。改自 The Human Bone Manuel，2005］

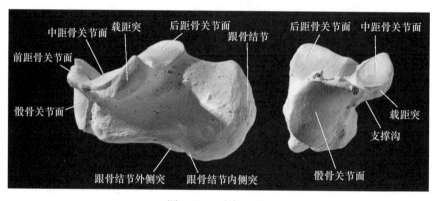

图 3-108　右侧跟骨

（左：内侧观；右：前面观。图片上方为跟骨背面。改自 The Human Bone Manuel，2005）

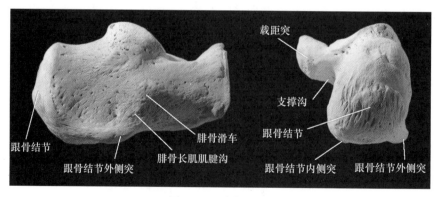

图 3-109　右侧跟骨

（左：外侧观；右：后面观。图片上方为跟骨背面。改自 The Human Bone Manuel，2005）

（3）骰骨

骰骨位于足外侧（图 3-110、图 3-111），跟骨与第 4 和第 5 跖骨之间，与月骨和第

3 楔骨连结。骰骨近端管结节具有较大的、明显的骨性突起，是形态最接近立方体的跗骨。立方粗隆（cuboidtuberosity）是骰骨外下方的较大粗隆。腓长肌韧带通行的沟槽与该粗隆相邻。

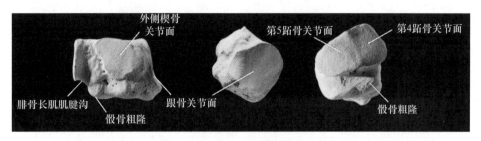

图 3-110　右侧骰骨

（左：外侧观；中：上面观；右：下面观。图片上方为骰骨背面。改自 The Human Bone Manuel，2005）

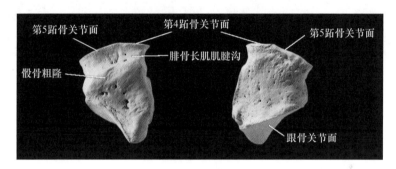

图 3-111　右侧骰骨

［左：底面观（或下面观）；右：背面观（或上面观）。图片上方为骰骨远端。改自 The Human Bone Manuel，2005］

宽阔、平整的关节面位于外上方，跟骨关节面指向近端，骰骨粗隆位于外下方。骰骨内侧具有关节连结。

鉴别：由平整的关节面观，跟骨关节面朝向检查者，粗隆位于外侧。

（4）足舟骨

足舟骨因具有近端明显凹陷的关节面而命名（图 3-112），该关节面与距骨头连结。足舟骨关节面有 2 个骨嵴，将关节面分为 3 个楔状区域。另外，足舟骨也常与骰骨角连结。足舟骨结节（tubercle）是位于足舟骨内侧较大的圆钝突起，是参与跖屈足和踇趾的胫后肌附着点。

虽然与手舟骨形态相似，但足舟骨更大，且具有 3 个关节面。与距骨相连结的凹陷关节面位于近端。宽大平整的无关节结构位于背侧，结节位于内侧。

鉴别：手持结节基底部，凹陷的关节面对检查者，而无关节连结的平整平面位于侧方。

（5）内侧（第 1）楔骨

第 1 楔骨是 3 块楔骨中最大的（图 3-113），位于足舟骨和第 1 距骨之间，与足舟

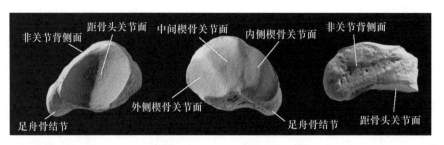

图 3-112　右侧足舟骨

（左：近端观，图片上方为足舟骨背面；中：远端观，图片上方为足舟骨背面；
右：上内侧观，图片上方为足舟骨远端。改自 The Human Bone Manuel，2005）

图 3-113　右侧内侧楔骨

（左：内侧观；中：外侧观；右：近端观。图片上方为内侧楔骨背面。改自 The Human Bone Manuel，2005）

骨、第 1、2 楔骨和第 2 跖骨基底部连结。与其他楔骨相比，第 1 楔骨边界不清，与第 1 跖骨相邻的关节面呈肾形。

狭长、肾形的关节面位于远端，关节面长轴垂直，宽阔、粗糙、无关节连结的表面位于内侧，面向中间楔骨的关节面位于外上方。近端与足舟骨相连结的关节凹陷。

鉴别：将狭长、肾形关节面置于远离检查者位置，关节面长轴垂直，较小的、更加凹陷的关节面则朝向检查者。此时第 1 跖骨其他部位圆钝，剩余的关节面位于外上方。

（6）中间（第 2）楔骨

中间楔骨是 3 块楔骨中最小的（图 3-114），位于足舟骨和第 2 跖骨之间。另外，中间楔骨与第 1 和第 3 楔骨相连结。

无关节连结的背面宽阔，边缘位于下方，参与构成横弓。近端关节面最为凹陷（与足舟骨连结）。此面外侧缘凹陷且呈分叶状。

鉴别：将平整、无关节连结的面置于上方，而凹陷面远离检查者，则上表面（背侧）轮廓呈四方形。

（7）外侧（第 3）楔骨

外侧楔骨的大小介于 3 块楔骨之间（图 3-115），位于足部中心，远端与第 2、第 3 和第 4 跖骨相连结。内侧与中间楔骨、外侧与骰骨、近端与舟骨相接触。

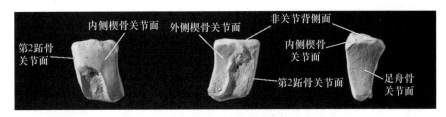

图 3-114　右侧中间楔骨

（左：内侧观；中：外侧观；右：近端观。图片上方为中间楔骨背面。改自 The Human Bone Manuel，2005）

图 3-115　右侧外侧楔骨

（左：内侧观；中：外侧观；右：近端观。背侧在上面。改自 The Human Bone Manuel，2005）

背侧面为长方形、无关节连结平台状。近端（足舟骨）关节面宽阔，但小于远端与第 3 跖骨连结的关节面。在足舟骨和骰骨之间的外侧楔骨基底部呈 V 形。

鉴别：将平整、无关节连结的表面置于上方，则较小的关节面朝向检查者，上表面最长的边缘位于侧面。

2. 跖骨

与掌骨相似，跖骨也依据足趾关系编号为第 1 跖骨（蹒趾）至第 5 跖骨。跖骨均为管状骨，远端关节头（heads）呈圆形，而近端基底部末端（bases）呈四方形。依据基底部形态可鉴别和处理跖骨。与背面相比，跖骨跖外侧骨干（shaft）常凹陷。除蹒趾外，其余跖骨基底部相互连结。每一块跗骨远端至少与一处跖骨基底部相连结。

跖骨具有 2 个骨化中心。对于第 2～5 跖骨，其中一个骨化中心位于基底部或骨干，另一个骨化中心位于远端。对于第 1 跖骨，一个骨化中心位于体部，另一个位于近端。

虽然跖骨与掌骨形态和大小相近，但不难鉴别。第 2～5 跖骨均长于第 2～5 掌骨，且骨干更为平直和狭窄。跖骨头内外侧更为扁平，头颈比小于掌骨。

跖骨基底部位于近端，常位于第 2～5 跖骨外侧。

（1）第 1 跖骨

第 1 跖骨是最短但最为粗大的跖骨。基底部与中间楔骨连结。第 1 跖骨基底部可见容纳籽骨的籽骨沟，附着跖屈蹒趾的蹒短屈肌肌腱。

鉴别：内侧基底面凸出，外侧平直。

（2）第 2 跖骨

第 2 跖骨是最长和最窄的跖骨。外侧具有 2 个关节面，分别与外侧楔骨和第 3 跖骨相连结。近端内侧与中间楔骨连结。与第 3 跖骨相比，第 2 跖骨基底部具有茎突结构。

鉴别：近端基底部位于骨干轴线外侧。

（3）第 3 跖骨

第 3 跖骨小于第 2 跖骨，其基底部内侧的 2 个关节面也小于第 2 跖骨。基底部外侧具有一个较大的关节面。基底部比第 2 跖骨更接近正方形，外侧关节面远端具有膨出的粗隆。基底部与第 2、第 4 跖骨和外侧楔骨相连结。

鉴别：近端基底部位于骨干轴线外侧。

（4）第 4 跖骨

第 4 跖骨短于第 2 跖骨或第 3 跖骨。具有与第 3 和第 5 跖骨相连结的内侧和外侧关节面。近端与骰骨相连结的关节面呈卵圆形。

鉴别：近端基底部位于骨干轴线外侧。

（5）第 5 跖骨

第 5 跖骨基底部具有明显圆钝的茎突。茎突位于外侧，与第 4 跖骨关节面相对，向近端突出。有跖屈足的腓骨短肌附着。近端有与骰骨相连结的关节面。

鉴别：茎突位于外侧。茎突基底部的沟槽位于下方。

3. 足趾骨

与手指骨一样，足趾骨同样具有基本的解剖结构，即头部、基底部和骨干。

足趾骨有 2 个骨化中心，一个位于骨干和远端，另一个位于基底部。即使在分离状态，趾骨和指骨也不易混淆。足趾骨短于相对应的手指骨。足趾骨近端可与掌骨相混淆。掌骨干背腹侧压缩，横截面呈 D 字形，足趾骨横截面则呈圆形。与掌骨相比，足趾骨骨干中段收缩程度更大。逊趾仅有近端和远端趾骨，具有明显短粗的形态特征。

处理足趾骨和手掌骨时，最好应用完整标本进行比较。趾骨头位于远端，基底部位于近端。趾骨背侧骨干平直光滑，跖侧则呈不规则曲面。

（1）近节趾骨

每个近节足趾骨与跖骨头连结的关节面凹陷，远端关节面呈卷轴或滑车状。与其他趾骨相比，𬩽趾近节趾骨更大、更短。

（2）中节趾骨

每个近节足趾骨近端具有 2 个关节面。每个关节面均具有滑车结构。与指骨相比，中节趾骨均显得短小但粗壮。

（3）远节趾骨

每个远节趾骨近端均有 2 个关节面，与中节趾骨相连结，但远节趾骨末端并无关节，而是突起结构。与远节指骨相比，远节趾骨更小且短粗。

第四节　骨骼结合结构

一、胸廓

胸廓由 12 个胸椎，12 对肋骨、肋软骨和胸骨共同构成。胸廓可区分为 4 个壁：前壁由胸骨和肋软骨组成，后壁是胸椎和肋骨的后部，两个侧壁由肋骨的其余部分构成。胸廓的上口狭小呈肾形，前方是胸骨柄的上缘，后为第一胸椎，两侧为第 1 肋。胸廓的下口比较宽阔，前方正中为胸骨剑突，两侧是第 7 至第 10 肋软骨，后方为第 12 胸椎和最后 2 对肋骨。在活体上，胸廓下口为膈所封闭。胸廓除执行呼吸功能外，还对许多重要的内脏器官（如心脏、肺、食管、气管等）具有保护作用。

二、骨盆

骨盆（pelvis）由骶骨、尾骨、髋骨及其间的软组织结构组成。它对躯干和下肢起承上启下的作用，另外还保护着盆内器官。骨盆可分为上方的大骨盆（greater pelvis）和下方的小骨盆（lesser pelvis）。两者以骨盆上口为界，直立时此口的平面与水平面成向后上方开放的 50°～60° 角。骨盆上口（superior pelvic aperture）亦称骨盆入口（inlet of pelvis），由前向后依次为耻骨联合、耻骨梳、弓状线和骶骨岬。骨盆下口（inferior pelvic aperture）亦称骨盆出口（outlet of pelvis），其周界由前向后依次为耻骨联合、耻骨弓、坐骨结节、骶结节韧带和尾骨。上、下口之间为盆腔（pelvic cavity）。成年骨盆具有明显的性别差异，女性适应分娩的需要，一般盆腔较宽大且矮浅，上、下口的口径大而圆。两耻骨弓之间的夹角称耻骨下角（subpubic angle），与坐骨大切迹向后下开放的坐骨大切迹上角，女性均明显大于男性。

思　考　题

1. 颅骨由哪些骨骼构成？
2. 胸椎的特征有哪些？第十二胸椎有哪些典型特征？
3. 腕部由哪些骨骼构成？并介绍名称及形态特征。

延　伸　阅　读

朱泓：《体质人类学》，高等教育出版社，2004 年。

〔英〕夏洛特·罗伯茨著，张全超、李墨岑译：《人类骨骼考古学》，科学出版社，2021 年。

White T D, Folkens P A. The Human Bone Manual. Elsevier Academic Press, 2005.

第四章　牙　齿

上颌和下颌是具有渐进发育过程的骨骼。位于上颌和下颌的牙齿由外胚层发生。哺乳动物牙齿的生发中心是一种致密的骨性结构，称为牙齿本质（dentin），它是一种特殊钙化、具有一定弹性、延伸至牙齿槽窝的结缔组织。牙冠附有一层特别坚硬但易碎的釉质（enamel）。随着不断地进化，脊椎动物的釉质逐渐形成多种形态和大小。

对骨骼学家而言，牙齿是人体解剖学最为重要的组成部分。无论是古生物学还是人类学研究中，牙齿均具有重要地位。在人体所有骨骼中，牙齿抵御外界化学和物理损害的能力最强，因此，在几乎所有的考古学和古生物学研究中，相对于其他骨骼，牙齿均具有很高的研究比例。除了标本量大之外，牙齿还可反映死者丰富的个体信息，因而引起了人类学家和古生物学家广泛的研究兴趣。牙齿可以提供年龄、性别、健康、饮食，以及现存的和已灭绝生物、人类的进化关系等信息。

牙齿植根于上、下颌骨中，在发育成熟时，由牙齿龈生出。与其他骨性结构不同，只有在磨损、破坏或矿物质丢失时，牙冠的形态才会发生变化。牙齿形态可以有效地鉴别物种和种属等。在很多人群比较和进化研究中，牙齿形态的变异性和稳定性均是最重要的鉴别手段。

第一节　人类牙齿的基本知识

一、牙齿的形态和功能

牙齿的功能主要是负责获取和咀嚼食物，并将其进一步送至消化系统，因此，牙齿是与外界环境直接相关的一种骨骼。无论是内部组成还是外部形态，哺乳动物的牙齿均反映了与外界相适应的功能特征。成人上、下颌生有 8 枚铲形门齿（incisors）（上、下颌各 4 枚，左、右各 2 枚），未发生损坏的门齿呈尖锐、切削状边缘。成人犬齿（canines）位于门齿后方，具有更加尖锐的形态。成人前臼齿（premolars）又称为双犬齿，上、下颌各有 4 枚前臼齿。原始哺乳动物上、下颌原有 8 枚前臼齿，但随着灵长类的进化，位于前面的 2 对前臼齿逐渐缺失。由于犬齿后的第一枚前臼齿占据了原有 4 枚前臼齿第三枚的位置，因此常将其视为第三前臼齿。除门齿、犬齿和前臼齿之外，其余的牙齿称为臼齿（molars）。臼齿是体型最大的牙齿，具有粗大的表面，主要是粉碎和研磨，而不是切割食物。人类上、下颌通常有 6 枚臼齿（左、右各 3 枚）。

乳牙齿（deciduous/primary/milk）于出生后第一年萌出、形成，并执行咀嚼功能。在成长过程中，乳牙齿不断脱落，并被恒牙齿（permanent/secondary）所取代。

二、牙齿的解剖学术语

解剖学术语部分关于方向的定义同样适用于牙齿。但在此基础上，关于牙齿解剖学术语的范畴有所扩展，并在本部分进行综述。近中面（mesial）是指牙齿接近中门齿的部分，而远中面（distal）则与近中面相对。牙齿的舌侧（lingual）指与舌相邻的牙冠部分，唇侧（labial）则与舌侧相对，通常指门齿和犬齿与口唇相邻的部分。颊侧（buccal）也与舌侧相对，通常指前臼齿和臼齿与口腔颊黏膜相邻的部分。相邻牙齿的咬合面称为𬌗面（occlusal surface）。牙齿通过牙齿周膜植入上颌骨和下颌骨的牙齿槽窝（sockets/alveoli）内。

使用速记法可以准确、简便、无误地确认每一颗牙齿（图 4-1）。大写字母 I、C、P 和 M 分别代表恒牙齿中的门齿、犬齿、前臼齿和臼齿。而在这些字母的小写字母 i、c 和 m 前加上字母 d，则代表乳牙齿的门齿、犬齿和臼齿。由于臼齿的乳牙齿经常被前臼齿的恒牙齿所替代，古生物学家经常将这些牙齿视为前臼齿的乳牙齿，因此，古生物学家所指的 dp 就是人类学家所说的 dm。

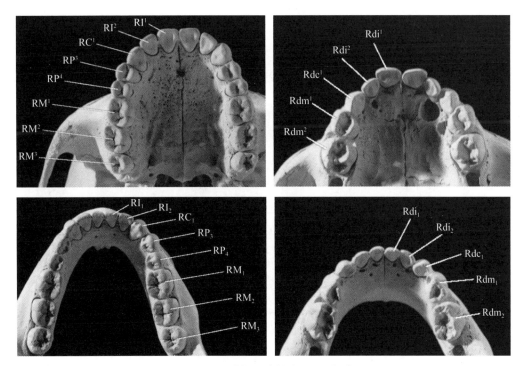

图 4-1　上颌和下颌的恒牙和乳牙

（左上：上颌恒牙；右上：上颌乳牙；左下：下颌恒牙；右下：下颌乳牙。改自 The Human Bone Manuel, 2005）

所有牙齿位置以数字表示，代表牙齿在牙齿列中的位置。因此，门齿可被标记为 1 或 2（中门齿或侧门齿），犬齿可被标记为 1，前臼齿可标记为 3 或 4（在非古生物学研究领域也可标记为 1 或 2），臼齿则可标记为 1、2 或 3。以字母 R 和 L 分别代表左、右两侧。以上标或下标（为避免混淆，在数字上方或下方标记）表示上、下牙齿。因此，左侧下颌骨第二颗门齿乳牙齿可表示为 Ldi_2，而右侧上颌骨第一颗白齿恒牙齿则可表示为 RM^1（在另一种术语体系中，以横线位置代表咬合平面，从而确定牙齿位置。例如 $\underline{C}$ 代表下犬齿，$\bar{C}$ 代表上犬齿）。

三、牙齿的解剖结构

共有 18 种牙齿解剖结构可供鉴别（图 4-2、图 4-3）。

① 牙冠（crown）：牙齿被牙釉质覆盖的部分。

② 牙根（root）：锚定在上颌骨或下颌骨牙齿槽窝中的部分。

③ 牙颈（neck）：牙冠和牙根交界处窄缩的部分。

④ 牙釉质（enamel）：附于牙冠上极为坚硬的无血管、无细胞结构的组织，97% 的构成为矿物质，形成即坚固。

⑤ 牙颈釉质线（cervicoenamel line/junction，CEJ）：围绕牙冠的线性结构，是牙釉质根部的界限。

⑥ 牙本质釉质联合（dentinoenamel junction，DEJ）：釉质冠与其下牙本质的交界。

⑦ 牙本质（dentin）：构成牙齿的主体。虽为无血供组织，但需牙齿髓内血管系统及牙齿髓内表面（牙齿髓腔内壁）的成牙本质细胞提供营养支持。成牙本质细胞与牙本质的关系类似于成骨细胞与骨骼的关系。牙本质位于牙冠釉质之下，也位于牙齿

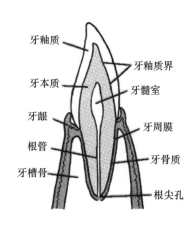
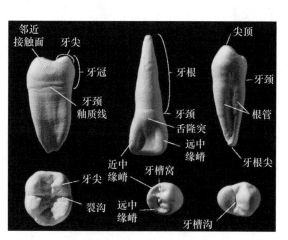

图 4-2　牙齿解剖结构

（左：牙齿切片显示的牙齿内部结构。右：第一行从左至右：右侧下颌第二磨牙，近中视图；右侧上颌中切牙，舌侧视图；右侧下颌第三前磨牙，近中视图。第二行从左至右：左侧下颌第一磨牙，咬合面视图；右侧下颌第四前磨牙，咬合面视图；左侧上颌第三前磨牙，咬合面视图。改自 The Human Bone Manuel，2005）

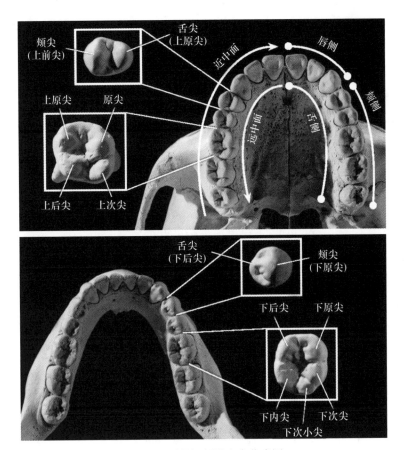

图 4-3 牙的解剖学和定位术语
（改自 The Human Bone Manuel，2005）

中心软组织——牙齿髓腔之下。咬合可使牙本质暴露，由于牙本质硬度低于牙釉质，因此暴露的区域通常呈现出凹陷的形状。

⑧ 牙髓室（pulp chamber）：牙冠末端牙髓腔的扩展部分。

⑨ 根管（root canal）：牙根部牙髓腔的狭窄部分。

⑩ 牙骨质（cementum）：覆盖于牙根外表面的骨样组织。

⑪ 牙结石（calculus）：牙冠表面钙质沉积。牙齿寄生的微生物导致钙质沉积。

⑫ 牙髓（pulp）：牙髓腔内的软组织，包含神经和血管。

⑬ 根尖孔（apical foramen）：每个牙根尖端的开口，神经纤维和血管通过它从牙槽区进入牙髓腔。

⑭ 牙尖（cusp）：牙冠咬合面上的突起。人类臼齿的牙尖已经确认并命名。牙尖的大小和形态经常被用来确认牙齿。上牙的牙尖名称以 cone 为后缀，而下牙的牙尖以 conid 为后缀。牙尖的尖端称为尖顶（apex），牙尖顶下方的牙尖部分称为牙尖嵴（crests）。

• 上原尖（protocone）：上臼齿近中舌侧牙尖。位于其近中舌侧表面的小牙尖、沟槽或其他形态特征被称为卡氏尖（carabelli's effect）。

- 上次尖（hypocone）：上臼齿远中舌侧牙尖。
- 上前尖（paracone）：上臼齿近中颊侧牙尖。
- 上后尖（metacone）：上臼齿远中颊侧牙尖。
- 下原尖（protoconid）：下臼齿近中颊侧牙尖。位于其近中舌侧表面的小牙尖、沟槽或其他形态特征称为原副尖（protostylid effects）。
- 下次尖（hypoconid）：下臼齿远中颊侧牙尖。
- 下后尖（metaconid）：下臼齿近中舌侧牙尖。
- 下内尖（entoconid）：下臼齿远中舌侧牙尖。
- 下次小尖（hypoconulid）：下臼齿最远端第五个牙尖。
- 切缘结节（mamelons）：未磨损的门齿切缘上的小牙尖。
- 裂沟（fissure）：咬合面上，牙尖之间的裂隙。裂沟将牙尖分为不同的模式。最为人知的是 Y-5 模式，该模式特征为 5 个下臼齿牙尖呈 Y 形排列[①]。
- 邻近接触面（interproximal contact facets，IPCFs）：位于同一颌骨相邻牙齿之间形成的接触面。咀嚼时，位于上、下颌骨的牙齿相接触形成咬合接触面（occlusal contact facets）。
- 舌隆突（cingulum）：部分或全部环绕在牙冠两侧的牙釉质嵴，通常不存在于人类臼齿和前臼齿上。

除了以上的解剖学术语外，还有一些其他的术语用来描述和解读牙齿。多生（supernumerary）牙齿就是在已有牙齿列之外额外出现的牙齿。例如，人类的多生臼齿（第 4 臼齿）罕见，但在猩猩就很常见。发育不全（agenesis）指在原有牙齿列上但缺乏成熟形态的牙齿。釉质发育不全（hypercernentosis）指釉质形态异常，常表现为牙冠表面界限清楚的，呈水平带状、沟状、凹窝状的釉质凹陷。牙齿骨质增生（hypercementosis）指牙根部牙齿骨质增多的状态。长冠牙齿（taurodontism）指牙齿髓腔扩张超出正常状态的情况。龋齿（caries）是一种使牙齿退化的疾病过程。铲形（shovel-shaped）门齿指门齿舌侧近中和远端边缘明显隆起发育，而中间凹陷，形似铲子。

四、牙齿鉴定

法医学、考古学和古生物学有关骨骼学的工作中，分离的牙齿标本多见、数量庞大，而且具有重要意义。因此，对牙齿进行充分和准确地鉴定十分必要。充分和准确地鉴定 20 枚乳牙齿以及 32 枚恒牙齿是一项艰难的工作。

鉴定牙齿的逻辑顺序列举如下，应用如下规则有助于鉴别已磨损和未磨损的人类

---

① Johanson D C. A consideration of the "Dryopithecus pattern". Ossa, 1979, (6): 125-138.

牙齿。在使用这些鉴定指南时，即使是没有磨损的牙齿，也要时刻注意牙齿的变异，这里所说的标准只针对少部分牙齿变异。确认牙冠形态、鉴定牙根形态的顺序，以及再次鉴定和观察磨损、外在表现、义齿和咬合面形态等，是牙齿鉴定的基础。在鉴定牙齿时，应采用多种鉴定方法和标准独立检查，当结论不一致时，应基于主要标准进行鉴定。

　　本节所指的牙齿鉴定均是假设牙齿没有磨损或轻度磨损的情况。当鉴定已经发生磨损的牙齿时，应尽力重建牙齿，尤其是牙冠的原始形态。只有熟悉了正常牙齿的形态，研究人员才能对具有变异的牙齿进行鉴别。因此，当初步判定牙齿种属时，依据鉴定规范要求，可以首先将非人属的牙齿鉴别出来。虽然动物牙齿，如猪的牙齿易与人类混淆，但现代技术对磨损和未磨损小型牙齿样本，已经可以做出准确的判断。

　　本节所列出的关于牙齿序列、类型和种属的鉴定标准是相对的，因此在鉴定时应注意观察比对。骨骼学家在鉴定时也是始终进行全部或部分的比较研究。在鉴定过程中，将未确认的牙齿与自己的牙齿进行比较，将有助于确认牙齿的种类、序列和方向。

五、牙齿分类

（一）门齿

门齿平整，具有刃状结构。
门齿咬合面磨损后形态呈矩形或正方形。

（二）犬齿

犬齿牙冠呈锥形和獠牙状。
犬齿咬合面磨损后形态呈菱形。
犬齿牙根比其他牙根长。
有时候犬齿会与门齿混淆。但是犬齿具有更长的根冠比，且牙冠的纵切面呈卵圆形。

（三）前臼齿

前臼齿的牙冠呈圆形，短于犬齿牙冠，小于臼齿牙冠。通常具有 2 个牙尖。
前臼齿常只有单牙根。
某些下颌第一前臼齿会与犬齿相混淆。但是注意，与犬齿相比，前臼齿具有更小的牙冠和更短的牙根。

（四）臼齿

臼齿的牙冠更宽大，具有比其他牙齿更多的牙尖。

臼齿通常具有多个牙根。

第三臼齿有时会与前臼齿相混淆。为了避免混淆，应注意牙根长度和牙冠高度的区别，前臼齿的咬合面呈圆形或卵圆形，以及前臼齿牙冠上相对规则的牙尖形态。

第二节　牙齿的鉴定

一、恒牙与乳牙的区别

（一）诊断标准

本节之前及之后所述的成人牙齿鉴别标准也同样适用于乳牙齿（除了下文所述的一些特殊情况）。

乳牙的牙釉质与牙冠相比更薄。

乳牙的牙冠形态呈球根状，与恒齿相比，乳牙颈釉质线的牙冠壁更为突出。

乳牙的牙根更为短小，乳臼齿的牙根更加分散。

乳牙的牙根通常会部分吸收，特别是在乳臼齿的牙冠中心下方。

（二）特殊情况

乳第一上臼齿或下臼齿的牙冠具有特殊形态。上颌臼齿呈三角状咬合面轮廓，颊侧上前尖表面显著凸出。下颌臼齿的后牙根部较低，颊侧下原尖占据广泛区域。

上犬齿的乳牙与成人不同，其咬合面近中边缘通常长于远端边缘。

二、上牙与下牙的区别

成人牙齿鉴别标准也同样适用于乳牙齿（图4-4）。

对于门齿和犬齿，牙冠取舌侧观，测量近中远侧最大长度和牙冠高度（如磨损严重可修正），如高长比为2以上时，可以确认为下牙齿（例如较高且狭窄的牙冠）。

对于臼齿，通过观察上原尖或下原尖（分别为近中侧和舌侧、近中侧和颊侧；磨损最为严重的牙尖）以及邻近接触面的位置，确定近中远侧的牙冠轴线为近中侧还是远侧。

（一）上、下门齿

就高度而言，上门齿牙冠更宽大（向中远侧延长），而下门齿牙冠则更为狭窄。

与下门齿相比，上门齿牙冠舌侧具有更多浮雕样突起。

上门齿牙根横切面呈圆形，下门齿横切面中远侧相对扁平。

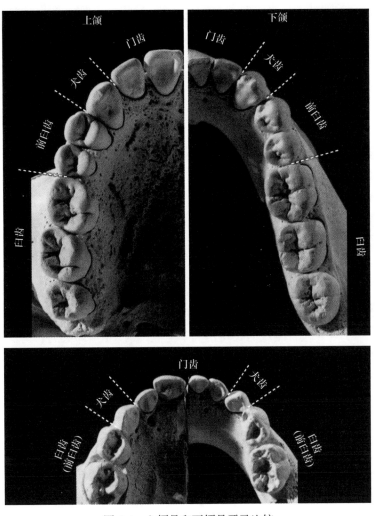

图 4-4 上颌骨和下颌骨牙弓比较

（上：恒牙；下：乳牙。右侧咬合面。改自 The Human Bone Manuel，2005）

（二）上、下犬齿

就高度而言，上犬齿牙冠更宽大（向中远侧延长），而下犬齿牙冠则更为狭窄。

与下犬齿相比，上犬齿牙冠舌侧具有更多浮雕样突起。

上犬齿牙尖磨损多位于舌侧，下犬齿牙尖磨损多位于唇侧。

（三）上、下前臼齿

上前臼齿具有相似大小的 2 个牙尖。下前臼齿的颊侧和舌侧牙尖形态显著不一致，颊侧牙尖明显高于舌侧牙尖。

在主要牙尖之间，上前臼齿牙冠中远侧具有明显的咬合槽（中槽）。下前臼齿的中槽则相对表浅。

上前臼齿咬合面轮廓呈卵圆形，而下前臼齿咬合面轮廓则呈圆形。

（四）上、下臼齿

上臼齿通常有 3 个或 4 个主要牙尖。下臼齿通常有 4 个或 5 个主要牙尖。

上臼齿咬合面呈菱形，下臼齿咬合面呈正方形、矩形或椭圆形。

上臼齿的牙冠上，牙尖相对于近中—远中牙冠轴线呈不对称排列。下臼齿的牙冠上，牙尖相对于牙冠中线呈对称排列。

上臼齿通常有 3 个可融合的主要牙根。下臼齿通常有 2 个主要牙根，偶尔有 3 个牙根。

三、牙位

（一）上门齿：I^1 和 I^2

上中门齿（I^1）牙冠大于上中侧门齿（I^2）牙冠。

上中门齿（I^1）牙冠唇侧观的长高比大于上侧门齿（I^2）牙冠的长高比。

上中门齿（I^1）牙冠唇侧观比上侧门齿（I^2）牙冠更加对称。

与上侧门齿（I^2）相比，上中门齿（I^1）牙根相对牙冠大小来说更为短小和坚固。

（二）下门齿：I_1 和 I_2

下中门齿（I_1）牙冠略小于下侧门齿（I_2）牙冠。

下中门齿（I_1）牙冠唇侧观的长高比小于下侧门齿（I_2）牙冠的长高比。

下中门齿（I_1）牙冠唇侧观比下侧门齿（I_2）牙冠略显对称。

与下侧门齿（I_2）相比，下中门齿（I_1）牙根相对牙冠更为短小。

（三）上前臼齿：P^1 和 P^2

上第一前臼齿（P^1）牙冠的主要舌侧牙尖小于主要颊侧牙尖。上第二前臼齿（P^2）咬合面观，主要舌侧和颊侧牙尖等大。

上第一前臼齿（P^1）牙冠欠规则，与上第四前臼齿（P^4）咬合面观相比较，牙冠更接近三角形。由于 P^2 颊侧牙尖小于 P^1，因此 P^2 牙冠后方显得更为圆钝（P^2 牙冠舌侧牙尖相对更长、更大）。

与上第二前臼齿（P^2）相比，上第一前臼齿（P^1）近中面具有更多、更深的凹陷。

上第一前臼齿（P^1）牙齿颈釉质线的近中突起高于上第二前臼齿（P^2）。

上第一前臼齿（P^1）近中侧与犬齿相邻。二者邻近接触面曲折、凹陷，呈垂直延伸。上第二前臼齿（P^2）近中邻近接触面则更加规则，且向颊舌侧延伸。

上第一前臼齿（P^1）的牙根通常为双根、双叶状，或在根尖部呈分叉。上第二前臼齿（P^2）通常只有 1 个牙根。

（四）下前臼齿：P_1 和 P_2

下第一前臼齿（P_1）主要舌侧牙尖很少具有舌侧边缘，在高度和咬合面上，也均小于主要颊侧牙尖。下第二前臼齿（P_2）的主要舌侧和颊侧牙尖大小比较相等，且主要颊侧牙尖比 P_1 圆钝。

下第一前臼齿（P_1）在咬合面观，在近咬合面边缘通常具有中央窝。而下第二前臼齿（P_2）咬合面远侧具有中央窝。

下第一前臼齿（P_1）咬合面轮廓比下第二前臼齿（P_2）更规则。

与下第二前臼齿（P_2）相比，下第一前臼齿（P_1）根座更为短小。

下第一前臼齿（P_1）邻近接触面的形态特征与上第一前臼齿（P^1）相同。

（五）上臼齿：M^1、M^2 和 M^3

上第一臼齿（M^1）牙冠有 4 个发育成熟的牙尖，呈菱形排列。与上第一臼齿（M^1）相比，上第三臼齿（M^3）更小，且咬合面上有更多的沟槽，牙尖的位置相对于牙冠的主要轴线排列得更为不规则。人类上第三臼齿（M^3）通常缺乏上次尖。上第二臼齿（M^2）牙冠形态介于上第一臼齿（M^1）和上第三臼齿（M^3）之间。

上第一臼齿（M^1）具有 3 个狭长、突出分散的牙根。上第三臼齿（M^3）牙根融合，且缺乏远端邻近接触面。上第二臼齿（M^2）牙根形态介于二者之间。

（六）下臼齿：M_1、M_2 和 M_3

下第一臼齿（M_1）牙冠有 5 个发育成熟的牙尖，呈 Y-5 模式排列。下第三臼齿（M_3）通常具有 4 个或更少的、排列无规律的牙尖。与下第一臼齿（M_1）相比，下第三臼齿（M_3）更小、更圆钝，牙尖位置相对于牙冠的主要轴线排列得更为不规则。下第二臼齿（M_2）牙冠形态介于下第一臼齿（M_1）和下第三臼齿（M_3）之间。

下第一臼齿（M_1）具有 2 个狭长、突出分散的牙根。下第三臼齿（M_3）牙根融合，且缺乏远端邻近接触面。当下第三臼齿（M_3）牙根呈分离状态时，远端牙根呈圆柱状，位于牙冠后侧。下第二臼齿（M_2）牙根形态介于二者之间。

四、左牙与右牙的区别

（一）上门齿

在唇侧观中进行前两项观察时，将其定位在正常牙列中。

远中咬合角比近中咬合角圆钝。

牙根的长轴相对于牙冠的垂直轴线向远中倾斜，牙根尖通常向远侧倾斜。

与 I^1/I^2 邻近接触面相比，I^1/I^1 的邻近接触面更加平坦、宽阔和对称，I^1/I^2 邻近接触面则更加不规则，呈垂直延伸。

与近中牙根表面相比，远中牙根表面具有更深的沟槽。

（二）下门齿

在唇侧观中进行第一、三、四项观察时，将其定位在正常牙列中。

牙根加轴线位于侧后方。

远中咬合角比近中咬合角圆钝。

与 I_1/I_2 邻近接触面相比，I_1/I_1 的邻近接触面更加平坦、宽阔和对称。

咬合磨损通常相对于牙冠的垂直轴线向远中和下方倾斜。

牙根的长轴相对于牙冠的垂直轴线向远中倾斜，牙根尖通常向远侧倾斜。

（三）上犬齿

在唇侧观中进行前两项观察中，将其定位在正常牙列中。

近中咬合缘（连结牙冠肩部与尖顶的嵴）通常短于远中咬合缘。

牙根的长轴相对于牙冠的垂直轴线向远中倾斜。

远中邻近接触面比近中邻近接触面更大且更宽。

远中牙根表面沟槽深于近中牙根表面。

近中牙釉质线较高。

（四）下犬齿

与上犬齿相同。

（五）上前白齿

邻近接触面（如果存在）位于近中和远中，并且主要的中间沟槽沿近远中方向排列。

舌尖相对颊尖位于内侧。注意磨损区通常与原始尖端位置相对应。

主要舌尖较小，突起较低，与主要颊尖相比，磨损程度较重。

牙根的长轴相对于牙冠的垂直轴线向远中倾斜。

（六）下前白齿

邻近接触面（如果存在）位于近中和远中。

主要颊尖大，突起较高，与主要舌尖相比，磨损程度较重。

在咬合面观中，主要舌尖更偏向于近中。

下根座（如果存在）位于远中。

牙根的长轴相对于牙冠的垂直轴线向远中倾斜。

（七）上白齿

邻近接触面（如果存在）位于牙冠的近中和远中。

上原尖最大，磨损最严重，位于舌侧近中部。

上次尖最小，有时缺失。位于舌侧远中部。

与颊尖相比，舌尖突起较低，磨损较重。

在咬合面观中，舌侧牙冠表面比颊侧牙冠表面更明显。

最大的牙根通常较为扁平，位于上原尖和上次尖下方。

两个较小的牙根呈圆形，位于颊侧（近中和远中），而近中颊根通常是两者较大的一个。

所有牙根相对于牙冠的主要轴线向远中倾斜。

（八）下白齿

邻近接触面（如果存在）位于牙冠的近中和远中。

牙冠近中远中侧通常为最大牙冠轴线。

下原尖最大，磨损最严重，位于颊侧近中部。

下次尖最小（若存在其他更小的尖则标记为第六尖和第七尖等）。位于舌侧远中部。

与颊尖相比，舌尖突起较低，磨损较重。

两个主要的牙根通常较为扁平，位于牙冠近中和远中的下方。

所有牙根相对于牙冠的主要轴线向远中倾斜。

思 考 题

1. 人类乳齿有多少颗？并介绍萌出顺序。
2. 人类下颌恒白齿与上颌恒白齿的区别在哪里？并具体介绍。
3. 人类恒齿的萌出过程。

延 伸 阅 读

邵象清：《人体测量手册》，上海辞书出版社，1985 年。

樊明文：《牙体牙髓病学》第 4 版，人民卫生出版社，2012 年。

White T D, Black M T, Folkens P A. Human Osteology, Academic Press, 2011.

第五章　性别鉴定

第一节　骨骼形态的性别差异

围绕人体骨骼展开考古学、人类学以及法医学的研究之前，首先要对骨骼进行可靠的性别鉴定，否则将会导致研究结果出现错误。例如，在史前考古学研究中，墓葬中不同性别的个体可能会与不同种类的生产工具和生活用具并存，这种情况通常能反映出当时生产力的发展程度以及性别分工的不同，由此会影响到当时社会发展阶段的确定。如果性别鉴定出现错误，那么得出的结论就会与真正的历史大相径庭。

受到激素水平与生理功能的影响，两性的骨骼形态存在差异。一般来说，与男性相比，女性的骨骼是较纤弱的、较不发育的。对性别特征显著的骨骼进行鉴定并非难事，但不同个体骨骼的发育程度从倾向男性到倾向女性的变化是连续统一体，介于两性之间的情况不在少数，所以需要找出骨骼中更典型的部位来进行性别鉴定。经过人类学家漫长的实践后发现，骨盆与颅骨是最适合进行性别鉴定的部位。

另外，骨骼上性别特征的出现与人体内分泌活动中的性激素密切相关，因而在个体发育至青春期后，其性别特征才会明显，加之未成年人的骨骼更加纤细脆弱、不易保存，所以就导致未成年人的性别鉴定比成年人困难得多。

随着研究的深入，除了单纯从骨骼形态特征进行性别鉴别外，又发展出了指数鉴别法和判别分析法。自判别分析法问世以来，即使对骨骼性别特征不是很熟悉的人员，也可提高其性别判断的正确率，例如，丁士海等人对颅骨（不含下颌骨）进行判别分析的正确率可以达到94.3%[1]。下面主要从形态、指数鉴定、判别分析这三个方面介绍成年个体的性别鉴定。

一、骨盆的性别差异

骨盆的性别差异较为明显。从整体上看，男性的骨盆更粗壮，肌嵴明显，耻夹角小，坐骨大切迹窄而深，耻骨联合部较高；女性的骨盆浅且宽，耻夹角大，坐骨大切迹宽而浅，耻骨联合部较低。

---

[1]　丁士海、任光金、法德华等：《颅骨性别的判别分析》，《沂水医专学报》1984年第1期。

（一）利用坐骨与耻骨鉴定性别

1. 耻夹角

男性的耻夹角较小，70°～75°；而女性的耻夹角较大，90°～110°。

2. 耻骨联合部

男性的耻骨联合部较高，形状呈上窄下宽的三角形；女性的耻骨联合部较低，形状呈上、下宽度大致相等的方形。

3. 坐骨耻骨支

男性外翻不明显；女性外翻明显。

4. 闭孔

男性的闭孔较大，形状近卵圆形，朝向外侧方，内角较钝，100°～110°；女性的闭孔较小，形状近三角形，略朝前方，内角较锐，约70°。

5. 托马斯·费尼斯（Thomas Phenice）提出的耻骨的三个骨性标志[1]

① 腹侧弧（ventral arc）：

在耻骨联合腹侧斜面的下内角处，到一定年龄（男性23岁左右，女性17岁左右）后，会形成一个三角斜面，称为腹侧斜面，其外侧由一条隆起的骨嵴形成边缘，此即为腹侧弧。在女性的耻骨上，腹侧弧存在且明显；而在男性的耻骨上，腹侧弧不一定出现，且形态一般不完整、不明显。因此，一般认为腹侧弧为女性特有，克利（Kelley）认为这是女性的一种第二性征[2]。

② 耻骨下凹（sub-pubic concavity）：

在男性耻骨上，耻骨下支内缘向内凸出或较平；女性耻骨上，该内缘向外凹入，因此称其为耻骨下凹。在背侧观察时，这种差异更明显。

③ 耻骨下支嵴（ridge on inferior public ramus）：

耻骨下支嵴为从耻骨联合面的下端延长到下支的骨嵴。此骨嵴在男性耻骨上表现较为宽阔，稍向腹侧翻卷；而女性耻骨的耻骨下支嵴则较为锐薄，向腹侧翻卷明显。

费尼斯认为，三者中腹侧弧更可靠一些，耻骨下凹次之，最后是耻骨下支嵴（图5-1）。三个鉴定项目同时使用，鉴定效果最好。

---

[1] Phenice T W. A newly developed visual method of sexing the os pubis. American Journal of Physical Anthropology, 1969, (30): 297-301.

[2] Kelley M A. Parturition and Pelvic changes. American Journal of Physical Anthropology, 1979, 51(4): 541-546.

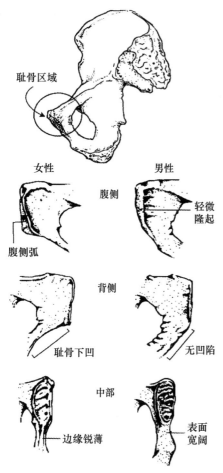

图 5-1　费尼斯提出的耻骨的性别差异

6. 耻骨背凹

维尔纳·普查尔（Werner Putschar）认为耻骨背凹是"分娩凹痕"，即胎儿在发育和最后出生时，孕妇的耻骨背面可能因韧带拉伤留下的永久性凹痕或沟。但也有学者研究发现，背部凹痕在未生育女性的耻骨上也可出现，许多生育过的女性的耻骨上也会没有背部凹痕，因此相对于"分娩凹痕"，人们普遍接受耻骨背凹这一名称。大多数的耻骨背凹是在女性个体的耻骨上发现，在国外的研究中，极少数男性耻骨上也发现有背部凹痕，且凹痕的出现一般与外伤有关。另外，张忠尧曾针对耻骨背凹进行过研究，发现女性耻骨背凹的多少和大小，与末次分娩的时间、足月妊娠次数以及年龄等因素有关。尽管如此，耻骨背凹仍不失为判断性别的重要因素[1]。

（二）利用坐骨大切迹与耳状面鉴定性别

1. 坐骨大切迹

一般来说，男性的坐骨大切迹窄而深，女性的坐骨大切迹宽而浅。作为判断性别的指标，坐骨大切迹的形状有时可能不会那么准确，比如患有骨软化症的女性的坐骨大切迹倾向于变窄。图 5-2 为菲利普·沃克（Phillip Walker）所绘坐骨大切迹的性别差异。

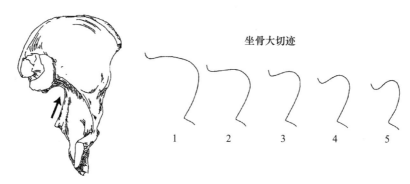

图 5-2　沃克所绘坐骨大切迹的性别差异
（1 表现为典型的女性坐骨大切迹形态，数字越大，越显示出男性特征）

---

[1]　张忠尧：《耻骨联合面形态学特征与年龄鉴定关系上的初步研究》，《人类学学报》1982 年第 2 期。

2. 复合弧

复合弧即耳状面的上前缘及坐骨大切迹前缘所构成的弧线。男性的复合弧，其形态为耳状面的上前缘构成的弧形曲线与坐骨大切迹前缘构成的弧形曲线可自然连结，呈单一的弧线；女性的复合弧，其形态为耳状面上前缘构成的弧形曲线与坐骨大切迹前缘构成弧形曲线不能自然地连结，呈两条弧线（图 5-3）。

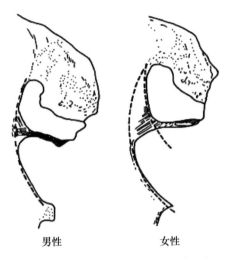

男性　　　　　女性

图 5-3　坐骨与髂骨复合弧的性别差异

（三）利用耳前沟鉴定性别

男性不常有耳前沟，如果有，也窄而浅；而女性的耳前沟常见，发育良好，形状宽而深。同样，耳前沟的形态也有连续变化的过渡形态。耳前沟的形态越接近 1 越表现出女性特征，越接近 4 越表现男性出特征（图 5-4）。

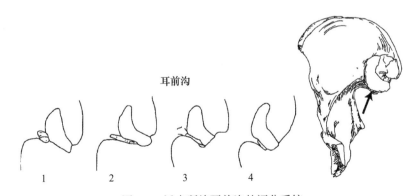

耳前沟

1　　　2　　　3　　　4

图 5-4　沃克所绘耳前沟的评分系统

（1. 表示耳前沟宽且深，一般超过 0.5cm；2. 表示耳前沟较宽但浅，通常大于 0.5cm；3. 表示耳前沟清晰且狭窄，深度小于 0.5cm；4. 表示耳前沟的形态是狭窄的、浅且光滑的凹槽，小于 0.5cm）

骨盆的各项性别差异见表 5-1。

表 5-1 骨盆的性别差异

项目	男性	女性
骨盆整体	粗壮，肌嵴明显，较重	较细致，肌嵴不发达，较轻
骨盆入口	纵径大于横径，心脏形	横径大于纵径，椭圆形
骨盆腔	高而窄，漏斗形	浅而宽，圆柱形
骨盆出口	狭小，坐骨棘发达	宽阔，坐骨棘不发达
耻骨结节	钝圆，靠近耻骨联合	锐利，距耻骨联合较远
耻骨下角	夹角较小，70°～75°	夹角较大，90°～110°
坐耻支	外翻不明显	外翻明显
耻骨联合	较窄，较高，呈三角形	较窄，较低，呈类方形
耻骨下支内缘	男性内凸	女性外凹
闭孔	较大，近卵圆形，朝向外侧方，内角较钝，100°～110°	较小，近三角形，略朝前方，内角较锐，约70°
髋臼	较大，略向外侧方	较小，略向前方
坐骨大切迹	窄而深	宽且浅
髂骨	高而陡直，髂翼较厚	较低，上部略向外张开，髂翼较薄而透明
耳状面	大	较小而倾斜
耳前沟	不常有；有的话，窄而浅	常有，发育良好，宽而深
两侧坐骨结节距离	近	远
骶骨	长而窄，曲度明显而匀称，近等腰三角形	短而宽，上部曲度较小、较平直，下部明显向前弯曲，近等边三角形
骶骨岬	显著	不甚显著
第一骶椎上关节面	大，占骶骨底部 2/5～1/2	小，约占 1/3

二、颅骨的性别差异

颅骨上的性别差异主要体现在颅骨表面的解剖结构的形态。一般来说，男性的颅骨较大，厚重而粗壮，眉弓发达，额结节不显著，眶上缘圆钝，枕外隆突与乳突均较发达；女性的颅骨较小，光滑细致，眉弓不发达，额结节显著，眶上缘锐利，枕外隆突与乳突均不发达。颅骨的各项性别差异见表 5-2。

表 5-2 颅骨的性别差异

项目	男性	女性
颅骨整体	较大，较重	较小，较轻
颅骨骨壁	较厚	较薄
颅腔	较大，约 1450ml	较小，约 1300ml
肌线与肌嵴	较显著	较弱
整个颅顶	膨隆不明显	膨隆较明显
额骨	较向后倾斜	额鳞下部较陡直，额鳞上部向后上弯曲
额结节与顶结节	不显著	较显著
面骨	较大	较小

续表

项目	男性	女性
整个面部	较狭长	较宽短
眉间突度	显著，突出于鼻根上方	不显，较平直
眉弓	自中等至极显	自微显至中等
鼻根点凹陷	深	无或浅
眼眶	较低，方形	较高，较圆
眶上缘	敦厚	锐薄
梨状孔	较高而窄	较低而宽
上齿槽突	较高	较低
齿弓	较阔而圆	较狭小，呈尖圆形
牙齿	较大	较小
颧骨	较高，较粗壮	较低，较纤弱
颧弓	较粗而外突	较细而平直
颞骨鼓部	较大	较小
乳突上嵴	显著	不显
乳突	自中等至特大	自特小至中等
茎突	较粗壮	纤弱
下颌窝	深宽	浅小
蝶骨棘	较粗壮	纤弱
翼突	粗壮	纤弱
枕骨髁	粗壮	纤弱
枕外隆突	粗大	不发达
枕外嵴	发达	缺乏 / 微显
上项线	粗大	不明显
枕骨大孔	较大	较小
颧突	发达	不明显

国外学者曾提出颅骨性别差异的划分标准。在布伊克斯特拉和乌贝拉克的标准中，沃克提出利用颅骨形态的 5 个特征来鉴定性别，即枕外隆突、乳突、眶上缘、眉间隆起、下颌颏突（图 5-5），两性在颅骨上的差异表现更加直观[1]。形态越接近 1，表示女性化特征越明显；形态越接近 5，则表示男性特征更明显（图 5-6）。马提亚斯·格劳（Mattias Graw）等提出了关于眶上缘的评分系统[2]，而达娜·沃拉斯（Dana Walrath）等认为，此类方法的可靠性受到评分标准本身的限制[3]。

[1] Buikstra J E, Ubelaker D H. Standards for Data Collection from Human Skeletal Remains. Arkansas: Arkansas Archaeological Survey Report, 1994.

[2] Graw M, Czarnetzki A, Haffner H T. The form of the supraorbital margin as a criterion in identification of sex from the skull: Investigations based on modern human skulls. American Journal of Physical Anthropology, 1999, (108): 91-96.

[3] Walrath D, Turner P. Reliability test of the visual assessment of cranial traits for sex determination. American Journal of Physical Anthropology, 2004, (125): 132-137.

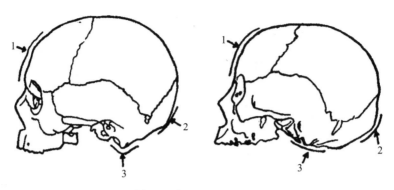

图 5-5　颅骨的性别差异
1. 表示眉弓、额骨、额结节、鼻根点凹陷的情况　2. 枕外隆突　3. 乳突
（左：男性；右：女性）

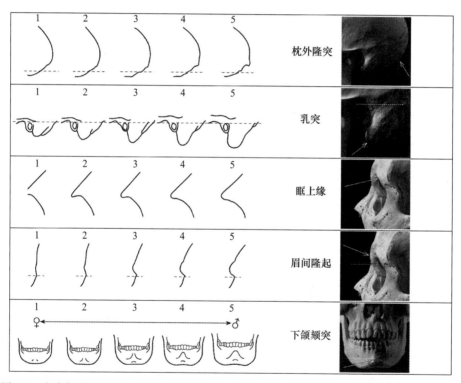

图 5-6　在布伊克斯特拉和乌贝拉克的标准中，沃克提出按照颅骨特征推断性别的评分系统

　　另外，尤金·吉尔斯（Eugene Giles）和奥维尔·艾略特（Orville Elliot）使用了基于 9 个颅骨指标的判别函数来减少颅骨性别鉴定的主观性 [1]。然而，理查德·迈因德尔（Richard Meindl）等人的研究表明，对颅骨的主观评估比吉尔斯和艾略特的判别函数更有效。在 Hamann-Todd 颅骨测试中，迈因德尔等发现老年个体的颅骨形态更"男性

―――――――――――

① Giles E, Elliot O. Sex determination by discriminant function analysis of crania. American Journal of Physical Anthropology ,1963, (21): 53-68.

化"。因此，迈因德尔等人建议，史前墓地的总体性别比和不同年龄段的性别比应仅根据骨盆保存完整的成年个体来估算[①]。

近年来，新的技术被引入颅骨的性别鉴定中。琼·史蒂文森（Joan Stevenson）等使用卡方自动交互检测（CHAID），将上文沃克对颅骨特征评分获得的数据生成易于使用的分类树，对性别进行概率判断[②]（图 5-7）。

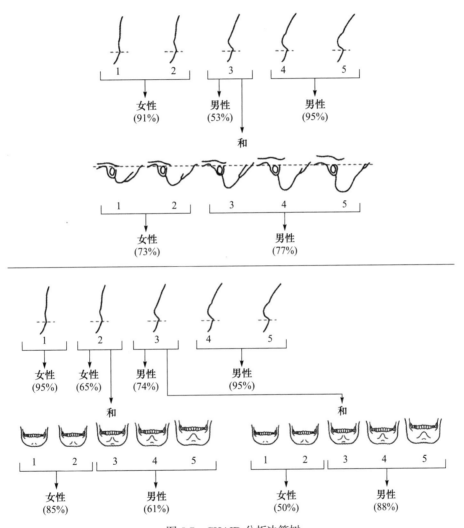

图 5-7 CHAID 分析决策树

［上部的分类树适用于欧洲裔美国人的颅骨，这些颅骨保留了眉间隆起（上图）和乳突（下图）；下部的分类树适用于欧洲人、欧洲裔美国人和非洲裔美国人的混合样本，这些颅骨保留了眉间隆起（上图）和下颌颏突（下图）。该图基于史蒂文森等的数据，展现出决策分析在概率性别鉴定中的应用］

① Meindl R S, Lovejoy C O, Mensforth R P, Don Carlo L. Accuracy and direction of error in the sexing of the skeleton: Implications for paleodemography. American Journal of Physical Anthropology, 1985, (68): 79-85.

② Stevenson J C, Mahoney E R, Walker P L, Everson P M. Prediction of sex based on five skull traits using decision analysis (CHAID). American Journal of Physical Anthropology, 2009, (139): 434-441.

下颌骨在性别鉴定上也有一定的价值，主要根据颏部的形状、下颌角的大小、下颌骨的粗壮程度鉴定。一般来说，男性的下颌骨较大、较厚、较重，下颌角角度较小（一般小于120°），且下颌角外翻，颏部较方而粗糙；女性的下颌骨较小、较薄、较轻，下颌角角度较大（一般大于125°），且下颌角不外翻，颏部较圆而尖。下颌骨的各项性别差异见表5-3。

表5-3　下颌骨的性别差异

项目	男性	女性
整体	较大、较厚、较重	较小、较薄、较轻
下颌体与下颌联合	较高	较低
下颌支	较宽	较窄
下颌角区	较粗糙，往外翻	较细致光滑，不外翻
下颌角	较小，小于120°	较大，大于125°
颏部	较方而粗糙	较圆而尖
髁突	较大而粗壮，颏形近方形	较小而纤弱，颏形多尖形与圆形
两髁突间距	较大	较小
下颌角间距	较大	较小
下颌牙齿	大	小
下颌角外侧部	突起明显	平坦
牙槽突高度	占下颌体高1/3左右	占下颌体高1/2

三、其他骨骼的性别差异

（一）长骨的性别差异

如果仅通过长骨进行性别鉴定，则准确率较低，而在通过颅骨和骨盆进行性别鉴定时，将长骨作为辅助，那么性别鉴定的准确率将有所提高。一般来说，男性长骨较重且粗，肌嵴与骨突较发达；女性长骨较轻且细，肌嵴与骨突不发达，骨面较光滑。长骨的各项性别差异见表5-4。

表5-4　长骨的性别差异

项目	男性	女性
长骨整体	较长、较粗、较重	较短、较细、较轻
两骨端	较宽大	较狭小
突起、结节、粗隆	发达	不明显
肌肉附着	显著	不明显
骨干的骨壁	厚	薄

（二）胸骨的性别差异

胸骨的性别差异也比较大。男性胸骨的各项测量值均大于女性，尤其是胸骨体与胸骨柄长度的比例十分明显，男性胸骨体与胸骨柄的长度比例大于 2 倍，为 2.04∶1～2.64∶1，女性的比例小于 2 倍，为 1.4∶1～1.94∶1，所以胸骨也可作为骨骼性别鉴定的依据。

（三）骨化甲状软骨的性别差异

赵永生等对山东地区 6 处考古遗址出土的 18 例个体的骨化甲状软骨进行观察分析与测量，发现不同性别个体的骨化甲状软骨存在差异。具体来说，男性的甲状软骨存在联合部骨化，而女性的联合部不骨化。不论是现代个体还是古代个体，骨化甲状软骨在多项测量数据（包括上径线、内径线，以及联合部上夹角等）上存在性别差异，主要表现为男性数据明显大于女性数据[1]。

第二节 按指数鉴定性别

按骨骼形态鉴定性别对鉴定者的要求较高，经验缺乏者很难保证性别鉴定的正确率。为了使性别鉴定更普及，人类学家与法医工作者分别测量两性骨骼形态上存在较大差异的项目，通过简单的数学公式演算，即指数 =100×（测项 1/ 测项 2），将形态差异转换为指数加以区别。按照指数鉴定性别的优势在于使得对人骨形态不是很熟悉的工作人员也能通过计算获得较高判别率的。

一、坐耻指数

阿道夫·舒尔茨（Adolph Schultz）首先提出猕猴的坐耻指数（ischium-pubic index）具有非常明显的性别差异，且无性别重叠。沃什伯恩将舒尔茨（Schultz）法应用于 300 例美国人，证实坐耻指数的性别鉴定率高达 90%[2]。国外与国内都有运用坐耻指数进行性别鉴定的例子，对坐耻指数的计算有多种方法，包括舒尔茨法、髋臼中心法、吴新智等I法、吴新智等II法，其中舒尔茨法判别率最高，这 4 种方法的不同在于如何选取髋臼内侧点（图 5-8），基

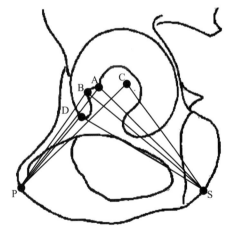

图 5-8 四种坐标指数的测量点
（A.舒尔茨法；B.吴新智等 I 法；C.髋臼中心法；D. 吴新智等II法；P. 耻骨点；S. 坐骨点）

① 赵永生、孙田璐、杨张翘楚等：《山东古代居民骨化甲状软骨的观测》，《人类学学报》2023 年第 2 期。
② Washburn S L. Sex differences in the pubic bone. American Journal of Physical Anthropology, 1948, 6(2): 199-207.

本公式为：

$$坐耻指数 = 100 \times (耻骨长 / 坐骨长)$$

（一）舒尔茨法

髋臼内测点位于月状关节面内缘前部小切迹最凹处 A 点，然后 A 点测至耻骨联合面最高点 P 的直线距离（AP）为耻骨长，再由 A 点测至坐骨结节的最大直线距离 S 点（AS）为坐骨长，将测量值代入公式算出结果。

（二）髋臼中心法

在任光金等的研究中，先目测标出髋臼中心点，而后用直角规按照上述方法测出耻骨长（CP）和坐骨长（CS），将测量值代入公式得出结果[1]。

（三）吴新智等Ⅰ法

该方法的髋臼内侧点在髋臼内两弧线相交处 B 点，用直角规按上述方法测出耻骨长（BP）和坐骨长（BS），将测量值代入公式即可得出坐骨指数[2]。

（四）吴新智等Ⅱ法

该方法的髋臼内侧点位于髋臼至耻骨联合上缘最短距离的 D 点，用直角规按上述方法测出耻骨长（DP）和坐骨长（DS），代入公式计算得出坐耻指数[3]。

二、坐骨大切迹指数

坐骨大切迹指数需要测量切迹最大宽（AB）与切迹最大深（CD），而后代入公式得出结果。

$$坐骨大切迹指数 = 100 \times (切迹最大深 / 切迹最大宽)$$

测量坐骨大切迹指数所需的测量工具为带深度的游标卡尺，或者通过测量三点，即 A 点髂后下棘最低点、B 点坐骨棘点、C 点坐骨大切迹最高点，再用三角余弦和正弦定理将数值输入电子计算机得出数值。

丁士海等测量了青岛地区出土的已知性别、完整的 90 对成年髋骨。结果显示：虽然坐骨大切迹具有明显的性别差异，但通过指数计算，其指数性别重叠范围为 54～68。指数判别：>68 为男，<53.9 为女。重叠率太高，为 52.3%，因而不具备实用价值[4]。

---

① 任光金、丁士海、阎锡光等：《中国成年人坐耻指数的性别差异》，《沂水医专学报》1982 年第 1 期。
② 吴新智、邵兴周、王衡：《中国汉族髋骨的性别差异和判断》，《人类学学报》1982 年第 1 期。
③ 吴新智、邵兴周、王衡：《中国汉族髋骨的性别差异和判断》，《人类学学报》1982 年第 1 期。
④ 丁士海、任光金、阎锡光等：《中国人髂骨的性别差异—缘线指数与间隙指数》，《青岛医学院学报》1982 年第 2 期。

布歇（Boucher）应用此指数对 30 例美国白种人与 96 例美国黑种人的胎儿标本进行测量，得出结论：指数在 5～6 多为女性，指数在 3.9～5 多为男性；随后 1957 年他又提出，不论胎儿的骨性或者软骨性标本，耻骨、坐骨或坐耻指数均无性别差异[1]。

三、髋臼耻骨指数

髋臼耻骨指数 =100×（髋臼直径 / 耻骨联合上缘至髋臼缘距）

任光金测量了髋臼直径与耻骨联合上缘至髋臼缘距，性别指数重叠范围为 72～82，判别率为 72%。

四、骶骨底宽指数

骶骨底宽指数需要用游标卡尺测量骶骨最大宽（maximum breadth）与骶骨底宽（breadth of base of sacrum），公式为：

骶骨底宽指数 =100×（骶骨底宽 / 骶骨最大宽）

任光金测量已知性别骶骨，结果显示判别率高达 90.6%，性别重叠指数范围为 36～40（占 9.4%）。指数判别：＜36 为女性，＞40 为男性[2]。

第三节　判别分析法鉴定性别

判别分析法是目前对成年骨骼进行性别鉴定的最好方法，其特点是结合形态的性征进行定量检查，该方法为费舍尔（Fisher）首创，后来基恩（Keen）、庞斯（Pons）、埴原和郎、田中武史等、舒尔特·埃利斯（Schulter Ellis）等、丁士海等、舟山真人、冈田吉郎、李春彪等国内外多位学者进行过这方面的工作，判别正确率均较高。埴原和郎对全套骨骼的判别率高达 98.9%，李春彪等为 95.1%，田中武史等为 94.9%，丁士海等对颅骨仅用 2 项因素，判别率高达 94.3%。另外，判别分析法对其他骨骼的判别率也能达到 90%。例如，对肩胛骨的判别率达 97.6%，髌骨达 96.1%，锁骨达 92.5%，腕骨达 91.2%，指骨达 91.9%。以前用骨骼形态或者指数法来鉴定性别很难达到如此高的判别率[3]。所以，即使对骨骼形态不甚了解的研究者，只要将判别公式中的测量值测量准确，在性别鉴定方面仍能达到较高的鉴别率。以下为判别分析法的基本公式：

判别式的通式：

$$Z=a X_1+b X_2+c X_3+d X_4+e X_5+f X_6+\cdots+n X_n$$

公式中的 a，b，c，d，e，f，…为一定的函数，X_1，X_2，X_3，X_4，X_5，X_6，…，X_n

[1] Boucher B J. Sex differences in the foetal sciatic notch. Journal of Forensic and Legal Medicine, 1955, (2): 51-54.
[2] 任光金：《国人骶骨底宽指数的性别差异》，《沂水医专学报》1982 年第 1 期。
[3] 丁士海：《人体骨学研究》，科学出版社，2021 年，第 55 页。

是骨骼的某些测量项目，每一个判别公式有一个判别值（Zo），一般大于判别绝对值判为男性，反之为女性，即 Z>｜Zo｜判为男性，Z<｜Zo｜判为女性。通常判别式后需附有正确判别率。

逐步判别式的通式：

$$Y_1=a X_1+b X_2+c X_3+d X_4+e X_5+f X_6+\cdots+n X_n$$
$$Y_2=a X_1+b X_2+c X_3+d X_4+e X_5+f X_6+\cdots+n X_n$$

2 个公式中的 a，b，c，d，e，f，$\cdots$ 为不相同的函数，而 X_1，X_2，X_3，X_4，X_5，X_6，$\cdots$，X_n 为两个公式中相同的某些骨骼测量项目，计算出 Y_1 和 Y_2 的值后，一般 $Y_1 > Y_2$ 判别为男性，反之为女性。通常 2 个判别式后需附有正确判别率。

研究判别分析法的前提是必须具备大样本已知性别的骨骼标本或 X 线片，要遵循随机取样的原则。选取的测量因素，其性别差异越大越好。

一、颅骨的性别判别分析

（一）颅骨的判别分析

埴原和郎根据对日本人颅骨的测量提出了关于颅骨的判别分析方程式[1]。首先，在进行判别分析之前，我们要清楚颅骨性差的观测指标，将颅骨置于标准平面状态，测量如下指标：

包括颅长（X_1）、颅宽（X_2）、颅高（X_3）、面宽（X_4）、上面高（X_5）、下颌角间宽（X_6）、下颌联合高（X_7）、下颌支高（X_8）、下颌支宽（X_9），测量完成后，将测量值代入下表的颅骨判别分析方程式（表 5-5），就可以对颅骨进行性别判定：

表 5-5　颅骨的性别判别方程式

判别方程式（mm）	判别值（Zo）	判别率（%）
$Z=X_1+2.6139 X_3+0.9959 X_4+2.3642 X_7+2.0552 X_8$	850.66	89.7
$Z=X_1+2.5192 X_3+0.5855 X_4+0.6607 X_6+2.7126 X_8$	807.40	89.2
$Z=X_1+0.7850 X_4+0.4040 X_6+1.9808 X_8$	428.05	86.4
$Z=X_1+2.5602 X_3+1.0836 X_4+2.0645 X_8$	809.72	88.9
$Z=X_1+2.2707 X_3+1.3910 X_4+2.7075 X_7$	748.34	88.8
$Z=X_1+0.0620 X_2+1.8654 X_3+1.2566 X_4$	579.96	86.4
$Z=X_1+0.2207 X_2+1.0950 X_4+0.5043 X_5$	380.85	83.1
$Z=X_6+2.2354 X_7+2.9493 X_8+1.6730 X_9$	388.53	85.6

将颅骨的测量值代入方程计算，所得数值如果大于判别值结果为男性，小于判别值结果为女性。使用此函数值进行性别判定，其判定结果的误差在 10.29%～16.93%。

---

[1] 〔日〕埴原和郎：《判别函数によゐ日本人头骨ゐらび に肩甲骨の性别判定法》，《人类学杂志》1959 年第 4 期。

（二）颅骨颅容积的判别分析

丁士海等对青岛出土的 70 例已知性别的成年颅骨，研究应用颅容积测量因素的判别方程式，判别率均较高[①]（表 5-6）。颅容积的测量采用介质汞，其误差均值降低至国际最低标准（平均 2.3ml）。由于颅容积的测量需要大量汞，研究者通常难以获得，因此，他们又提出采用测量颅周长、耳上颅高、颅高、颅顶正中弧（亦称颅矢状弧）推算回归图（图 5-9），这样便更容易推算出颅容积。上述测量项目按照一般人类学的测量方法进行，即颅周长和颅顶正中弧用卷尺测量，颅高用弯脚规测量，耳上颅高则需要使用有摩尔逊（Mollison）颅骨定位仪或用回归方程推算。

表 5-6　颅骨颅容积的性别判别方程式

判别方程式（mm，颅容积 ml）	判别值（Zo）	判别率（%）
Z= 耳上颅高 –0.15436 颅容积	–101.54	94.3
Z= 颅长（g-op）+0.22993 颅容积	499.41	92.9
Z= 颅宽（eu-eu）–1.08463 颅容积	–1392.23	92.9
Z= 颅高（ba-b）–0.23946 颅容积	–201.95	92.9
Z= 颅长 × 耳上颅高 +3421.37318 颅容积	4849069.03	92.9
Z= 颅长 × 颅宽 × 颅高 –18 161.75153 颅容积	–22335647.63	92.9
Z= 颅长 –2.34918 耳上颅高 +0.37084 颅容积	425.19	92.9
Z= 颅长 +0.88552 颅宽 +0.34346 颅高	343.72	88.6
Z= 颅长 +0.51014 颅高	244.38	87.1

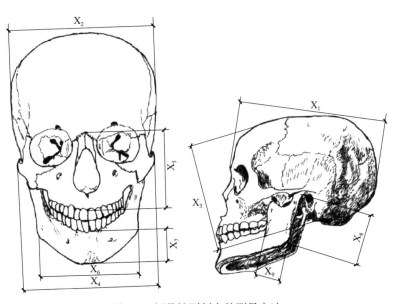

图 5-9　颅骨性别判定的测量方法

① 丁士海、任光金、法德华等：《国人颅容积的测量》，《沂水医专学报》1984 年第 1 期。

（三）颅底的判别分析

弗朗切斯基尼（Francesquini）等通过测量巴西 20～55 岁男女各 100 个颅底的几条径线（图 5-10、图 5-11）：切牙孔点 B 至颅底点 A 点距，即 A-B 距（X_1）；左右乳突切迹前根点 C 点间距，即 C-C 距（X_2）[1]。

判别分析式：功率值（power value）=25.2772−0.1601X_1−0.0934X_2，正确判别率达 79.9%。将功率值代入公式：P=e 的功率值平方 /（1+e 的功率值平方）则可推断出女性概率。

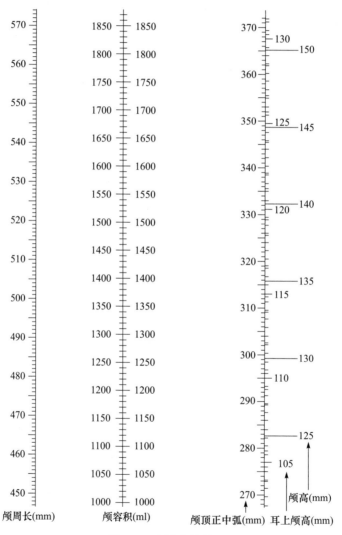

图 5-10　颅容积推算图

（使用说明：将所测的颅周长、耳上颅高、颅高或者颅顶正中弧数据分别在左、右相关标尺上找出
相应的尺度点，用直尺连接两点，所经中部标尺的值，即为该颅骨颅容积的推算值）

① Francesquini Junior L, Francesquini M A, De La Cruz B M, et al. Identification of sex using cranial base measurements. Journal of Forensic Odonto Stomatology, 2007, 25(1): 7-11.

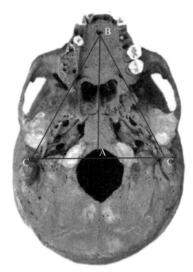

图 5-11　颅底测量法

（A. 颅底点；B. 切牙孔点；C. 乳突切迹前根点。参考 Francesquini，2007 年）

（四）颅骨的逐步判别分析

李仁等根据对湖北地区 104 例 X 线片的研究，提出颅骨性别的逐步判别分析方程式，见表 5-7[①]。

表 5-7　颅骨的性别逐步判别方程式

判别方程式（mm）	判别率（%）
Y_1=1.89 颅高 +1.16 全面高 +9.41 鼻宽 +0.35 眉间突度指数 +3.13 全面宽 −521.94	89.55
Y_2=1.79 颅高 +1.00 全面高 +9.06 鼻宽 +0.06 眉间突度指数 +3.03 全面宽 −466.78	81.10

注：$Y_1 > Y_2$ 判为男性，反之判为女性。

（五）颅骨按傅里叶（Fourier）变换的性别判别分析

李春彪等对东北地区汉族 18～62 岁的 55 例男性个体与 46 例女性个体，采用 Fourier 变换法测量取得了较高的判别率（表 5-8）[②]。

表 5-8　颅骨的性别非标准化判别方程式

判别方程式（mm）	判别值（Zo）	判别率（%）
Z=0.1626 X_1+0.3354 X_2+0.2377 X_3+0.5419 X_4+0.0128 X_5−0.8847 X_6+0.5810 X_7−0.8671 X_8−1.5285 X_9−0.6847 X_{10}−0.7516 X_{11}+1.0525 X_{12}−0.9901 X_{13}+1.6158 X_{14}−0.6839 X_{15}+1.4035 X_{16}−14.4367	0.10788	90.10

---

① 李仁、李昊、刘树元等：《用逐步判别分析法对成人头颅性差的研究》，《人类学学报》1996 年第 2 期。

② 李春彪、孙尔玉：《应用 Fourier 变换对东北地区成人颅骨性别差异的研究》，《人类学学报》1992 年第 4 期。

续表

判别方程式（mm）	判别值（Zo）	判别率（%）
$Z=-0.3207 X_3+1.0596 X_6+0.9747 X_8+1.4338 X_9+1.2766 X_{10}-0.7709 X_{14}-0.8342 X_{16}-4.3855$	−0.10037	89.11

注：X_1-X_{16} 为额骨正中矢状弧（n-b）等分 32 份 XY 坐标 Fourier 转换合成的 16 个振幅数值。Z 值大于判别值（Zo）或小于负值判为男性，反之判为女性。

（六）颅骨弧度与颅骨弦的判别分析

从判别正确率来看，此方法与测量颅骨长宽高进行判别分析的方法相比，似乎略逊一筹。毛成龙等提出的判别分析方程式（mm）：Z=0.006035 额骨矢状弧 +0.016154 额骨矢状弦，判别值（Zo）为 0.2532，判别率（%）为男 80.49%、女 67.8%[1]。金东洙等对 55 例男性个体与 53 例女性个体的颅骨提出的性别判别方程式（表 5-9）[2]。

表 5-9　颅骨弧弦及有关长宽度的性别判别方程式

判别方程式（mm）	判别值（Zo）	判别率（%）
Z=0.0703 颅周长 +0.1861 枕骨矢状弧 +0.2361 顶骨矢状弦	83.9319	87.96
Z=0.0626 颅周长 +0.1963 枕骨矢状弧 +0.1946 顶骨矢状弦 +0.1847（n-o 弦）	101.02	87.96
Z=0.2204 枕骨矢状弧 +0.2765 顶骨矢状弦	56.1286	84.25
Z=0.4726 左乳突长 +0.1701 左 ms-i 距	292.331	77.77
Z=0.4295 左乳突长 +0.1213 左乳突宽 +0.1711 左 ms-i 距	31.1107	76.85

注：Z 值大于判别值（Zo）判为男性，反之判为女性。

（七）下颌骨的判别分析

通过下颌骨某些项目的测量进行性别判别分析，国内外的数据显示，判别率多在 85% 左右，其中贡献率较大的项目多数为横向的测量，如下颌髁间宽、喙突间宽、下颌角间宽等。刘美音等通过对山东地区男、女各 100 例下颌骨的测量，取得较高的判别率（表 5-10）[3]。

表 5-10　下颌骨的性别判别方程式

回归方程式（mm）	F 值	R 值
$Z_1=0.35 X_7+0.09 X_{11}+0.74 X_{14}+0.55 X_{15}-57.37$	120.12	0.9646
$Z_2=0.37 X_7+0.74 X_{14}-1.5 X_{15}+63.35$	150.73	0.9114

---

[1] 毛成龙、王向义、陈洪等：《颅骨弧、弦、周长的测量及性别的判别分析》，《解剖学杂志》1986 年增刊。

[2] 金东洙、俞东郁、郭济兴：《颅骨弧弦周长和颅骨重量及颅腔容积的性别判别分析》，《解剖学杂志》1986 年增刊。

[3] 刘美音、徐现刚、王怀经等：《下颌骨的测量、相关和性别判别》，《解剖学杂志》1991 年第 1 期。

续表

回归方程式（mm）	F 值	R 值
$Z_1=0.40\,X_1+0.53\,X_4+0.23\,X_8+0.69\,X_9+0.10\,X_{15}-6.07$	53.33	0.9402
$Z_2=0.40\,X_1+0.53\,X_4+0.23X_8-0.09\,X_9+0.10\,X_{15}-6.07$	53.33	0.9402
$Z_1=0.71\,X_3-0.13\,X_{12}+0.15\,X_{13}+0.11\,X_{16}+7.33$	53.39	0.9251
$Z_2=0.73\,X_3-0.15\,X_{12}+0.14\,X_{16}+11.41$	65.70	0.9136
$Z_1=0.83\,X_5+0.19\,X_9+0.19\,X_{11}-0.37\,X_{13}+0.76\,X_{14}-1.31\,X_{16}+141.71$	32.33	0.9224
$Z_2=0.20\,X_{11}+0.84\,X_{14}-1.34\,X_{16}+124.78$	49.24	0.8943
$Z_1=0.27\,X_3+0.37\,X_{15}+0.90\,X_{16}-42.16$	63.66	0.9153
$Z_2=0.27\,X_3+0.37\,X_{15}+1.10\,X_{16}-42.16$	63.66	0.9153

注：X_1= 下颌联合高，X_3= 颏孔处高，X_4=M1-2 处高，X_5= 颏孔处厚，X_7= 颏孔至颏联合距离，X_8= 颏孔 – 下颌缘距，X_9= 下颌体夹角，X_{11}= 髁突间宽，X_{12}= 喙突间宽，X_{13}= 下颌支最小宽，X_{14}= 下颌支高，X_{15}= 下颌角，X_{16}= 髁突高。Z_1= 男性，Z_2= 女性。

（八）颅骨与下颌骨的判别分析

比起单纯采用下颌骨进行判别分析，结合颅骨与下颌骨的测量进行判别分析，正确率可提升至 90% 以上。根据王令红等对太原地区和王令红对香港地区颅骨的研究，提出的颅骨和下颌骨性别的判别分析方程式（表 5-11）[1]。

表 5-11　颅骨的性别判别方程式

判别方程式（mm）	判别值（Zo）	判别率（%）
Z=−0.0723 颅底长 +0.1438 颅高 +0.1281 鼻高 −0.1950 内侧两眶宽 −0.1212 额侧面角 +0.1470 左下颌切迹深 −29.7566	0	93.1
Z=0.3054 颅底长 +0.0623 颅周长 +0.1050 颧宽 −0.8970 鼻梁至 mf-mf 矢高 −0.1966 额侧面角 +0.1570 下颌联合高 +0.2500 左 M1-M2 处下颌体高 +0.0228 左下颌支高 −67.8047	0	92.5
Z=0.0504 颅底长 +0.1051 颧宽 +0.0183 颅周长 +0.1323 鼻高 −0.0772 额侧面角 +0.0557 鼻颧角 +0.0591 前眶间宽矢高 −36.6935	0	90.4
Z=0.0271 颅底长 +0.0719 颧宽 +0.0489 颅周长 −0.1182 额侧面角 −0.1767 左 M1-M2 处下颌体高 +0.2522 前眶间宽矢高 +0.1312 下颌联合高 +0.0988 左下颌支高 −28.0182	0	90.2
Z=0.2184 颅底长 +0.0618 颅周长 +0.0308 颧宽 −0.7851 鼻梁至 mf-mf 矢高 +0.4133 鼻高 −0.1508 额侧面角 −57.9408	0	89.5
Z=0.2267 下颌髁间宽 +0.6835 左 M1-M2 处下颌体高 +0.3688 左下颌切迹深 −50.3731	0	89.5

注：Z 值大于判别值（Zo）判为男性，反之判为女性。

---

[1] 王令红、孙凤嗜：《太原地区现代人头骨的研究》，《人类学学报》1988 年第 3 期。

（九）颞骨的判别分析

如果仅从 1 块颞骨进行性别判定，以往是难以设想的。张跃明等对东北地区颞骨采用判别分析法进行研究，正确判别率亦可达到近 80%，这对于判断破碎颅骨的个体，具有重要的意义（表 5-12）[1]。

表 5-12　颞骨的性别判别方程式

判别方程式（mm）	判别值（Zo）	判别率（%）
Z= 外耳门纵径 +0.714 外耳门横径 +3 外耳道鼓室深 +0.429 外耳门蝶点径 + 外耳门乳突径 –0.143 外耳门指数	123.00	80.42
Z= 外耳门纵径 +0.375 外耳门横径 +2.5 外耳道鼓室深 +0.375 外耳门蝶点径 +0.875 外耳门乳突径	111.36	79.22
Z= 外耳门横径 +2.75 外耳道鼓室深 +0.375 外耳门蝶点径 + 外耳门乳突径 –0.125 外耳门指数	99.25	79.52
Z= 外耳道鼓室深 +0.087 外耳门蝶点径 +0.348 外耳门乳突径 –0.044 外耳门指数	33.04	79.22

注：外耳门指数 =100 ×（外耳门横径 / 外耳门纵径）。Z 值大于判别值（Zo）判为男性，反之判为女性。

（十）牙齿的判别分析

根据富伟能等对辽宁地区汉族成人已知性别的前牙 508 颗（男 306，女 202）的判别分析，前牙的性别判别正确率也可达到 87%，其中以上颌尖牙最佳（表 5-13）[2]。

表 5-13　前牙的性别判别方程式

牙齿	判别方程式（mm）	判别值（Zo）	判别率（%）
上颌尖牙	$Z=-15.86+0.32X_1+0.19X_2-1.17X_3+2.76X_4-0.45X_5+0.33X_6$	–0.14	87.50
下颌中切牙	$Z=-12.88+0.65X_1-0.37X_2+0.54X_3+0.19X_4+0.58X_5$	–0.14	72.37
下颌侧切牙	$Z=-16.14+0.4X_1-0.98X_2+1.8X_3+0.11X_4-5.34X_5+5.54X_6$	–0.20	79.03
下颌尖牙	$Z=-16.22+0.86X_1+0.9X_2+0.15X_3+1.44X_4-0.32X_5+1.05X_6$	–0.25	83.33
上颌尖牙	$Z=-15.81+0.35X_1+0.22X_2-1.06X_3+2.86X_4$	–0.14	86.36
下颌中切牙	$Z=-9.84+0.41X_1-0.32X_2-3.26X_5+4.92X_6$	–0.17	77.36
下颌侧切牙	$Z=-16.12+0.41X_1+1.82X_3-5.36X_5+5.58X_6$	–0.20	77.63
下颌尖牙	$Z=-15.89+0.846X_1+1.56X_4+0.87X_6$	–0.25	83.33

注：X_1= 牙根长，X_2= 牙冠高，X_3= 牙冠宽，X_4= 牙颈宽，X_5= 牙冠厚，X_6= 牙颈厚。Z 值大于判别值（Zo）判为男性，反之判为女性。

---

[1]　张跃明、潘義东、谷方等：《颞骨性别判别分析》，《解剖学杂志》1998 年第 4 期。

[2]　富伟能、宋宏伟、贾静涛：《辽宁汉族成人前牙的性别判别分析》，《法医学杂志》1994 年第 4 期。

二、肢骨的性别判别分析

（一）上肢骨的性别判别分析

1. 上肢骨的判别分析

刘武通过测量男、女各 50 例上肢骨提出利用上肢长骨推算性别的逐步判别方程式（表 5-14）[①]。

表 5-14　上肢长骨推算性别的逐步判别方程式

骨骼	判别方程式（mm）	判别率（%）
肱骨、桡骨和尺骨	Y_1=6.7492 肱骨上端宽 −4.0741 肱骨中部横径 +2.5748 肱骨滑车与小头宽 +3.8344 桡骨小头矢径 +5.8158 桡骨干矢径 +0.0238 桡骨小头周长 +1.1744 尺骨生理长 +0.3688 尺骨干矢径 +2.5135 尺骨鹰嘴深 −399.05	92.0
	Y_2=6.3353 肱骨上端宽 −3.6880 肱骨中部横径 +2.0977 肱骨滑车与小头宽 +2.1001 桡骨小头矢径 +4.8546 桡骨干矢径 +0.4138 桡骨小头周长 +1.1216 尺骨生理长 +0.3207 尺骨干矢径 +2.1971 尺骨鹰嘴深 −325.24	
肱骨和桡骨	Y_1=−2.1815 肱骨中部横径 +2.6059 肱骨滑车与小头宽 +1.8525 肱骨头周长 +4.6989 桡骨小头矢径 +3.4777 桡骨干矢径 +0.2786 桡骨小头周长 −230.56	91.0
	Y_2=−1.8833 肱骨中部横径 +2.1440 肱骨滑车与小头宽 +1.7151 肱骨头周长 +3.2420 桡骨小头矢径 +2.8442 桡骨干矢径 +0.5174 桡骨小头周长 −181.67	
肱骨和尺骨	Y_1=4.7134 肱骨头最大横径 +2.2008 肱骨滑车与小头宽 +1.0683 尺骨生理长 +2.8078 尺骨鹰嘴深 −293.25	90.0
	Y_2=4.2292 肱骨头最大横径 +1.8880 肱骨滑车与小头宽 +0.9988 尺骨生理长 +2.3969 尺骨鹰嘴深 −238.43	
桡骨和尺骨	Y_1=5.2454 桡骨小头矢径 +5.3981 桡骨干横径 +2.3895 桡骨干矢径 +1.1795 尺骨生理长 +2.0161 尺骨上部横径 +0.7763 尺骨干矢径 +1.9576 尺骨鹰嘴深 −0.5460 尺骨体最小周长 −276.70	90.0
桡骨和尺骨	Y_2=4.4396 桡骨小头矢径 +4.9392 桡骨干横径 +1.8178 桡骨干矢径 +1.1170 尺骨生理长 +1.7731 尺骨上部横径 +0.0624 尺骨干矢径 +1.6785 尺骨鹰嘴深 −0.3205 尺骨体最小周长 −222.85	90.0

注：Y_1>Y_2 判为男性，反之判为女性。

2. 肩胛骨的判别分析

自肩胛骨的性别判别分析方法出现后，其性别判别率显著提高。任光金对青岛地区 66 例男性个体与 18 例女性个体的肩胛骨进行判别分析（表 5-15），判别率高达97.6%[②]。

---

①　刘武：《上肢长骨的性别判别分析研究》，《人类学学报》1989 年第 3 期。
②　任光金：《肩胛骨性别的判别分析》，《人类学学报》1987 年第 2 期。

表 5-15　肩胛骨的性别判别方程式

判别方程式（mm）	判别值（Zo）	判别率（%）
Z= 肩胛冈长 +2.2835 关节盂长	205.99	97.6
Z=− 肩胛总高 +37.4303 肩胛冈长 +84.812 关节盂长	7544.75	97.6
Z= 肩胛总高 +5.4695 关节盂长	330.98	96.4
Z=− 肩胛总高 +1.7816 肩胛宽 +1.8249 关节盂长	91.49	96.4
Z= 肩胛宽 +0.6539 肩胛冈长	180.44	92.9

注：Z 值大于判别值（Zo）判为男性，反之判为女性。

3. 锁骨的判别分析

锁骨的性别判别分析率可以达到 90% 以上，张黎明等对长春与通辽地区 104 例成年男性与 100 例成年女性的锁骨进行分析后提出了判别分析方程式（表 5-16）[1]。

表 5-16　锁骨的性别判别方程式

判别方程式（mm）	判别值（Zo）	判别率（%）
Z= 锁骨体最小宽 +0.1598 锁骨体弦长 +0.5553 锁骨体中部高	35.74	92.2
Z= 锁骨最大长 +2.8415 锁骨体弦长 +18.0957 锁骨体中部周长	662.67	92.2
Z= 锁骨体最小宽 +0.1334 锁骨体弦长 +0.00007 锁骨最大长	226.69	91.2
Z= 锁骨体最小宽 +0.000076 锁骨最大长 +1.01538 锁骨体中部高	22.59	90.2

注：Z 值大于判别值（Zo）判为男性，反之判为女性。

张继宗等对江西等九省区 241 例成年男性与 38 例成年女性的干燥锁骨进行性别逐步判别分析（表 5-17a、表 5-17b），提出的逐步判别方程式的判别率高达 92.5%[2]。

表 5-17a　左侧锁骨的性别逐步判别方程式

判别方程式（mm）	判别率（%）
Y_1=2.278 锁骨最大长 −0.288 曲度高Ⅰ +1.620 肩峰曲度高 −0.136 锁骨干全长 +3.716 锁骨中部高 +0.455 骨干中部矢径 +0.899 骨干中部周长 −223.973	92.5
Y_2=2.060 锁骨最大长 −0.354 曲度高Ⅰ +1.429 肩峰曲度高 −0.116 锁骨干全长 +3.196 锁骨中部高 +0.638 骨干中部矢径 +0.576 骨干中部周长 −173.665	
Y_1=2.137 锁骨最大长 +1.650 肩峰曲度高 +3.525 锁骨中部高 +0.989 骨干中部周长 −223.412	92.5
Y_2=1.928 锁骨最大长 +1.458 肩峰曲度高 +2.919 锁骨中部高 +0.712 骨干中部周长 −172.961	
Y_1=2.559 锁骨最大长 −0.353 锁骨干弦长 +5.481 锁骨中部高 −204.210	90.7
Y_2=2.281 锁骨最大长 −0.304 锁骨干弦长 +4.384 锁骨中部高 −158.815	
Y_1=2.201 锁骨最大长 +5.191 锁骨中部高 +1.822 锁骨中部直径 −208.830	90.7
Y_2=1.976 锁骨最大长 +4.154 锁骨中部高 +1.490 锁骨中部直径 −159.799	

---

① 张黎明、丁士海、丁洲：《国人锁骨的测量及性别判别分析》，《山东解剖学会 1994 年学术年会论文摘要》，1994 年，第 2、3 页。

② 张继宗、田雪梅：《中国汉族锁骨的性别判定》，《人类学学报》2001 年第 3 期。

判别方程式（mm）	判别率（%）
Y_1=2.280 锁骨最大长 +5.646 锁骨中部高 −202.863	90.7
Y_2=2.040 锁骨最大长 +4.526 锁骨中部高 −157.813	
Y_1=2.109 锁骨最大长 +2.231 骨干中部周长 −201.625	90.3
Y_2=1.907 锁骨最大长 +1.756 骨干中部周长 −156.465	
Y_1=2.165 肩峰曲度高 +1.758 锁骨干弦长 +6.197 锁骨中部高 −159.177	88.2
Y_2=1.907 肩峰曲度高 +1.577 锁骨干弦长 +5.029 锁骨中部高 −122.439	
Y_1=1.856 肩峰曲度高 +0.612 锁骨干中部矢径 +3.075 锁干中部周长 −88.984	88.2
Y_2=1.642 肩峰曲度高 +0.807 锁骨干中部矢径 +2.447 锁干中部周长 −63.910	
Y_1=1.584 锁骨干弦长 −0.386 锁骨干中部矢径 +3.282 锁干中部周长 −144.051	88.2
Y_2=1.431 锁骨干弦长 −0.098 锁骨干中部矢径 +2.628 锁干中部周长 −109.548	
Y_1=2.214 锁骨最大长 +0.792 曲度高 I −180.495	87.1
Y_2=2.005 锁骨最大长 +0.530 曲度高 I −142.896	
Y_1=2.270 锁骨最大长 +1.919 肩峰曲度高 −200.256	86.7
Y_2=2.028 锁骨最大长 +1.666 肩峰曲度高 −158.645	
Y_1=2.209 锁骨最大长 +2.906 骨干中部矢径 −185.668	86.7
Y_2=1.982 锁骨最大长 +2.358 骨干中部矢径 −146.888	

注：$Y_1 > Y_2$ 判为男性，反之判为女性。

表 5-17b　右侧锁骨的性别逐步判别方程式

判别方程式（mm）	判别率（%）
Y_1=2.222 锁骨最大长 −0.375 曲度高 I +1.494 肩峰曲度高 −0.127 锁骨干全长 +0.865 锁骨中部高 −0.136 骨干中部矢径 +2.150 骨干中部周长 −219.615	91.0
Y_2=2.015 锁骨最大长 −0.423 曲度高 I +1.325 肩峰曲度高 −0.104 锁骨干全长 +0.496 锁骨中部高 −0.095 骨干中部矢径 +1.788 骨干中部周长 −170.928	
Y_1=2.059 锁骨最大长 +1.520 肩峰曲度高 +2.253 骨干中部周长 −218.421	90.3
Y_2=1.867 锁骨最大长 +1.342 肩峰曲度高 +1.771 骨干中部周长 −169.958	
Y_1=2.506 锁骨最大长 −0.308 锁骨干弦长 +4.619 锁骨中部高 −195.770	88.5
Y_2=2.246 锁骨最大长 −0.265 锁骨干弦长 +3.591 锁骨中部高 −153.338	
Y_1=2.157 锁骨最大长 +4.134 锁骨中部高 +2.812 锁骨中部直径 −200.828	88.5
Y_2=1.952 锁骨最大长 +3.203 锁骨中部高 +2.284 锁骨中部直径 −156.596	
Y_1=2.268 锁骨最大长 +4.737 锁骨中部高 −194.820	88.5
Y_2=2.041 锁骨最大长 +3.963 锁骨中部高 −152.634	
Y_1=2.128 锁骨最大长 +2.556 骨干中部周长 −206.488	87.8
Y_2=1.928 锁骨最大长 +2.039 骨干中部周长 −160.651	
Y_1=1.673 锁骨干弦长 +4.878 锁骨中部高 +4.235 锁骨中部矢径 −141.053	87.1
Y_2=1.518 锁骨干弦长 +3.877 锁骨中部高 +3.566 锁骨中部矢径 −108.045	

续表

判别方程式（mm）	判别率（%）
Y_1=1.676 锁骨干全长 +3.250 骨干中部周长 –149.156	86.7
Y_2=1.523 锁骨干全长 +2.666 骨干中部周长 –113.927	
Y_1=1.151 曲度高 I +1.636 锁骨干弦长 +5.154 锁骨中部高 –132.452	86.4
Y_2=0.918 曲度高 I +1.495 锁骨干弦长 +4.141 锁骨中部高 –101.552	
Y_1=2.062 肩峰曲度高 +3.164 骨干中部周长 –91.091	85.7
Y_2=1.834 肩峰曲度高 +2.598 骨干中部周长 –65.200	
Y_1=1.861 曲度高 I +3.768 锁骨中部高 +4.046 锁骨中部矢径 –75.922	85.7
Y_2=1.606 曲度高 I +2.900 锁骨中部高 +3.486 锁骨中部矢径 –53.438	
Y_1=2.175 锁骨最大长 +3.839 骨干中部矢径 –185.793	85.3
Y_2=1.965 锁骨最大长 +3.079 骨干中部矢径 –147.571	

注：Y_1＞Y_2 判为男性，反之判为女性。

4. 肱骨、桡骨、尺骨的判别分析

　　刘武在研究长春地区 50 例男性个体与 50 例女性个体的上肢长骨后，分别提出肱骨（表 5-18）、桡骨（表 5-19）和尺骨（表 5-20）的性别判别分析方程式[①]。

表 5-18　肱骨的性别判别方程式

判别方程式（mm）	判别值（Zo）	判别率（%）
Z= 上端宽 +0.1521 下端宽 +3.2895 头最大横径 +2.7306 滑车与小头宽	292.0	87.0
Z= 上端宽 +3.0408 头最大横径 +2.6479 滑车与小头宽	270.6	87.0
Z= 头最大横径 –0.3094 中部最大径 +0.8343 滑车与小头宽	66.4	87.0
Z= 全长 +26.8610 头最大横径 +21.7050 滑车与小头宽	2219.0	86.0
Z= 下端宽 +15.5323 头最大横径 +11.1452 滑车与小头宽	1114.5	86.0
Z= 上端宽 +3.8704 头最大横径 +3.8613 滑车与小头宽 +0.5506 头周长	420.2	86.0
Z= 头最大横径 +0.7629 滑车与小头宽	70.1	86.0
Z= 头最大横径 +0.4505 头最大矢径 +0.8694 滑车与小头宽	91.5	86.0
Z= 最大长 +28.6343 头最大横径	1451.5	85.0
Z= 头最大横径 +0.9448 滑车与小头宽 +0.1726 头周长	98.7	85.0
Z= 头最大横径 +0.2957 头周长	77.4	85.0
Z= 上端宽 +0.0410 滑车矢径 +0.1717 中部周长	56.3	84.0
Z= 头周长 –0.0974 滑车矢径 +0.2275 体最小周长	135.7	84.0
Z= 上端宽 +0.1755 中部周长	55.6	84.0
Z= 滑车与小头宽 +0.4548 头周长	95.7	84.0

---

① 刘武：《上肢长骨的性别判别分析研究》，《人类学学报》1989 年第 3 期。

续表

判别方程式（mm）	判别值（Zo）	判别率（%）
Z= 下端宽 +10.0409 滑车与小头宽 +4.8668 头周长	1052.1	84.0
Z= 上端宽 +1.0144 滑车与小头宽	84.2	83.0
Z= 全长 +17.8346 上端宽 +20.6657 滑车与小头宽 –4.0705 体最小周长	1660.3	82.0

注：Z 值大于判别值（Zo）判为男性，反之判为女性。

表 5-19　桡骨的性别判别方程式

判别方程式（mm）	判别值（Zo）	判别率（%）
Z= 小头横径 –0.0561 骨干矢径 +0.1649 骨干周长 +0.1635 体最小周长	31.6	86
Z= 小头横径 +0.1573 骨干矢径 +0.2064 体最小周长	28.3	85
Z= 生理长 +33.8196 小头横径 +1.4245 小头周长 +8.5855 体最小周长	1257.0	84
Z= 生理长 +39.9757 小头横径 +4.6491 骨干矢径 +8.5707 体最小周长	1332.6	84
Z= 骨干矢径 +1.9797 小头周长 +1.1052 体最小周长	175.3	84
Z= 小头横径 +0.2326 小头周长	33.5	84
Z= 骨干矢径 +0.6587 体最小周长	87.1	84
Z= 小头矢径 +0.2315 体最小周长	27.8	84

注：Z 值大于判别值（Zo）判为男性，反之判为女性。

表 5-20　尺骨的性别判别方程式

判别方程式（mm）	判别值（Zo）	判别率（%）
Z= 生理长 +2.6246 上部横径 +8.9718 骨干矢径	356.3	85.0
Z= 生理长 +9.3444 骨干矢径 +4.3157 鹰嘴深	403.7	84.0
Z= 生理长 +2.3243 上部横径 +8.5105 骨干矢径 +4.1521 鹰嘴深	434.2	84.0
Z= 生理长 +1.0325 上部矢径 +8.7199 骨干矢径 +4.36 鹰嘴深	421.0	83.0
Z= 最大长 +4.2455 鹰嘴深	324.8	83.0
Z= 最大长 +11.6188 骨干矢径 +4.7654 鹰嘴深	467.0	83.0

注：Z 值大于判别值（Zo）判为男性，反之判为女性。

（二）下肢骨的性别判别分析

1. 髋骨的判别分析

由于髋骨具有较为明显的性别差异，采用判别分析法判定性别可获得较高的判别率。中外多名研究者们均针对髋骨各项指标提出了不同的判别分析公式。皮永浩等根据延边地区男、女各 62 副髋骨的研究提出了髋骨的性别判别方程式（表 5-21）[①]。

---

① 皮永浩、俞东郁、郭济兴：《髋骨性别的多元分析研究》，《解剖学杂志》1986 年增刊。

表 5-21 髋骨的性别判别方程式

判别方程式（mm）	判别值（Zo）	判别率（%）
Z=−0.0025 髋骨最大长 −0.0235 髋骨最大宽 +0.1919 坐骨大切迹深 −0.1279 坐骨大切迹宽厚段长 +0.0847 髋臼前后径 −0.5076 髋臼深 −0.0275 耻骨长 +0.1126 耻骨联合面长 −0.275 耻骨联合面宽 +0.4837 耻骨上支上下径 +0.2352 闭孔宽 −0.2994 坐耻支愈合处厚 +0.8104 髋臼上缘至髂耻隆起间距 +0.0023 髋骨重 +0.1507 盆缘线长 −0.3777 盆缘线后段长 +0.0588 最大髂骨宽 +0.071 耳状面上宽纵径 +0.2049 坐骨长Ⅱ	63.35	97.6
Z=0.2568 坐骨大切迹深 +0.5738 髋臼上缘至髂耻隆起间距 −0.2625 盆缘线后段长 +0.212 坐骨长Ⅱ	42.35	93.6
Z=0.71 髋臼上缘至髂耻隆起间距 +0.2797 盆缘线后段长	14.06	91.1
Z=0.5007 坐骨大切迹深 −0.2446 髋臼前后径 +0.3479 髋臼上缘至髂耻隆起间距	41.92	85.5
Z=−4.4984 髋臼前后径 +0.6179 髋臼深 −0.2751 髋臼切迹宽 +1.4798 坐骨体宽 −4.9043 坐骨体厚 −0.0079 坐骨长Ⅱ −8.303 盆缘线后段 −1.8212 髋臼上缘 − 髂耻隆起间距 +1.5525 坐骨大切迹深	−408.33	84.68

注：Z 值大于判别值（Zo）或小于负值判为男性，反之判为女性。

孟舒等根据贵州地区 203 例髋骨的测量值提出的判别分析方程式（表 5-22），判别率可达 95%[1]。

表 5-22 髋骨的性别判别方程式

判别方程式（长度 mm，面积 mm², 角度°）	判别值（Zo）	判别率（%）
Z=0.022X2−0.011X3+0.127X4−0.008X5+0.001X6+0.019X8+0.021X9−18.577	0.025	95.1
Z=0.030X2+0.127X4+0.021X9−19.412	0.0245	95.1
Z=0.137X4−16.167	0.0215	93.6
Z=0.037X5−4.403	−0.014	85.2

注：X_2= 髂前上棘 − 髂前下棘距，X_3= 髂前下棘 − 耻骨联合上端距，X_4= 联合面与耻骨下支夹角，X_5= 耻骨联合面宽高指数，X_6= 髂骨宽，X_8= 髂后上棘 − 联合面上端距，X_9= 髋臼前缘 − 坐骨结节下端距。Z 值大于判别值（Zo）或小于负值判为男性，反之判为女性。

日本学者木村（Kimura）提出采用耻骨长、坐骨长、髂骨宽等三项指标的判别分析方程式（表 5-23），正确判别率超过 90%[2]。这三项指标的测量标准如下：

　①耻骨长：耻骨联合最上点至髋臼的最近距离；

　②坐骨长：坐骨结节最下点至髋臼缘的最大距离；

　③髂骨宽：髂前上棘至髂后上棘间直线距离。

---

[1] 孟舒、张惠芹：《利用右侧髋骨正位 DR 片判定贵州成人性别》，《中国法医学杂志》2011 年第 3 期。

[2] Kimura K. A base-wing index for sexing the sacrum. Journal of the Anthropological Society of Nippon, 1982, (90): 153-162.

表 5-23　日本人和美国人髋骨的性别判别方程式

国别	判别方程式（mm）	判别值（Zo）	判别率（%）
日本人	Z= 耻骨长 −1.655 坐骨长 +0.192 髂骨宽	57.14	96.7
美国白种人	Z= 耻骨长 −1.412 坐骨长 +0.122 髂骨宽	27.75	94.3
美国黑种人	Z= 耻骨长 −1.655 坐骨长 +0.192 髂骨宽	−9.27	95.6
日本人	Z= 耻骨长 −1.325 坐骨长	53.03	96.5
美国白种人	Z= 耻骨长 −1.244 坐骨长	30.17	94.2
美国黑种人	Z= 耻骨长 −0.904 坐骨长	23.10	95.5
日本人	Z= 耻骨长 −0.317 髂骨宽	60.17	94.4
美国白种人	Z= 耻骨长 −0.283 髂骨宽	36.09	91.0
美国黑种人	Z= 耻骨长 −0.397 髂骨宽	−2.162	90.8

注：Z 值大于判别值（Zo）或小于负值判为男性，反之判为女性。

　　王子轩等在对东北地区 82 副髋骨使用判别分析方法的基础之上，选取 16 项髋骨指标，提出分级性别判别分析法（表 5-24a、表 5-24b）[1]。与传统单因素及多因素判别分析法相比，分级判别分析法将正确判别率均提升至 80% 以上，这种方法为法医学与人类学工作者提供了一种进一步提高判别率的新方法。

表 5-24a　髋骨分级性别判别分析表

级别	指标	累积正判率（%）	累积误判率（%）	模糊率（%）*
1	AAS、APX、BPA、AX	34.1	0	65.9
2	AX、IL2、IAL	51.8	0	48.2
3	AAS、BPA、LAS、SAC、SAG	64.0	0	36.0
4	BPA、IPX、AAS、HGSN、LAS	65.9	0	34.1
5	PSL、BPA、APX、AAS	71.4	0.6	28.0
6	SAG、AAS、PSL	76.2	0.6	23.2
7	SAG、BPA、PSL	82.3	1.2	16.5
8	SAG、AAS、SAC	86.0	1.8	12.2
9	IL、HGSN、IPX	88.4	1.8	9.8
10	IL2、AAS、IAL、LAC、BGSN	89.7	1.8	8.5
11	SAC、AAS、IL2、LAS	91.5	2.4	6.1
12	PSL、AAS、AX	92.1	2.4	5.5
13	IL2、SAG、PSL	92.7	2.4	4.9
14	LAC、AAS、BPA、APX	93.3	2.4	4.3
15	SAC、BPA	93.9	2.4	3.7

---

① 王子轩、丁士海、单涛：《髋骨性别分级判别分析法》，《人类学学报》2000 年第 1 期。

续表

级别	指标	累积正判率（%）	累积误判率（%）	模糊率（%）*
16	AX、LGSN	95.2	2.4	2.4
17	IAL、APX	95.8	2.4	1.8
18	BPA、SAG	96.4	2.4	1.2
19	**任选一项	97.0	3.0	0

* 为模糊项数 ×100/ 总例数。

**AAS、APX、AX、BGSN、BPA、HGSN、LGSN、IL、IL2. IAL、IPX、LAC 中任选一项。

注：坐骨大切迹宽（BGSN），耻弓最小宽（BPA），坐骨大切迹高（HGSN），坐臼高（IAL），坐骨长（IL），坐骨长Ⅱ（IL2），髋臼最大径（LAC），耳状面长（LAS），坐骨大切迹前长（LGSN），联合面高（PSL），髋臼径（SAC），坐骨大切迹上角（SAG），耳状面面积（AAS），臼齿指数（APX），耳状面指数（AX），坐骨指数（IPX）。

表 5-24b 髋骨的性别判别分析方程式

判别方程式［长度（mm），面积（mm²），角度（°）］	判别值（Zo）	判别率（%）
Z= 髋臼径 +7.1863 坐骨大切迹前角 +1.6051 耳状面面积 −1.0050 耳状面宽 +1.6693 耻骨弓最小宽 +2.2558 坐骨大切迹高 −0.6185 坐耻指数 −9.1337 坐骨大切迹后段长 +7.6091 坐骨大切迹上角	2563.18	92.07
Z=− 坐骨大切迹上角 +1.3577 耻骨弓最小宽 +1.1267 髋臼径 +1.4222 坐耻指数	−118.71	89.63
Z=− 坐骨大切迹宽 +4.3724 耳状面指数 +4.9272 坐耻指数 +3.7990 坐骨大切迹上角 −1.0995 坐骨大切迹后段长	* 690.68	88.41
Z= 坐骨长 +5.8849 耻骨弓最小宽 −6.1078 坐耻指数 +4.0914 髋臼径	−157.53	87.80
Z= 坐骨大切迹上角 +1.7583 坐耻指数 −1.8419 耻骨弓最小宽	* 198.40	87.20
Z= 坐骨长 −1.6009 坐耻指数 +1.4544 髋臼径	21.02	87.20
Z= 耻骨联合面高 +4.3724 耳状面面积 +10.1960 耻骨弓最小宽 +4.8450 坐骨长 +1.4535 髋臼最大径 +3.4565 耳状面长 +6.6518 髋臼径	6302.05	86.59
Z= 坐骨长 −2.4329 坐耻指数 +2.5021 耻骨弓最小宽	−92.62	85.98
Z= 臼齿指数 +2.7848 髋臼最大径 +3.0196 髋臼径	370.33	84.76
Z= 髋臼径 +1.0422 坐骨长	138.26	84.76

注：Z 值大于判别值（Zo）或小于负值判为男性，反之判为女性。式中具有 * 号者，Z 值小于判别值判为男性。

除此之外，贺智等针对长春与通辽地区 91 例男性个体与 84 例女性个体的髋臼进行测量，提出的髋臼判别分析方程式的正确判别率可达 87%（表 5-25）[①]。

表 5-25 髋臼的性别判别分析方程式

判别方程式（X₁~X₄，mm）	判别值（Zo）	判别率（%）
$Z=0.746X_1-0.232X_2+0.143 X_3-0.906X_5-0.003X_6+1.280X_7$	31.219	87.43

① 贺智、潘曦东、周蔚等：《国人髋臼性别判别分析》，《武警医学院学报》2001 年第 4 期。

续表

判别方程式（X₁～X₄，mm）	判别值（Zo）	判别率（%）
$Z=-0.422X_1-0.306X_2+0.141X_3+1.161X_4+0.453X_5+0.012X_6$	84.734	87.43
$Z=-0.031X_1+0.619X_2+0.109X_5-0.175X_6-0.599X_7$	64.114	87.43
$Z=-0.022X_1-0.276X_2+0.855X_5+0.377X_7$	68.730	86.28
$Z=0.680X_2+1.248X_7$	48.700	86.28
$Z=0.599X_4+0.595X_7$	62.806	86.86
$Z=-0.623X_2+1.141X_4$	119.424	86.56

注：X_1=髋臼前后径，X_2=臼耻长，X_3=臼耻结节长，X_4=臼坐结节长，X_5=臼耻指数，X_6=臼耻结节指数，X_7=坐耻臼指数。Z 值大于判别值（Zo）判为男性，反之判为女性。

2. 股骨的判别分析

刘武对长春地区 74 例男性个体与 67 例女性个体的股骨进行测量，提出的判别分析方程式的判别率高达 88%（表 5-26）[①]。

表 5-26　股骨的性别判别分析方程式

判别方程式（mm）	判别值（Zo）	判别率（%）
Z= 股骨最大长 +0.5312 股骨中部长 +6.9691 股骨上端宽 +5.7888 股骨上髁宽 –3.4722 股骨外髁长	1309.1	87.9
Z= 股骨最大长 +10.9605 股骨上部直径 +6.9846 股骨上端宽 +7.2925 股骨头最大径	1621.2	87.9
Z= 股骨转子全长 –1.0875 股骨中部周长 +9.5904 股骨上端宽 +13.0077 股骨头垂直径 +4.277 股骨上髁宽	3032.9	87.2
Z=0.13 股骨生理长 –0.3225 股骨中部周长 +1.9159 股骨上部矢径 + 股骨上端宽 +0.5392 股骨上髁宽	203.6	87.2
Z= 股骨最大长 –0.8186 股骨生理长 +2.3556 股骨中部周长 +1.3640 股骨上端宽	258.4	86.5
Z= 股骨上端宽 +1.0152 股骨头矢径 +0.0430 股骨外踝长 +0.3997 股骨内踝长	157.3	85.1
Z= 股骨上端宽 +1.4832 股骨上部矢径	126.1	84.4
Z= 股骨中部周长 +10.1281 股骨上部矢径 +5.6270 股骨外踝长	648.7	83.7
Z= 股骨最大长 +6.6819 股骨中部横径	582.8	83.0
Z= 股骨转子全长 +3.5559 股骨中部周长	671.6	82.3

注：Z 值大于判别值（Zo）判为男性，反之判为女性。

有时案例中只有股骨下端，修勒等对青岛地区 33～76 岁 194 例成年个体的股骨下端 X 光片进行测量，提出的股骨下端的判别分析方程式的正确判别率也高达 90%

---

① 刘武：《上肢长骨的性别判别分析研究》，《人类学学报》1989 年第 3 期。

（表 5-27），意义重大 [①]。

表 5-27　股骨下端的性别判别方程式

判别方程式（mm）	判别值（Zo）	判别率（%）
Z= 外侧髁高 –1.0619 上髁宽 –0.188 外侧髁宽 +0.5696 外侧髁长 –1.8960 内侧髁高 +0.3652 内侧髁长 +1.5556 髁高指数	100.49	89.73
Z= 上髁宽 –0.5507 外侧髁长 –0.3411 内侧髁长 +0.0256 外侧髁宽 +0.6484 外侧髁高 +0.0999 内侧髁高	57.19	88.97
Z= 外侧髁高 +1.5411 上髁宽 –0.8271 外侧髁长 –0.3989 内侧髁长 –0.1073 外侧髁宽 –0.1138 髁宽指数	72.26	88.97
Z=1.7925 上髁宽 +0.0474 外侧髁宽 +1.3150 外侧髁高 — 外侧髁长 –0.5942 内侧髁长 +0.1265 髁高指数	114.25	88.97
Z= 上髁宽 +0.0278 外侧髁宽 +0.6944 外侧髁高 –0.5854 外侧髁长 –0.2907 内侧髁长	55.55	88.59
Z= 外侧髁宽 –1.5354 上髁宽 +0.4442 外侧髁长 –0.2587 内侧髁长 +0.5039 髁宽指数	–9.05	81.75
Z=1.5889 上髁宽 – 外侧髁长 +0.1637 内侧髁长	81.44	75.45

注：Z 值大于判别值（Zo）的绝对值判为男性，反之判为女性。

3. 胫骨的判别分析

刘武对 69 例男性个体与 66 例女性个体的胫骨进行测量，提出胫骨判别分析方程式的判别率高达 83%（表 5-28）[②]。

表 5-28　胫骨的性别判别方程式

判别方程式（mm）	判别值（Zo）	判别率（%）
Z= 胫骨上端宽 +1.0478 胫骨下端宽 +0.9194 胫骨滋养孔处周长 –0.9236 胫骨体最小周长	132.7	82.2
Z= 胫骨内侧髁踝长 +35.9836 胫骨上端宽 +24.9689 胫骨下端宽 –3.8189 胫骨体最小周长	3728.5	83.0
Z= 胫骨下端宽 +0.8538 胫骨滋养孔处周长 –0.5960 胫骨体最小周长	77.5	83.0
Z= 胫骨内侧髁踝长 +34.2655 胫骨上端宽 –0.9113 胫骨上内矢径	2648.9	82.2
Z= 胫骨上端宽 +0.6850 胫骨下端宽 –0.1083 胫骨下段矢径	97.4	82.2
Z= 胫骨上端宽 –0.0404 胫骨上内矢径 +0.7860 胫骨滋养孔处横径	83.6	82.2
Z= 胫骨下端宽 +0.6510 胫骨下段矢径 –0.1224 胫骨上内矢径	94.3	82.2
Z= 胫骨下端宽 +0.3461 胫骨下段矢径 +1.3843 胫骨滋养孔处横径	87.4	81.5

注：Z 值大于判别值（Zo）判为男性，反之判为女性。

① 修勤、丁士海：《国人股骨髁的测量及性别判别分析》，《四川解剖学杂志》2000 年第 1 期。
② 刘武：《上肢长骨的性别判别分析研究》，《人类学学报》1989 年第 3 期。

单涛等对长春与通辽地区 71 例男性个体与 56 例女性个体的胫骨进行测量，提出的判别分析方程式的判别率为 81.8%（表 5-29）[1]。另外，单涛等对长春、通辽东北地区 158 例男性个体与 136 例女性个体胫骨进行多次抽样，测量出 16 项指标进行分级比较，得出其累计判别率逐渐升高，最后判别率高达 90%[2]。

表 5-29　胫骨的性别判别方程式

判别方程式（mm）	判别值（Zo）	判别率（%）
Z= 胫骨上端宽 +3.53 胫骨上外面宽 +1.65 胫骨中部周长	296.43	81.8
Z= 胫骨最大长 +10.47 胫骨上端宽 +9.69 胫骨滋养孔处矢状径	1405.22	80.6
Z= 胫骨上外面宽 +0.29 胫骨中部周长 +0.36 胫骨滋养孔处矢状径	62.01	81.3
Z= 胫骨上外面宽 +0.12 胫骨体最小周长 +0.57 胫骨滋养孔处矢状径	54.53	80.6
Z= 胫骨髁踝长 +6.95 胫骨中部周长 +3.78 胫骨滋养孔处矢状径	960.22	77.9

注：Z 值大于判别值（Zo）判为男性，反之判为女性。

4. 腓骨的判别分析

刘武对 63 例男性个体与 56 例女性个体的腓骨进行测量，提出了腓骨的逐步判别分析方程式（表 5-30），判别率不如胫骨，但基本可以达到 80%[3]。

表 5-30　腓骨的性别判别方程式

判别方程式（mm）	判别值（Zo）	判别率（%）
Z= 腓骨上端宽 +2.7774 腓骨下端宽 +4.8672 腓骨体中部最小径	131.7	79.8
Z= 腓骨小头外踝长 +10.4576 腓骨下端宽 +1.83 腓骨体最小周长	622.0	79.0
Z= 腓骨最大长 +9.7078 腓骨下端宽	547.3	78.2
Z= 腓骨下端宽 −0.3336 腓骨体中部最大径	26.9	77.3

注：Z 值大于判别值（Zo）判为男性，反之判为女性。

5. 距骨的判别分析

王伟克等和李玉莲等提出的距骨的性别判别方程式，判别率不是很高，但对于残缺骨骼的鉴别仍有一定帮助的。王伟克等提出的距骨性别判别方程式为 Z= 距骨最大长 +0.3125 距骨最大宽 −0.9846 距骨最大高 +0.0841 距骨长 +0.7536 距骨高 +0.4374 距骨滑车长，判别值（Zo）为 79.41，判别率为 74.5%[4]。李玉莲等提出的一种性别判别方程式为 Z= 距骨滑车总面积 +0.78 距骨外踝面面积 +0.23 距骨内踝面面积 +1.63 距骨上面凹长，判别值（Zo）为 2128.96，判别率为 75.3%；另一种方程式为：Z= 距骨滑车总面

① 单涛、丁士海、丁洲：《国人胫骨的测量及其性别判别分析》，《人类学学报》1996 年第 2 期。
② 单涛、丁士海、王子轩：《胫骨性别分级判别及其与传统方法比较》，《解剖学杂志》2001 年第 5 期。
③ 刘武：《上肢长骨的性别判别分析研究》，《人类学学报》1989 年第 3 期。
④ 王伟克、丁士海：《国人距骨的测量及其性别判别分析》，《人类学学报》1999 年第 4 期。

积 +0.18 距骨外踝面面积 +0.10 距骨内踝面面积，判别值（Zo）为 1785.07，判别率为 74.2%[①]。

（三）其他骨骼的性别判别分析

1. 胸骨的性别判别分析

对于胸骨的判别分析，德怀特（Dwight）发现，男性胸骨柄的长宽比＜49∶100，女性＞52。斯图尔特（Stewart）等人用放射的方法测量胸骨后提出，胸骨柄与胸骨体总长＜121mm 可百分百判定为女性，而＞173mm 可以百分百判定为男性。斯蒂维（Stieve）等提出，胸骨体长＞110mm 为男性，＜85mm 为女性，另外他还用指数判别性别，即胸骨体长 ×100/ 胸骨柄长指数，＜43 为男性，＞58 为女性，而且没有种族差异。吉特（Jit）等[②]研究了 400 例印度北部成年个体的胸骨后提出，胸骨柄与胸骨体总长＞140mm 为男性，＜131mm 为女性，男性正确判别率为 72%，女性为 62%。另外，用胸骨柄长加两项指数综合判断性别，即胸骨柄体指数 =100×（胸骨柄长 ÷ 胸骨体长）、胸椎体相对宽指数 =100×（第一胸椎体宽 ÷ 第三胸椎体宽），判别正确率可达 85%[③]。

2. 骶骨的性别判别分析

俞东郁等测量了我国延边地区 33 例男性个体与 42 例女性个体骶骨的 23 项指标，代入判别分析公式得到的判别率高达 94.7%（表 5-31）[④]。

表 5-31 骶骨的性别判别分析方程式

判别方程式（mm）	判别值（Zo）	判别率（%）
$Z=-0.0675X_1+0.09.8X_2+0.4471X_3-0.1621X_4-0.0477X_5+0.134X_6+0.0823X_7-0.0366X_8-0.732X_9+1.13X_{10}-0.731X_{12}+0.7947X_{15}-0.0586X_{16}+0.2708X_{19}+0.0893X_{21}+0.3958X_{23}$	69.744	94.67
$Z=0.4299X_3+0.2256X_4+0.1324X_6-0.5417X_9+1.0171X_{10}-0.7132X_{12}+0.6621X_{15}+0.2425X_{19}+0.3694X_{23}$	69.744	92.0
$Z=0.4125X_3+0.2207X_{10}+0.1352X_{15}+0.0388X_{18}+0.3594X_{23}$	56.571	88.0

注：X_1= 骶骨弓长，X_2= 骶骨最大宽，X_3= 骶骨正中矢径，X_4= 骶骨底横径，X_5= 骶骨前弦长，X_6= 骶骨弓高 1 —骶骨岬距，X_7 骶骨弓高 1，X_8= 骶骨弓高 2 —骶骨岬距，X_9= 骶骨弓高 2，X_{10}= 骶骨弓高 3 —骶骨岬距，X_{12}= 骶骨弓高 4 —骶骨岬距，X_{15}= 骶骨弓高，X_{16}= 骶管裂孔高，X_{18}= 骶骨左耳状面长，X_{19}= 骶骨左耳状面下宽，X_{21}= 骶骨右耳状面长，X_{23}= 骶骨岬角。Z 值大于判别值（Zo）判为男性，反之判为女性。

① 李玉莲、丁士海、夏玉军等：《踝关节面的测量及其性别的判别分析》，《解剖学杂志》2000 年第 4 期。
② Jit I, Jhingan V, Kulkarni M. Sexing the human sternum. American Journal of Physical Anthropology, 1980, 53 (2): 217-224.
③ 丁士海：《人体骨学研究》，科学出版社，2021 年，第 74、75 页。
④ 俞东郁、皮永浩、郭济兴：《骶骨性别的多元分析研究》，《解剖学杂志》1986 年增刊。

第四节　基于基因组学的性别鉴定

在 DNA 检测问世之前，对人体骨骼的性别鉴定主要依赖人类学家的观察。DNA 技术的创新——尤其发现了 X、Y 染色体之间肌原蛋白基因的差异，为性别鉴定提供了新的分子学方法。通过克隆技术以及中堀（Nakahori）等的研究可将肌原蛋白基因定位于性染色体，加之聚合酶链式反应技术的出现，研究者们研发出能够确定基因中 X 和 Y 染色体是否存在的 DNA 扩增技术。该技术利用了 X 与 Y 染色体之间插入或缺失的多态性，通过凝胶电泳可以清晰地看到染色体不同程度的扩增。出现一条带表明只有 X 染色体存在，即为女性，而出现两条带表明 X 和 Y 染色体都存在，即为男性。此外，其他研究中对 STR、染色体的插入和缺失以及单核苷酸多态性的分析也可以用来确定性别。值得注意的是，在对 Y 染色体进行 DNA 分析时，扩增物质的缺乏不一定百分百代表性别为女性，也有可能表示 DNA 分析出现错误。另外在某些情况下，DNA 突变或特定群体染色体的多态性也可能导致性别分析出现错误。

近年来，利用 DNA 进行性别鉴定的方法有所改进，使用高通量测序技术，基于 X 和 Y 染色体的序列读取量确定性别。这些技术对于等位基因缺失以及受污染样品是有效的，也可应用于古 DNA 研究中，例如之前的一项研究便对大约公元前 2000 年的埃及木乃伊进行性别鉴定。

伴随着 DNA 性别鉴定技术的发展，对人体骨骼进行 DNA 提取的技术也在不断发展与完善。从骨骼材料中提取 DNA 的成功与否，很大程度上取决于对人体骨骼的采样。受埋藏条件的影响，牙齿通常比其他人体骨骼更适合用于 DNA 分析。另外，股骨和胫骨等长骨，由于其本身具备大量的密质骨，也较适合用于 DNA 研究。然而，研究表明各种各样的人体骨骼均可提供足够的 DNA 用于分析，如果埋藏条件不佳，具有更多骨小梁的较小完整骨骼或许能提供更多 DNA，而且尺寸较小的骨骼对于取样也十分有利。因此，如果骨骼保存较好，那么 DNA 取样通常基于以下几种因素，包括保存情况、可获得的密质骨的量、是否存在创伤或病理以及取样的难易程度[①]。

一、从骨骼材料中提取 DNA

对人体骨骼进行取样前，第一步需要正确记录骨骼，这通常是通过摄影或 CT 扫描进行。记录完成后，使用干净的尼龙刷或纸巾对骨骼进行擦洗，用稀释的漂白剂清洁或打磨骨表面，以除去骨骼表面的 DNA 污染物或抑制剂（如土壤）。而后研

---

① Alexandra R. Klales. Sex Estimation of the Human Skeleton: History, Methodsand Emerging Techniques. New York: Academic Press, 2020: 343-350.

究者通常使用带有圆形刀片的工具切割骨头或牙齿以供 DNA 提取。需要注意的是，DNA 采样应避免任何围死期骨骼的创伤区域，或任何可能有助于识别个体身份信息的区域，如年龄、性别、愈合的创伤、病理情况或异常骨骼。法医人类学科学工作组（SWGANTH）向人类学家提供了用于 DNA 分析的骨骼材料准备和取样指南，当然取样的成功也离不开与 DNA 实验室的协商。

DNA 取样完成后，需要使用研磨机将样本材料磨成粉末以提取 DNA，另外通过直接钻骨收集骨粉有时可以代替切割和磨粉。而后将粉末放入脱矿缓冲液中，细胞便会从骨的晶体结构中释放出来；然后使用去污剂从细胞中释放出 DNA，通过离心骨粉将 DNA 分离出来，而后使用与从其他组织中提取 DNA 相同的方法清洁 DNA。

二、DNA 性别鉴定及其对生物人类学的影响

利用 DNA 技术进行性别鉴定对考古学和生物人类学领域产生了重大影响，单纯依靠骨骼形态与判别分析很难鉴定未成年个体，DNA 技术的出现或将弥补这一缺陷。早期的一项研究集中在通过对不同时段与地区的考古遗址的大量人骨遗骸进行 DNA 性别鉴定。个别研究还针对瑞典、俄罗斯北部、土耳其和德国等地区，采用 DNA 技术对骨骼形态估计性别进行评估，或是对已知性别个体进行 DNA 性别鉴定。另外，国外已有研究利用 DNA 技术来确定个体骨骼的性别，试图回答有关特定人类学主题的问题，如疾病、饮食、社会地位、婚姻模式、埋葬模式以及死亡率的差异模式等。目前的研究囊括了世界各地考古遗址的人骨遗骸，包括：荷兰的未成年个体骨骼、瑞士的死胎婴儿、罗马时代英国的杀戮埋葬、以色列的人骨遗骸、阿兹特克时代墨西哥的人骨遗骸、旧石器时代晚期的三重埋葬、葡萄牙修道院的儿童埋葬、瑞典维京时代的墓葬和伊利诺伊州的古代美洲原住民的人骨遗骸等。可见，利用 DNA 技术进行人骨遗骸的性别鉴定彻底改变了以往人类学家仅通过形态与判别分析进行性别鉴定的格局，也使那些未成年人遗骸、碎骨以及性别特征不明确的遗骸能够进行可靠的鉴定。这为过去的人口学研究以及一些法医案件提供了新的探索途径。然而，我们也应该清楚地了解到，不是所有遗骸都能进行 DNA 提取，那些埋藏条件差或 DNA 保存较差的遗骸就无法进行 DNA 性别鉴定。在这种情况下，传统的形态观察以及判别分析仍是评估个体性别的唯一手段。

思 考 题

1. 什么是古代人骨性别鉴定最重要的部位？具体形态差别如何？
2. 除形态差别外，古代人骨的性别鉴定还能通过哪些方式完成？
3. 描述男、女性头骨的具体形态差别。

4. 古代人骨的性别鉴定为什么如此重要？可以为我们解决考古学问题提供哪些信息？

延 伸 阅 读

刘武：《上肢长骨的性别判别分析研究》，《人类学学报》1989 年第 3 期。

Kelley M A. Parturition and pelvic changes. American Journal of Physical Anthropology, 1979, 51(4): 541-546.

Alexandra R, Klales. Sex Estimation of the Human Skeleton: History, Methods and Emerging Techniques. New York: Academic Press. 2020: 343-350.

第六章　年　龄　鉴　定

年龄按照分类大致分为三种，三种年龄的类别分别为实际年龄（Chronological age）、生物或生理年龄（Biological/ Physiological age）和社会年龄（Social age）[1]。在对考古遗址出土的人骨材料进行年龄鉴定时，主要是对其生物年龄进行估计，如墓志中有年龄的相关记录，则能获知其准确的实际年龄。然而实际工作中带有墓志的墓葬是少数的，这意味着我们无法获知大部分古代居民的实际年龄，只能通过相关方法对其生物年龄进行鉴定。生物年龄作为个体信息的一部分，可帮助复原不同年龄阶段个体的生命经历及社会年龄的转变。人类骨骼考古研究一般通过骨骼上受年龄影响而改变的部位及牙齿磨耗情况作为观察指标，对个体的生物年龄进行鉴定。近年来，转换分析（Transition Analysis）采用贝叶斯统计对个体年龄进行更为精确的估计，使宏观观察方法对个体年龄易造成低估的问题得到有效改善[2]。本章节不仅介绍未成年个体、成年个体宏观观察的年龄鉴定方法，而且对转换分析进行了介绍。

第一节　未成年个体的年龄鉴定

如何界定未成年一直以来都是人骨考古工作者所关注的问题，以骨骺愈合和第三臼齿萌出作为最为常见的特征，成年的最小年龄范围在 14 岁到 25 岁之间，最常见的成年年龄是 15 岁、18 岁和 20 岁。瓮棺葬及未成年个体骨骼见图版二。

一、牙齿的萌出

牙齿萌出指牙齿自齿冠出龈至上、下颌牙齿咬合接触的全过程。牙齿的萌出时间以出龈时间为准。在正常情况下，牙齿按一定的时间、顺序，左、右成对地萌出。一般下颌牙齿的萌出时间稍早于上颌的同名牙齿，女孩牙齿的萌出时间略早于男孩。

乳齿为人类的第一组牙齿，总数共 20 个，上、下颌各 10 个。由正中线伸向两侧，依次为中央门齿，外侧门齿、犬齿、第一臼齿和第二臼齿。婴儿在出生后 5～8 个

---

① Halcrow S E, Tayles N. The bioarchaeological investigation of childhood and social age: Problems and prospects. Journal of Archaeological Method and Theory, 2008, 15(2): 190-215.

② Bolden J L, Milner G R, Konigsberg L W, et al. Transition analysis: a new method for estimating age from skeletons. In: Hoppa R D, Vaupel J W (Eds). Paleodemography: Age Distributions from Skeletal Samples. New York: Cambridge University Press, 2002: 73-106.

月时，下颌乳中央门齿开始萌出，至 20～30 个月，全部乳齿出齐。儿童一般在 6 岁左右，在乳第二臼齿的后方萌出第一颗恒齿，即第一臼齿（俗称六岁牙）。此后，在恒齿生长发育的压力下，乳齿根部逐渐被吸引以至松动、脱落，而恒齿则相继萌出。这种恒乳齿的交替现象，一般持续到 13 岁左右结束。除第三臼齿（智齿）外，恒齿全部萌出的时间约需 7 年。第三臼齿则要在进入成年期的前后方始萌出，有人要迟至 25～30 岁，也有人终身不出（表 6-1）[①]。

表 6-1　我国儿童牙齿萌出年龄表

	乳齿		恒齿		
	牙齿名称	萌出时间	牙齿名称	男性萌出时间	女性萌出时间
上颌	中央门齿	7.5（6～9）个月	中央门齿	6.5～8 岁	6～9 岁
	外侧门齿	9（6.5～10）个月	外侧门齿	7.5～10 岁	7～10 岁
	犬齿	18（16～20）个月	犬齿	10～13 岁	9.5～12 岁
	第一臼齿	14（12～18）个月	第一前臼齿	9～12 岁	9～12 岁
	第二臼齿	24（20～30）个月	第二前臼齿	10～13 岁	9.5～12 岁
			第一臼齿	6～7.5 岁	5.5～7.5 岁
			第二臼齿	11.5～14 岁	11～14 岁
下颌	中央门齿	6（5～8）个月	中央门齿	6～7.5 岁	5～8.5 岁
	外侧门齿	7（6～9）个月	外侧门齿	6.5～8.5 岁	5.5～9 岁
	犬齿	16（14～18）个月	犬齿	9.5～12 岁	8.5～11.5 岁
	第一臼齿	12（10～14）个月	第一前臼齿	9.5～12.5 岁	9～12 岁
	第二臼齿	20（18～24）个月	第二前臼齿	10～13 岁	9.5～13 岁
			第一臼齿	6～7 岁	5～7 岁
			第二臼齿	11～13.5 岁	10.5～13 岁

二、四肢骨骨化点出现的时间和骨骺愈合的程度

人骨是由许多独立的骨化点发育、生长而成的。在胚胎时期，这种骨化点的数目多达 806 个，以后逐渐发育、融合，待出生时已下降到约 450 个，到成人时开始形成 206 块骨骼。上述骨化点的出现、发育和消失以及骨骺发生愈合的过程具有一定的时间和顺序[②]。

一般情况下，四肢骨骨化点出现的时间自胎龄 6 周起至 20 岁止。骨骼愈合的时间自 13 岁开始，至 25 岁左右结束。四肢骨骨化点的出现与骨骺愈合的时间，受到营养

① 朱泓：《体质人类学》，高等教育出版社，2004 年，第 82～85 页。
② Schaefer M, Black S, Scheuer L (Eds.). Juvenile Osteology. Academic Press, 2009.

条件、健康状况等各种因素的影响，所以有一定的个体差异。同时，男女两性四肢骨骨化点的出现与骨骼愈合也略有差异，女性一般早于男性 1～2 岁（表 6-2、表 6-3）。

表 6-2 骨骺愈合鉴定年龄参考表（男性）（修改自 Schaefer M，2009）

骨骼部位		开放（岁）	部分愈合（岁）	完全愈合（岁）
肱骨	近端	≤20	16～21	≥18
	内上髁	≤18	16～18	≥16
	远端	≤15	14～18	≥15
桡骨	近端	≤18	14～18	≥16
	远端	≤19	16～20	≥17
尺骨	近端	≤16	14～18	≥15
	远端	≤20	17～20	≥17
手	掌指骨	≤17	14～18	≥15
股骨	头	≤18	16～19	≥16
	大转子	≤18	16～19	≥16
	小转子	≤18	16～19	≥16
	远端	≤19	16～20	≥17
胫骨	近端	≤18	16～20	≥17
	远端	≤18	16～18	≥16
腓骨	近端	≤19	16～20	≥17
	远端	≤18	15～20	≥17
足	跟骨	≤16	14～20	≥16
	跖趾骨	≤17	14～16	≥15
肩胛骨	喙突关节盂	≤16	15～18	≥16
	肩峰	≤20	17～20	≥17
	下角	≤21	17～22	≥17
	内侧缘	≤21	18～22	≥18
髋骨	髋臼	≤16	14～18	≥15
	髂前下棘	≤18	16～18	≥16
	坐骨粗隆	≤18	16～20	≥17
	髂嵴	≤20	17～22	≥18
骶骨	关节面	≤21	17～21	≥18
	S1-S2 体	≤27	19～30+	≥25
	S1-S2 翼	≤20	16～27	≥19
	S2-S5 体	≤20	16～28	≥20

骨骼部位		开放（岁）	部分愈合（岁）	完全愈合（岁）
骶骨	S2-S5 翼	≤16	16～21	≥16
椎	骨骺	≤21	14～23	≥18
肋	头	≤21	17～22	≥19
锁骨	近中端	≤23	17～30	≥21
胸骨柄	第 1 肋切迹	≤23	18～25	≥21

表 6-3　骨骺愈合鉴定年龄参考表（女性）（修改自 Schaefer M，2009）

骨骼部位		开放	部分愈合	完全愈合
肱骨	近端	≤17	14～19	≥16
	内上髁	≤15	13～15	≥13
	远端	≤15	11～15	≥12
桡骨	近端	≤15	12～16	≥13
	远端	≤18	14～19	≥15
尺骨	近端	≤15	12～15	≥12
	远端	≤18	15～19	≥15
手	掌指骨	≤15	11～16	≥12
股骨	头	≤15	14～17	≥14
	大转子	≤15	14～17	≥14
	小转子	≤15	14～17	≥14
	远端	≤16	14～19	≥17
胫骨	近端	≤17	14～18	≥18
	远端	≤17	14～17	≥15
腓骨	近端	≤17	14～17	≥15
	远端	≤17	14～17	≥15
足	跟骨	≤12	10～17	≥14
	跖趾骨	≤13	11～13	≥11
肩胛骨	喙突关节盂	≤16	14～18	≥16
	肩峰	≤18	15～17	≥15
	下角	≤21	17～22	≥17
	内侧缘	≤21	18～22	≥18
髋骨	髋臼	≤14	11～16	≥14
	髂前下棘	≤14	14～18	≥15
	坐骨粗隆	≤15	14～19	≥16
	髂嵴	≤16	14～21	≥18

续表

骨骼部位		开放	部分愈合	完全愈合
骶骨	关节面	≤20	15～21	≥17
	S1-S2 体	≤27	14～30+	≥21
	S1-S2 翼	≤19	11～26	≥14
	S2-S5 体	≤20	12～26	≥19
	S2-S5 翼	≤14	10～19	≥13
椎	骨骺	≤21	14～23	≥18
肋	头	≤21	17～22	≥19
锁骨	近中端	≤23	17～30	≥21
胸骨柄	第 1 肋切迹	≤23	18～25	≥21

第二节　成年个体骨骼的年龄鉴定方法

判定为成年个体最常见的观察结果是骨骺融合和第三磨牙萌出，长骨骨骺的融合一般被认为是最具识别性的特征，其次是蝶枕软骨结合融合和第三磨牙萌出。成年个体的年龄范围一般在 14 岁到 25 岁之间，最常见的年龄是 15 岁、18 岁和 20 岁。

一、颅骨骨缝愈合的年龄推断

颅骨骨缝的愈合总的规律是随年龄的增长，颅缝的愈合度也随之增加，内板缝的愈合比外板缝早，男性早于女性，且更有规律性。颅缝愈合的分级：0 级为未愈合，1 级为愈合长度约≥1/4，2 级为愈合长度≤1/2，3 级为愈合长度≥3/4，4 级为完全愈合[1]。

成年人颅骨骨缝的愈合过程开始时是缝隙间结缔组织消失，缝隙缩小；而后波纹的深度逐渐变浅，波线被部分骨性愈合所切断，呈断断续续的曲形波；进而仅见波纹残迹，最后完全消失。同一骨缝在愈合的过程中，一般是颅内缝先于颅外缝愈合，男性颅缝的愈合早于女性。

颅缝愈合先从颅骨内板开始，然后向外板延续，直到外板颅缝完全愈合为止。但在某些颅骨上，内板骨缝愈合后，骨缝愈合的进程不向外板延续，或虽向外板延续，但速度甚缓，因而出现颅外缝不愈合或不完全愈合的现象。颅外缝延迟愈合或不完全愈合是一种普遍现象。因此，从颅缝估计年龄时，应主要依据颅内缝。若单凭颅外缝推断年龄，误差有时可达 5～10 岁（表 6-4、表 6-5）。

---

[1]　丁士海：《人体骨学研究》，科学出版社，2021 年，第 82～85 页。

表 6-4 颅内缝愈合年龄时间表

颅缝名称	开始愈合（岁）	完全愈合（岁）
矢状缝	22	35
蝶额缝（蝶骨小翼段）	22	64
蝶额缝（蝶骨大翼段）	22	65
冠状缝（前囟段和复杂段）	24	38
冠状缝（翼区段）	26	41
人字缝（人字点段和中间段）	26	42
人字缝（星点段）	26	47
枕乳缝（下段）	26	72
蝶顶缝	29	65
蝶颞缝（下段）	30	67
蝶颞缝（上段）	31	64
枕乳缝（上段和中段）	30	81
顶乳缝	37	81
鳞状缝（前段和后段）	37	81

表 6-5 颅外缝愈合年龄时间表

颅缝名称	开始愈合（岁）	完全愈合（岁）
矢状缝	22	35
蝶额缝	22	65
冠状缝	24	41
人字缝	26	47
枕乳缝	26	81
蝶顶缝	29	65
蝶颞缝	30	67
顶乳缝	37	81
鳞状缝	37	81

在颅底，蝶骨和枕骨基底部之间有一块软骨相连，此处的骨缝称为基底缝。基底缝在 18 岁开始愈合，至 24~25 岁完全愈合。基底缝愈合与否，是推断骨骼年龄是否已达到成年的可靠依据。

二、依据牙齿磨耗的年龄推断

（一）臼齿的磨耗程度与年龄鉴定

我国著名人类学家吴汝康等在收集自我国华北地区的已知年龄的 93 具男性颅骨

上，根据下列标准观察了第一臼齿和第二臼齿的磨耗程度（表 6-6）[1]。

Ⅰ级：齿尖顶和边缘部分略有磨损。

Ⅱ级：齿尖磨平或咬合面中央凹陷。

Ⅲ级：齿尖大部分磨损，齿质点暴露。

Ⅳ级：齿质点扩大，互相连成一片。

Ⅴ级：齿冠部分磨损，齿质全部暴露。

Ⅵ级：齿冠全部磨耗，齿髓腔暴露。

表 6-6　第一臼齿、第二臼齿的磨耗等级与年龄变化之间的关系表

磨耗等级	第一臼齿			第二臼齿		
	平均年龄（岁）	有效年龄范围（岁）	最高百分率年龄范围（岁）	平均年龄（岁）	有效年龄范围（岁）	最高百分率年龄范围（岁）
Ⅰ	23	22～23	15～20	23	22～24	15～25
Ⅱ	27	26～29	21～25	30	29～31	26～35
Ⅲ	32	28～36	26～35	38	36～40	36～45
Ⅳ	41	39～43	36～55	46	44～48	46～55
Ⅴ	53	48～57	56 岁以上	60	55～65	60 岁以上
Ⅵ	例数少，未列入统计范围					

（二）门齿的咬耗程度与年龄鉴定

在臼齿缺失的情况下，尚可据门齿切缘的咬合程度来推断年龄。通常采用下颌门齿，一般将其咬合程度分为如下 6 级（表 6-7）：

0级：门齿切缘釉质未咬耗或略有咬耗。

1级：齿冠切缘釉质磨平。

2级：齿质点或线状齿质条纹。

3级：齿冠进一步咬耗，出现较大面积的齿质条带。

4级：齿冠磨去将近一半，齿质全部暴露。

5级：齿冠极度咬耗，磨去部分超过齿冠的一半，齿髓腔暴露。

表 6-7　门齿咬耗等级与年龄变化之间的关系表

咬耗等级	年龄（岁）
0	20 岁以下
1	21～30

① 吴汝康、柏蕙英：《华北人颅骨臼齿磨耗的年龄变化》，《古脊椎动物与古人类》1965 年第 2 期。

咬耗等级	年龄（岁）
2	31～40
3	41～50
4	51～60
5	60 岁以上

（三）拉夫乔伊（Lovejoy）牙冠磨损序列

牙冠磨损序列是推断成人年龄的重要的、可靠的指标。在群体水平上，牙冠磨损的形态和速度具有规律。根据一枚牙牙冠的磨损程度只能推断个体的近似年龄，但如果确定了群体的牙冠磨损序列，就可以推断个体的精确年龄[①]。

三、耻骨联合面形态的年龄变化

耻骨联合面的形态随年龄的增长而发生明显的规律性变化。耻骨联合面是耻骨上下支连续部分的内侧面，呈长椭圆形或卵圆形，上下径大，前后径小。可分为两缘（背侧缘和腹侧缘）、两端（上端和下端）、一个腹侧斜面以及一个联合面[②]。

第一期（14～17 岁）：联合面圆突，中部最为凸出，整个联合面由隆嵴与沟组成，嵴的高度可达 2～3 毫米，联合面的周缘无界限边缘。

第二期（18～19 岁）：联合面中部略低平，嵴尖稍圆钝。联合面周缘无明显界限边缘。

第三期（20～23 岁）：联合面中部明显变平，隆嵴更低钝。联合面背侧缘由中部开始出现。

第四期（24～26 岁）：联合面上的隆嵴仅剩痕迹或完全消失。联合面背侧缘已经形成，腹侧缘正在形成。下端界限开始出现，腹侧面的内下方逐渐形成斜面。

第五期（27～28 岁）：联合面变得平坦，有些个体的联合面中部轻度下凹。联合面背侧缘完全形成，腹侧缘下段正在逐渐形成。腹侧斜面完全形成，并开始扩大。

第六期（29～30 岁）：联合面平坦。联合面腹侧缘上段正在逐渐形成，上端界限开始出现，下端界限进一步明显，而且显得比较尖锐，呈锐角。至 30 岁时，联合面周缘完全形成。

第七期（31～34 岁）：联合面开始下凹。联合面背侧缘向后扩张，使联合面开始呈卵圆形倾向。

① Lovejoy C O. Dental wear in the Libben population: Its functional pattern and role in the determination of adult skeletal age at death. American Journal of Physical Anthropology, 1985, 68(1): 47-56.

② Todd T W. Age changes in the pubic bone. I. The male white pubis. American Journal of Physical Anthropology, 1920, 3(3): 285-334.

第八期（35～39岁）：联合面轻度下凹。背侧缘开始出现波浪形起伏。一部分男性个体联合面腹侧斜面上段出现中断现象，导致腹侧缘上段缺损。

第九期（40～44岁）：大部分联合面波形起伏，高低不平。背侧缘明显向后扩张，联合面呈卵圆形。

第十期（45～50岁）：联合面下凹更为明显，而且显得更加起伏不平，背侧缘与腹侧缘有唇缘形成。腹侧斜面下缘显得较为突出，似唇形。

第十一期（51～60岁）：整个耻骨出现骨质疏松现象，稀疏多孔。联合面骨质起伏不平，且出现散在性小凹和粟粒样小孔。背侧缘向后扩张显著，如唇形。腹侧缘常断裂破损。

第十二期（61～70岁）：耻骨联合面显示退行性变化，出现更多的小孔和小凹。

四、耳状关节面年龄形态的改变

用耳状关节面形态来鉴定个体年龄有一定的优势，髋骨上的耳状关节部位相对于耻骨联合部位来说更容易被保存下来，且其年龄特征不受性别和种族因素的影响。拉夫乔伊通过对750余例髋骨标本的研究，将耳状关节面的形态变化与年龄的对应关系分为8个等级（表6-8）[①]。

表 6-8　耳状关节面鉴定个体年龄参考表格（Lovejoy，1985）

	1 20～24岁	2 25～29岁	3 30～34岁	4 35～39岁	5 40～44岁	6 45～49岁	7 50～60岁	8 60+岁	备注
波浪	在大部分的表面有边缘清晰的横向波浪	轻微或中等的消失/被条纹替代	减少，且被较细条纹替代	显著减少（依旧存在但边缘不清晰）	无	无	无	无	年轻化的表现
条纹	无	轻微	清晰	显著减少，但依旧有表现	可能存在但很模糊	无	无	无	
表面质地	非常精细的颗粒状样变（光滑）	稍多的粗糙颗粒状样变	粗糙颗粒状样变（较大的颗粒）	均匀的粗糙颗粒	粗糙颗粒，伴随部分致密化	粗糙颗粒消失，被致密骨骼质地所替代	显著的不规则与致密骨骼表面	无颗粒，不规则伴随软骨下破坏区域	规则-颗粒-致密-破坏
小孔	无	无	仅小面积	轻微	轻微增加	正在消失	无	无	作为参考的特征，不甚典型
大孔	无	无	无	无	偶见	一点点或没有	偶见	偶见	

---

① Lovejoy C O, Meindl R S, Pryzbeck T R, et al. Chronological metamorphosis of the auricular surface of the ilium: A new method for the determination of adult skeletal age at death. American Journal of Physical Anthropology, 1985, 68(1): 15-28.

	1 20～24 岁	2 25～29 岁	3 30～34 岁	4 35～39 岁	5 40～44 岁	6 45～49 岁	7 50～60 岁	8 60+ 岁	备注
顶端 活动	无	无	无	很小	轻微（轻 微唇缘）	轻微至中度	中度至 显著	显著（但 不是必要 条件）	作为参 考的特 征，不 甚典型
关节 边缘	正常	正常	正常	正常	轻微 不规则	逐渐 不规则	显著 不规则	非常不规 则 + 唇状 边缘	
耳后 活动	无	无	轻微	轻微	轻微至 中等	中等	中等至 显著	边缘明确 + 许多骨赘	

第 1 期（20～24 岁）：表面颗粒状，有显著的波浪状恒星结构。骨面无多孔性，耳后、顶端无活动。

第 2 期（25～29 岁）：波浪状恒星结构减轻或中度消失，被条纹状结构取代，颗粒状略变粗大。骨面无多孔性，耳后、顶端无活动。

第 3 期（30～34 岁）：波浪普遍消失，被条纹取代，表面更粗糙，颗粒状更明显。顶端无显著变化，小区域可能出现微孔，轻微的耳后活动可能发生。

第 4 期（35～39 岁）：表面普遍粗糙，呈一致性颗粒状，沟纹可能仍存在，横向结构存在但很不清晰。耳后区域有轻微活动，顶端有微变化，微孔结构较少，无大孔。

第 5 期（40～44 岁）：从粗糙的颗粒状向致密过渡，已无波浪，沟纹或许还存在，但很模糊。表面仍有部分颗粒状，横向结构明显消失。耳后区域活动由轻微到中等。偶见大孔结构，但不典型，可见顶端有轻微活动。

第 6 期（45～49 岁）：大部分样本颗粒状明显消失，颗粒状被致密骨质取代，无沟纹状，边缘不规则性增加。顶端由轻微向中度改变，微孔结构均已消失且出现致密化，无大孔隙，耳后变化中等。

第 7 期（50～59 岁）：表面崎岖不平、明显不规则，表面无横向结构，中等的颗粒状偶尔可见，下角多唇状，边缘不规则性增加。顶端变化不等或可能更显著，耳后变化由中等到明显变化，有些个体有大孔结构。

第 8 期（60+ 岁）：表面非颗粒状不规则性增加，伴有明显软骨下破坏特征，无横向结构等年轻特征，边缘唇沿破损，伴有退行性关节改变。约有三分之一个体存在大孔性结构，顶端变化明显但并非必要条件，耳后变化明显出现大量弥漫性中小骨赘。

五、喉软骨骨化的年龄推断

现代解剖学的研究中发现，甲状软骨下缘、下角、后缘、上角和前方的结合部骨化最早，表层的密质较厚而坚实，尤其是下缘的中央部分骨化最为完整。从总体来看，甲状软骨的骨化顺序是从后向前、由下向上发展的（表 6-9）。古代居民中骨化甲状软骨多见于骨板下缘、下结节以及上、下角等，这些部位骨化时间早且骨化程度高，比较容易保存。

表 6-9 喉软骨综合判断年龄标准表

性别	分期	年龄（岁）	甲状软骨	环状软骨	麦粒软骨	杓状软骨
男性	0	15~18	未骨化	未骨化	未骨化	未骨化
	I	19~20	Ia，Ib 期	开始骨化	未骨化	未骨化
	II	21~22	均出现骨化，出现II期	多为I期	未骨化	未骨化
	III	23~24	70% 为II期	I期、II期	开始骨化	未骨化
	IV	25~18	出现III期、IV期	均骨化	—	开始骨化
		25~26	70% 为II期	—	—	—
		27~28	89% 为III期，前联合为"8"字形	—	—	—
	V	29~30	82% III期	多为II期	骨化近半	骨化加大
	VI	31~36	均为III期、IV期	出现III期	—	—
			31~33 岁 80% 为III期	—	—	—
			34~36 岁 71% 为VI期	—	—	—
	VII	37~42	2/3 为III期	37~39 岁 82% 为II期	骨化过半	骨化过半
			出现V期	40~42 岁 80% 为III期	—	—
	VIII	43~54	55~60 岁多为IV期	—	全部骨化	大部骨化
	IX	55~80	58~60 岁全为IV期	全部骨化	—	全部骨化
			61~80 岁 72% 为V期			
			71~80 岁出现完全骨化者			
			58 岁以后前联合全为"8"字形			
女性	0	15~16	未骨化，（15 岁 1 例出现I期）	未骨化	未骨化	未骨化
	I	17~18	90% 为I期	45% 开始骨化I期	未骨化	未骨化
	II	19~20	全部骨化，11% 为II期	50% 骨化，11% 为II期	未骨化	未骨化
	III	21~24	多为II期	多为II期	未骨化	未骨化
	IV	25~26	90% 为II期，10% 为III期	I期	未骨化	开始骨化
	V	27~30	全部为II期、III期	I期II期	未骨化	骨化加大
	VI	31~45	III期IV期	全部为I期、II期	开始骨化	骨化加大
	VII	46~60	IV期V期	II期III期	骨化过半	骨化过半
	VIII	61~65	IV期V期	III期	完全骨化	大部骨化
	IX	66~80	多为V期	完全骨化	完全骨化	大部骨化

六、肋骨胸骨端的年龄推断（表 6-10）

表 6-10　第 4 肋骨年龄推测表（男性）

分期	年龄（岁）	平均年龄（岁）	胸骨端	脊柱端	肋骨体
I	17～26	20.25 ± 3.28	深锥形凹陷	关节面与体未融合	体下缘后段表面光滑
II	20～28	23.81 ± 1.79	凹陷变浅，出现微嵴	关节面与体开始融合	体表面同上
III	25～31	26.50 ± 1.55	微嵴消失，出现隆起缘	面与体融合>1/2	体表面同上
IV	26～32	29.00 ± 2.83	缘隆起明显	面与体完全融合	体表面同上
V	31～40	35.75 ± 2.49	周缘出现小嵴	小头关节缘形成	体表面同上
VI	32～56	38.75 ± 6.27	端凹陷呈 V 形	关节缘出现小结节	体表面较粗糙
VII	34～62	52.84 ± 13.7	上下出现小结	同上	体表面较粗糙
VIII	48～71	60.83 ± 7.35	端凹陷呈 U 形	缘明显增厚	体表面较粗糙
IX	56～76	65.75 ± 7.81	端凹陷呈 U 形	缘形成大的骨棘	体极为粗糙

第三节　转 换 分 析

转换分析是一种基于贝叶斯统计的人骨年龄鉴定新方法，综合利用多种概率统计方法，如逻辑回归、连续比模型、最大似然估计等进行年龄评估。目前，转换分析可供使用的软件有 3 个：Nphases2、Adbou 和 Transition Analysis 3（TA3）。我们常用的 Adbou 又被称为 Transition Analysis 2（TA2），包含 3 项年龄标志物（颅外缝、耻骨联合和髂骨耳状面）的 19 项观察指标[①]。耻骨联合面有 5 项：联合面凸起形态、联合面表面质地、上尖形态、腹侧缘、背侧缘；髂骨耳状关节面有 9 项：上、下表面起伏形态，上表面、尖部和下表面形态，下表面质地，耳状面上、下边缘的骨疣，耳后部骨疣；颅外缝有 5 项：冠状缝、矢状缝、人字缝、颧上颌缝、腭横缝（表 6-11）。

相比于传统方法，转换分析通过数学建模划定骨骼年龄特征的变化规律，定量记录个体年龄特征，可同时处理多个年龄标志物提供的有效信息，得出较为合理的鉴定结果。同时，转换分析对老年个体有很好的适用性，能够构建出更合理的人群死亡结构。传统方法无法对老年个体进行准确的年龄区分，只能统一归为 50+ 岁这种上限未知的年龄组，大大低估老年群体的死亡年龄。传统方法和转换分析得出的人口死亡结构显著不同，而转换分析构建出的死亡模式更接近正常情况[②]。

[①]　Bolden J L, Milner G R, Konigsberg L W, et al. Transition analysis: A new method for estimating age from skeletons. In: Hoppa R D, Vaupel J W (Eds.). Paleodemography: Age Distributions from Skeletal Samples. New York: Cambridge University Press, 2002: 73-106.

[②]　Kim J, Algee-Hewitt B F B. Age-at-death patterns and transition analysis trends for three Asian populations: Implications for [paleo] demography. American Journal of Biological Anthropology, 2022, 177: 207-222.

表 6-11 转换分析记录表

遗址名称：　　　　　　出土单位：　　　　　性别：　　　　　年龄：

颅外缝 (L)Ectocranial suture closure (1~5)				
冠状缝翼区段 coronal pterica	矢状缝顶孔端 sagittal obelica	人字缝星点段 lambdoidal asterica	颧上颌缝 zygomaticomaxillary	腭中缝 interpalatine

耻骨联合面 Pubic symphysis				
L　浮雕样　R relief (1~6)	L　质地　R texture(1~4)	L　上尖　R superior apex(1~4)	L　腹侧缘　R ventral symphyseal margin(1~7)	L　背侧缘　R dorsal symphyseal margin(1~5)

耳状关节面 Auricular surface									
L 上、下半面 形貌 R superior and inferior demiface topography(1~3)		L上、中、下关节面 形态 R superior, apical, and inferior surface morphology (1~5)		L 下表面质地 R inferior surface texture (1~3)		L 髂后上、下骨疣 R superior and inferior posterior iliac exostoses (1~6)		L 髂后部骨疣 R posterior iliac exostoses(1~3)	

偶尔很难或无法区分某一特定骨质特征的两个连续阶段。这个问题的出现可能是因为骨骼在病理过程中被改变或在死亡后被损坏。病理特征应作为缺失数据处理，因为它们与定义的阶段不一致。当骨骼只是被损坏时，如果可能的话，即使必须使用两阶段的名称（如第2和第3阶段），也应记录可观察到的特征。如此，研究者们仍可以获得综合评分中仍然存在的信息。

一、耻骨联合面

（一）浮雕样（relief）

1. 尖锐锋利波浪状

整个耻骨联合面至少有一半被尖锐的嵴/波浪样覆盖；这些波浪样由深沟分割成明显的隆起纹路组成，并且他们横跨整个耻骨联合面。沟槽的底部深深地切入合面的腹侧和背侧边缘。在一些标本中，巨大的垂直浮雕伴随着圆形的，而不是尖锐波峰的波浪。如果相邻的嵴和沟的高点和低点之间的距离为3mm或更大，则耻骨联合面被记为有尖锐隆起。这个阶段只在青少年的骨骼中见到，特别是其中更年轻的个体。

2. 柔和、较深的波浪状

至少有一半的耻骨联合面，通常是背侧半关节面，覆盖着柔和的嵴到平坦的波纹，由深沟分隔。没有明显的骨质填充沟壑或槽。

3. 柔和、较浅的波浪状

大部分的耻骨联合面，通常是背侧半关节面，被浅而清晰可见的、不连续的波浪所覆盖。可以清晰地看到"嵴-沟"系统的剩余。波浪状分布于大部，有时全部，横跨关节面。

4. 残余的波浪

波浪相互融合，它们构成了表面的一个重要元素，但它们比前几类要少得多。不易察觉的波浪不符合前几类的标准。必须有两个或更多符合残余类别的波纹存在。它们通常只在耻骨联合面的一部分延伸，通常不超过耻骨联合面宽度的 1/2。

5. 平坦

超过 1/2 的耻骨联合面是平的或略微凹陷的。由于存在许多小而平的骨枕，它有时呈现出卵石状的外观。耻骨联合面其余部分没有显示出波浪状结构（即不存在一个以上不连续的波纹）。

6. 不规则

超过 1/2 的耻骨联合因为点蚀而明显不规则，点蚀有时候会很深，常常伴有小且尖锐的骨疣，且厚厚地横跨在关节面。偶尔，本来平坦的关节面整体表面被小凸起覆盖（在这种情况下点蚀基本缺失）。用来定义耻骨联合面早期阶段的标准都不满足。

（二）质地（texture）

1. 光滑

大部分或全部的背侧半面被细微颗粒状或光滑骨骼覆盖。

2. 粗糙

超过 1/3 的背侧半面由粗糙质地的骨骼组成。

3. 小孔

超过 1/3 的背侧半面被具有多孔性的骨骼所覆盖。分布众多密集的针尖大小的微孔。

4. 大孔

超过 1/3 的背侧半面被通常来说紧密分布的较深的孔洞所破坏，这些孔洞直径为 0.5mm 或更大。它们共同给联合面带来了不规则而多孔的外观。

（三）上尖（superior apex）

1. 不见骨质突起

耻骨联合面颅骨端的表面显示出由深至浅的波浪状变化。没有证据表明有隆起的骨质突起。

2. 早期突起

明显的突起出现在耻骨联合面的上端。这个圆形的骨质突起与紧邻的耻骨联合面有明显的区别，通常存在耻骨联合面和腹侧斜面区域。

3. 晚期突起

紧靠中线前部的耻骨联合面颅骨端，在一定程度上高于关节面的其他部分。突起的边缘界定不清，形成一个突起的区域，与耻骨联合面的其余部分比早期突起的阶段更完全地结合在一起。突起的区域不应该和界定耻骨联合面颅骨端的狭窄隆起的边缘混淆。在一些样本中，关节面的颅骨端部分可能或多或少地被破损的凹陷所隔离，但这些关节面不应该属于晚期突起阶段。也就是说，在相当光滑的耻骨联合面上，必须能看到一块突起的骨质区域。

4. 整合

在耻骨联合面的颅骨端不见突起的骨质区域，耻骨联合面是平的，其外观是光滑或有凹陷的，突起所在的区域与耻骨联合面的其他部分完全融合在一起。

（四）腹侧缘（ventral symphyseal margin）

1. 锯齿状

耻骨联合的腹侧缘是不规则的，因为嵴和沟的不间断延伸，是明显的波浪状的典型。

2. 斜面

耻骨联合的腹侧部分有明显的扁平化（或消失）的波浪。斜面一般从腹侧的上半部分开始。它必须延伸到1/3或更多的腹侧缘才能被记为存在。

3. 形成壁垒

腹侧壁垒指的是耻骨联合面腹侧缘明显的骨质增生。在这一阶段骨质壁垒并不完全，并未延伸到整个腹侧缘。且通常，一些耻骨联合面的嵴和沟可以一直到联合面腹侧缘不间断。通常可以看到波浪的残留物浸入部分形成的腹壁之下，看上去就像一卷口香糖铺在浅沟表面上。一个不完整的腹侧壁垒通常从耻骨联合面上端的骨质突起向下延伸。一个不完整的腹侧壁垒也可以从耻骨联合的尾端向上方延伸。

在许多标本中，在腹缘的中间 1/3 处有一个空隙，来自联合面两端的骨质壁垒尚未相遇。处于早期形成阶段的标本可以有一个或多个骨质小突起，它们通常位于腹侧缘的中间 1/3 处。这些突起发生在耻骨联合面的头端和尾端，有的有骨质延伸，有的没有。耻骨联合面颅端发育良好的骨质突起，如果缺乏明显地向下延伸的骨质壁垒，则不应该划分为壁垒形成阶段。换句话说，仅凭上端的小突起还不足以判定腹侧壁垒的存在。

4. 壁垒完成第一阶段

腹侧壁垒形成完成。然而，在耻骨腹面的大部分长度上，有一条浅浅的沟，紧挨着耻骨联合面腹侧边缘延伸。这条沟是一个残留型特征，与原来耻骨联合面的壁垒延伸有关。偶尔在腹壁上有一个缺口，通常是在腹侧缘的上半部；但是，腹壁在其他地方是完全形成的。平坦的耻骨联合表面，从背侧到腹侧的边缘不间断地延伸，与典型沟壑纵横的壁垒形成阶段形成对比。

5. 壁垒完成第二阶段

腹侧壁垒形成完成，不存在壁垒完成第一阶段表现的浅沟。偶尔在腹壁上有一个缺口，通常在腹侧缘的上半部，但是，腹壁在其他方面是完全形成的。平坦的耻骨联合表面，从背侧到腹侧的边缘不间断地延伸，与典型的壁垒形成阶段的皱褶 / 沟壑外观形成对比。

6. 形成缘

腹侧斜面上有一个狭窄的骨质边缘，划分出一个一般平坦或不规则的耻骨联合面。腹侧缘可以是不完整的，也可以是完整的，但它必须至少有 1cm 长，而且可以很容易地识别为一个明显的突起的脊，与略微凹陷的耻骨联合面相接。

无论腹侧壁垒的构造如何，只要有符合长度标准的缘存在，就足以说明该耻骨联合处于腹侧缘阶段。

7. 破坏分解

耻骨联合面的腹侧有破裂 / 破损的迹象，表现为点蚀和部分腹面边缘的侵蚀。腹侧缘的破损必须超过 1cm，才能被记为存在。

（五）背侧缘（dorsal symphyseal margin）

1. 锯齿状

耻骨联合的背侧缘是不规则的，因为嵴和沟的不间断延伸是明显的波浪状典型特征。

2. 不完全变平

有一个明确的平坦的区域，至少有 1cm 长，通常在背侧半面的上部，即耻骨联合面与耻骨背侧表面的交界处。一些残余的波纹存在，产生了一个起伏的背侧缘，并不像在锯齿状阶段中发现的那样极端。这种起伏的边缘通常是沿着背侧下缘发现的。

3. 完全变平

在耻骨联合面与耻骨背侧表面相接处，有一个完整的或几乎完整的、定义明确的平坦区域。偶尔，在背侧缘的下端会有一个小区域，仍然保持着起伏的外观。

4. 背侧缘

有一个至少 1cm 长的狭窄的骨质边缘，划分出一个普遍平坦或不规则的联合面。背侧缘可以是不完整的，也可以是完整的，但它必须是一个突起的嵴，与略微凹陷的耻骨联合面相接，易于识别。它一般首先沿着背侧缘的上半部分出现。

5. 破坏

耻骨联合面的背侧显示出破坏的迹象，其形式是背侧缘的点状和侵蚀。背部边缘的破损必须超过 1cm 长，才能被记为存在。在女性中，死前背侧缘的破坏可归因于大的分娩凹陷，这些凹陷压低了耻骨联合面，但它不被认为是本阶段的表现，而且它常常导致这一评分方面无法辨认（图 6-1）。

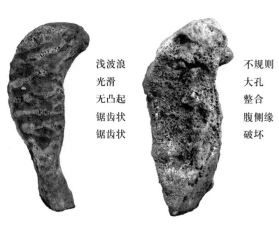

浅波浪
光滑
无凸起
锯齿状
锯齿状

不规则
大孔
整合
腹侧缘
破坏

图 6-1 耻骨联合面转换分析分级对比

二、髂骨耳状关节面

对耳状关节面的不同部位进行相同的形态学特征评分，因为骨质的变化不一定在关节的所有部位同时发生。

（一）上、下半面形貌（superior and inferior demiface topography）

定义：上、下半面由一条向后延伸的线划分，从尖（apex）的最前部到关节面的后部边界。

1. 起伏

表面略有起伏，特别是在从上面到下面的方向。骨头表面的上升和下降往往最好是通过触感来检测。没有位于中心位置的骨隆起区域（中轴隆起）。波纹表面叠加在波浪形关节表面上，使其看起来有种驼峰的感觉。上半面，特别是其最头端的部分，通常比下半面更平。

2. 中心隆起

在半面的中间，有一个宽阔的凸起区域，关节面的中间部分高于耳状关节面表面的其他部分。这个骨质隆起的前部和后部的侧面有一或两个长的低注区域。抬升的区域为拉长的嵴的形式，特别是在下半面，其长轴与关节的主要方向平行。这条嵴不需要占据整个关节面的长度。

3. 平坦到不规则

表面基本上是平坦的或凹陷的，这是唇缘形成的结果；或者是不规则的，这是关节退化或形成较低的枕状骨赘的结果。有时，下半面有一个轻微的弧度，所以下半部在一定程度上位于上半部的侧面，这是关节在这个区域符合髂骨的一般形状的结果。在这种情况下，耳状关节面不存在起伏阶段的那种柔和的圆形、波浪状外观。

（二）上、中、下关节面的形态（superior, apical, and inferior surface morphology）

定义：关节面上部，从上端延伸到关节面尖的一半处。关节面中部，从这一点延伸到尖，然后再延伸 1cm；关节面下部，是关节面的剩余部分。

1. 波浪状大于 2/3

低矮的圆钝和典型狭窄的嵴被沟分隔开，沟的底部是圆钝的，可以清楚地识别出来。嵴的表面从沟的深处开始弯曲，完全穿过其峰顶。大部分或所有的波浪状都是由前向后的，个别沟有时会贯穿关节面的大部分或全部。波浪状覆盖大部分（大于 2/3）的耳状关节面，是表面呈现的主要元素。

2. 波浪状分布为 1/3～2/3

约有一半的表面被波浪所覆盖。

3. 小于 1/3

波浪状的形态是关节表面的一个明显的、但次要的组成部分。剩余部分呈现平坦或凹凸不平状。

4. 平坦（无波浪）

耳状关节面平坦。

5. 不平

大部分或全部的耳状关节面被低矮的、圆形的、凸起的骨骼所覆盖，很像不规则的小枕头。部分可能为平坦，但一半以上都是凹凸不平的。

（三）下表面质地（inferior surface texture）

定义：这一部分的关节面从上到下方向测量有 1cm 长。它的最下端是由骶髂关节两侧的坐骨大切迹边缘界定的一条线。

1. 光滑

构成耳状关节面的大部分或全部骨质表现为光滑至略带颗粒的外观。

2. 小孔

至少有一半的表面具有多孔的外观，孔径小于 0.5mm。表面似乎布满了许多紧密相连的针孔状结构。

3. 大孔

至少有一半的表面是多孔的，而且大部分或所有的孔径都超过 0.5mm。

（四）髂后上、下骨疣（superior and inferior posterior iliac exostoses）

所观察的两个区域位于髂骨后部的内侧表面，韧带在生前附着在这里。除最年轻的成年人的骨骼外，所有的骨骼都会出现骨疣（极少有例外），它们往往聚集在一起，形成定义清晰、易于识别的粗糙骨骼。

1. 光滑

髂骨表面平坦至略微凸起，但表面光滑。也就是说，它没有显示出圆形到尖锐的骨质隆起的证据。最多有几个孤立的和非常小的外生骨疣。

2. 圆形骨疣

带有圆形的、明确的、但低矮的骨疣在评分区域占主导地位。

3. 尖锐骨疣

尖锐、但仍然低矮的骨疣在评分区占主导地位。

4. 锯齿状骨疣

由于存在高的圆形到尖锐的骨疣，评分区的外观呈锯齿状。

5. 明显骨疣

在髂骨凸起部分与骶骨相接处，有一个明显的骨质生长，顶部相对平坦，通常大致呈椭圆形。

6. 融合

即骶髂融合。

（五）髂后部骨疣（posterior iliac exostoses）

观察的区域是髂骨的内侧，后方是髂嵴，前方是骶髂耳状关节面，上方是一个略微凸起的区域，通常由骨疣覆盖（髂骨后上方骨疣），下方也是一个类似的凸起区域，通常由骨疣覆盖（髂骨后下方骨疣）。相对于髂骨上端和后端外骨所在的区域，这里所关注的髂骨部分更不可能有足够的骨性突起来算作存在（即圆形或尖形）。

1. 光滑

骶髂关节后方的区域是光滑的，除了被称为髂骨后上方和下方的两个区域外。被孤立的骨质凸起打断的表面，无论是圆形的还是尖锐的，仍被认为整体是光滑的。除了最年轻的成年人之外，这种骨疣通常发生在所有的人身上，但大部分原来光滑的髂骨表面被保留下来。

2. 圆形骨疣

在骶髂关节后方，除了紧邻关节后缘的约 1cm 的光滑骨质外，低矮、圆形的骨质凸起覆盖了整个骨面。整个表面是粗糙的，因为原来光滑的髂骨表面几乎没有留下。这里的骨疣通常低于髂后上、下部的骨疣。

3. 尖锐骨针

低矮、尖锐的骨质凸起覆盖了骶髂关节后方的整个骨面，除了紧邻关节后缘的约 1cm 的光滑骨带。整个表面是粗糙的，因为原来光滑的髂骨表面几乎没有留下。骨疣通常低于髂后上、下部的骨疣。

三、颅外缝

注意：有一点不计分，就是腭中缝的并列阶段，因为很难区分鉴定。

1. 开放

骨缝整体都是可见的，而且骨骼之间有一个明显的缝隙。

2. 并列

骨缝整体上是可见的，但是很窄，因为骨骼是紧紧地并列在一起的。如果存在骨桥，它们也很罕见，而且非常小（1mm），有时原始骨缝痕迹仍然明显。

3. 部分消失

骨缝的部分消失。在骨桥上没有原始骨缝的痕迹。

4. 断断续续

只有骨缝的残余部分存在。这些残余的部分表现为零星的小点或小沟，每个不超过 2mm 长。

5. 消失

没有骨缝的任何痕迹。

思 考 题

1. 什么是成年个体年龄鉴定的最主要部位？具体形态变化如何？
2. 未成年个体依靠哪些方式进行年龄鉴定？
3. 转换分析的优势及缺点。
4. 在古代战争或灾难遗址中，出土人骨材料的性别年龄分布可能呈现出怎样的特点？

延 伸 阅 读

Lovejoy C O. Dental wear in the Libben population:Its functional pattern and role in the determination of adult skeletal age at death. American Journal of Physical Anthropology, 1985, 68(1): 47-56.

Bolden J L, Milner G R, Konigsberg L W, et al. Transition analysis: A new method for estimating age from skeletons. In: Hoppa R D, Vaupel J W (Eds.). Paleodemography: Age Distributions from Skeletal Samples. New York: Cambridge University Press, 2002: 73-106.

Schaefer M, Black S, Scheuer L (Eds.). Juvenile Osteology. Academic Press, 2009.

第七章　古病理学研究

　　"古病理学"（Paleopathology）一词通常归功于法国的医生和埃及学家马克·鲁弗尔（Marc Ruffer），但它是由美国医生罗伯特·舒费尔特（Robert Schufeldt）在 1892 年发表于《大众科学月刊》（Popular Science Monthly）的一篇文章中创造的。舒费尔特强调的是基础广泛的古病理学：研究任何已灭绝生物或化石生物的病理状况[①]。然而，随着时间的推移，这一学科及其从业者越来越关注人类的古病理研究。"古病理学"经常被称为"古代疾病研究"（the study of ancient disease），需要对"疾病"和"古代"这两个术语加以阐释。因此，古病理学不仅研究传染性疾病，还研究影响健康的各种其他疾病，如关节病，先天性疾病，循环系统、内分泌、生长（发育不良）、血液和代谢性疾病，口腔病变，肿瘤和创伤。20 世纪末至今，对于各类古病理的研究与案例报道数量逐渐增加，也出现了较为规范且全面系统的病理改变观察记录方法。

　　作为一门目前较典型的交叉学科，古病理学研究需综合运用多个研究领域的知识来了解过去的疾病。医学和生物学等学科是古病理学的直观基础，在疾病诊断中发挥了关键作用。同时，古代疾病的研究也通过古病理学自身独特的视角，对现代临床医学和流行病学研究提供了更多有价值的信息。此外，社会理论在解释病理改变方面也发挥着越来越关键的作用。社会理论试图解释过去人们的行为、决策和生活，而疾病过程可能是人类社会互动的产物，因此必须将对人类骨骼的分析扩展到生物学领域之外。古病理学在寻求从骨骼到行为的转变过程中迎接了这一挑战。

　　古病理学研究可分为四类：一是方法和技术进步；二是个案研究，即对个别或少量个体人骨遗存呈现病理的详细描述，目的是提供新的信息以促进鉴别诊断，或提供有关过去时间或地理分布的新证据；三是特定疾病，包括鉴定、跨时空比较和宿主－寄生虫共同进化；四是人群健康，包括特征描述和比较[②]。以上四类研究共同组成了目前的古病理学研究架构，他们均对学科有着突出贡献。我们需要注意到影像学、组织学，尤其是分子学的多学科应用带来的显著影响，也要注意到如果对某病理的研究扩展了此前对该疾病的认识或提供了关键信息，那么其在古病理学研究中就具有重要作用。在更广阔的视角下对古代人群健康进行研究更是目前不容忽视的重要命题。

　　在进行鉴别诊断时，古病理学家通常采用临床病例法或流行病学策略。前者在古

[①] Cook D C, Powell M L. The Evolution of American Paleopathology. In: Buikstra J E, Beck L A (Eds.). Bioarchaeology: The Contextual Analysis of Human Remains. London: Academic Press, 2006: 281-322.

[②] Buikstra J E. Introduction: Scientific rigor in paleopathology. International Journal of Paleopathology, 2017, (19).

病理学文献中有所阐述，后者则有多种形式。前者正如梅斯（Mays）所强调的，在鉴别诊断中广泛采用与图像或描述进行模式匹配的方法，但了解病理生理过程至关重要[①]。对生物学的理解可以帮助我们找出各种疾病过程所导致病变的细微差别。不同的疾病不仅可能产生类似的改变，而且在特定疾病中，骨骼病变也可能因个体患病时间的长短、死亡时疾病是处于活动期还是静止期，以及个体的营养状况等因素而有所不同。如果我们对导致病变形成的生物过程有更清晰地了解，就能更好地了解这些因素对病变形态和分布的潜在影响。流行病学的观点是在鉴别诊断中明确添加人口统计学和背景证据，包括模式匹配（pattern fit）和关键图模型（key diagram model）[②]。前者适用于人口流行率较高的病症，如古代北美的密螺旋体病；后者适用于相对罕见的病症，如结核病。

可用于提高诊断特异性的无损方法包括生物医学领域的复杂成像策略，这一传统始于威廉·伦琴（Wilhelm Röntgen）在 1895 年开发出 X 射线后一年内对人类和动物木乃伊的研究。应用此类高科技方法所面临的挑战是，如何超越探索阶段，以严谨、科学的方式生成有关过去疾病的新知识，解决与过去社会健康有关的问题。在计算机断层扫描（Computerized tomography，CT）和磁共振成像（Magnetic resonance imaging，MRI）等其他方法的加入下，X 射线照相术继续被用于研究古代骨骼和木乃伊材料中的疾病[③]。显微 CT（Micro-CT）则可提供微米级精度的像素图像，可在 CT 的基础上提高对骨骼病理观察与分析的精细化程度。

此外，古病理学研究常用的有损方法有两种，即古组织学（Paleohistology）和古 DNA（ancient DNA）分析。古组织学方法可用于破坏骨骼重塑过程的各种疾病案例研究，例如骨髓炎、肿瘤、骨硬化症、代谢性疾病等。通过古 DNA 分析，研究人员报告了导致南美锥虫病（chagas disease）、流感、回归热、布鲁氏菌病、麻风病、霍乱、疟疾、鼠疫、血吸虫病、密螺旋体疾病、战壕热、结核病、伤寒的病原体以及各种内寄生虫和外寄生虫的古 DNA[④]。

通过对古代疾病的研究并结合相关考古背景，除丰富对古病理本身的理解外，也可增进对于古代人群社会地位、生活环境、行为模式、饮食结构、暴力事件、健康状况与压力程度等方面的认识。本章将基于目前国内外学者对各种发生在骨骼上的病理表现，并结合实际工作中对人骨遗存的观察，总结古代人骨遗存上常见的各类疾病病因、表现，以及观察和分级标准。

[①] Mays S, Brickley M B. Vitamin D deficiency in bioarchaeology and beyond: The study of rickets and osteomalacia in the past. International Journal of Paleopathology, 2018, (23): 1-5.

[②] Buikstra J E. Introduction: Scientific rigor in paleopathology. International Journal of Paleopathology, 2017, (19).

[③] Villa C, Frohlich B, Lynnerup N. The role of imaging in paleopathology. Ortner's Identification of Pathological Conditions in Human Skeletal Remains (Third Edition), 2019: 169-182.

[④] Spyrou M A, Bos K I, Herbig A. Ancient pathogen genomics as an emerging tool for infectious disease research. Nat Rev Genet, 2019, (20): 323-340.

第一节 口腔健康与牙齿疾病

在考古学，尤其是生物考古学领域，人类牙齿及其病理研究一直是人们非常感兴趣的课题，因此也得到了广泛的研究。由于人类颌骨和牙齿的有机物比例较低，因此在死后仍能很好地保存，从而使这些部分能够提供有关人类在整个历史中生存和死亡情况的重要信息。可以对高度矿化的牙齿和骨组织进行研究，有时是在埋葬后的几个世纪，以便评估年龄、重建饮食模式、了解复杂的社会和文化变迁，并提供对过去文明的研究途径[①]。

一、龋病

龋病（dental caries）是在以细菌为主的多种因素影响下，牙体硬组织发生慢性进行性破坏的一种疾病，涉及牙齿生物膜（通常称为牙菌斑）中复杂的病理过程，包括有利于微生物将食物中的碳水化合物发酵成酸的生态变化。从病因学的角度来看，龋病也可称为牙体硬组织的细菌感染性疾病。酸的产生可能导致牙齿硬组织的脱矿，从而形成龋齿病变，并可能发展成牙齿龋洞。龋洞一旦形成，则缺乏自身的修复能力。研究证实，龋病的发生至少取决于三个主要因素：特定口腔细菌的存在、咬合面暴露和饮食。口腔微生物群不仅能发酵蔗糖，还可以利用其他碳水化合物，如果糖和淀粉。由于龋齿的发生过程十分复杂，除了口腔微生物群之外，还包括唾液、饮食、遗传和宿主牙齿结构之间错综复杂的相互作用。与龋齿有关的细菌包括各种口腔病原体，但尤其与变异链球菌（streptococcus mutans）和嗜酸乳杆菌（lactobacillus acidophilus）有关。虽然细菌在龋病发病中的作用是毋庸置疑的，但与此同时，饮食也与龋病的关系十分密切，精细碳水化合物和食糖摄入量的增加，增加了龋病发病的概率[②]。

龋病在考古出土的人骨遗存中分布广泛，西蒙·赫森（Simon Hillson）、克拉克·拉森等学者的研究发现，在各大洲的人群中都观察到了龋病，这些人群代表了具有不同生业经济模式下的各种群体。考古发现的人类遗骸中记录的龋齿发生率变化通常可以用饮食结构因素的变化来解释[③]。龋病与人类一样古老，但其发病率随时间和地点的不同而变化。在公元前10000～前8000年开始的新石器时代革命期间，随着许多史前人群从狩猎和采集过渡到农业，相关研究发现并报道了患龋率的变化。对人类遗骸的研究以及对古代口腔微生物群的研究都证明了这一点，龋齿患病率增加的原因是

---

① Bertilsson C, Borg E, Sten S, et al. Prevalence of dental caries in past European populations: A systematic review. Caries Research, 2022, 56(1): 15-28.

② 樊明文著：《牙体牙髓病学》第4版，人民卫生出版社，2012年，第2～5页。

③ Larsen C S. Bioarchaeology: the lives and lifestyles of past people. Journal of Archaeological Research, 2002, 10(2): 119-166.

饮食的改变，包括这一时期的烹饪技术和粮食作物种植。克里斯蒂·特纳（Christy Turner Ⅱ）根据观察到的差异，定义了二分法生存策略之间的龋齿切割值：0%～4%（平均 1.72%）的龋齿出现率表明以狩猎采集为生，而 2.3%～26.9%（平均 8.56%）的出现率表明以农业为生[1]。从特纳的分析开始，对考古学背景下的人群进行广泛比较后发现，农民的患病率大多数情况下都会高于采集者。这些比较表明，龋齿发病率的升高与生产和消费驯化植物碳水化合物（如玉米、小麦、大米）及其产品的持续大量消费之间存在联系。碳水化合物的相对摄入量、对驯化植物的依赖程度，以及通过长时间烹饪将这些食物制作成质地柔软且易于咀嚼的食物的做法，解释了生物考古学背景下龋齿发生率的差异，是形成龋病的重要影响因素[2]。此外，人群患龋率的另一个众所周知的变化发生在 19 世纪工业化的发展过程中，工业化为大众引入了糖和加工食品，导致疾病流行率上升。后来，氟化物牙膏等预防策略的实施和普遍适应，以及牙科医学的发展和进步，使牙齿健康状况得到了改善。

龋病在初期阶段，牙齿表面会出现微小的、几乎难以辨认的脱矿，随后发展成小凹坑。随着感染过程的继续，这些凹坑会逐渐扩大，并可能扩展到牙髓腔。因此，在观察龋病的严重程度时，需将其分为以下 3 个等级[3]：

1 级：浅龋。浅龋位于牙冠部时，均为釉质龋或早期釉质龋。但如果龋病发生在牙颈部，则表现为牙骨质龋。浅龋又可分为秴面（窝沟）龋和平滑面龋。前者早期表现为龋损部位色泽变黑，后者表现为黄褐色或褐色斑点。

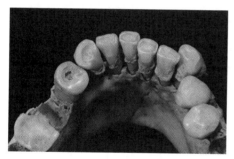

图 7-1　新疆且末加瓦艾日克墓地 M16 下颌左侧第一前臼齿中龋

2 级：中龋（图 7-1）。龋病进入到牙本质浅层。此时牙齿上容易形成龋洞，牙本质因脱矿而软化，随色素侵入而变色。

3 级：深龋。龋病进展至牙本质深层时为深龋，可见很深的龋洞。

依据龋病发生的位置，又可将其分为秴面、近中、远中、舌侧、颊（唇）侧龋。

二、牙周病与牙齿生前脱落

牙周病（periodontal disease）是一种涉及牙周软组织的感染性疾病，由积聚在牙齿表面的细菌酸性副产物引起，首先是牙菌斑的积聚，随后导致将牙齿固定在上、下颌

[1] Turner C G. Dental anthropological indications of agriculture among the Jomon people of central Japan. X. Peopling of the Pacific. American Journal of Physical Anthropology, 1979, 51(4): 619-635.
[2] Larsen C S. The Bioarchaeology of Health Crisis: Infectious Disease in the Past. Annual Review of Anthropology, 2018, 47(1): 295-313.
[3] 樊明文著：《牙体牙髓病学》第 4 版，人民卫生出版社，2012 年，第 161～213 页。

骨牙槽骨中的组织发炎。构成牙菌斑的细菌菌落包括变异链球菌、牙龈卟啉单胞菌和其他致病生物 [1]。慢性牙周病造成的组织破坏是由于宿主免疫反应造成的附带损害，而非致病菌直接造成的破坏。牙周病包括牙龈炎（gingivitis）和牙周炎（periodontitis）两大类疾病。牙龈炎最为常见，是牙菌斑引起的慢性炎症。菌斑微生物及其产物长期作用于牙龈，引起机体免疫应答反应，首先导致牙龈的炎症反应。当牙龈炎发展至深部牙周组织，造成牙周袋形成与牙槽骨吸收，进而形成牙周炎。牙龈和牙槽骨的相关炎症反应导致的牙槽骨流失，如果不加以控制，最终将导致牙齿脱落 [2]。

　　龋齿和牙周病有共同的微生物致病源，莎伦·德维特（Sharon DeWitte）和耶莱娜·贝克瓦拉茨（Jelena Bekvalac）在将早期采集人群与后期农耕人群进行比较时发现，这两种病理表现的流行率都呈上升趋势 [3]。对以农业作物为主要食物的古代人群牙齿的观察显示，与饮食中动物蛋白含量较高的狩猎采集者相比，牙周病和牙齿脱落率几乎普遍上升。从牙冠和牙根的感染模式可以看出，古代人群从采集转变为少部分以农产品为基础的饮食，牙周病发生率上升，导致生前牙齿大量脱落。

　　对牙周病的观察可以成为确定古代人群口腔健康状况、饮食习惯和口腔卫生的重要证据之一。一些生物考古学研究发现，牙周病在古代人群的骨骼遗存中存在不同程度的流行率。从古希腊（公元前1450～前1150年）到罗马时期的英格兰（公元前200～400年）、中世纪的苏格兰和克罗地亚，再到19世纪的葡萄牙，这些有年代范围的样本都显示出有牙周病的流行 [4]。同时，牙周病与人群中的其他疾病也可能存在关联。人体会通过产生白细胞介素-1（IL-1）和肿瘤坏死因子-α（TNF-α）等促炎性免疫细胞因子，对口腔和血液中存在的细菌和细菌抗原做出反应，从而产生系统性的影响。这些影响包括引起或加速动脉粥样硬化（动脉内斑块的形成），从而导致心血管疾病，影响细胞生长控制并导致癌变 [5]。例如，吉姆·贝克（Jim Beck）等人假设，牙周病与心血管疾病之间的联系是由于具有高炎症特征的人分泌异常高水平的炎症细胞因子，从而增加了他们患牙周病和心血管疾病的风险 [6]。

　　由于牙周病的改变在涉及骨骼的同时，还会造成相关软组织的变化，但考古出土的古代人骨遗存通常无软组织保存。因此，对古代人群牙周病的观察仅通过骨骼改变

---

[1] Slots J. Update on human cytomegalovirus in destructive periodontal disease. Oral Microbiol Immunol, 2004, (19): 217-223.

[2] Oliver R C, Brown L J. Periodontal diseases and tooth loss. Periodontol, 1993, (2): 117-127.

[3] DeWitte S N, Bekvalac J. The association between periodontal disease and periosteal lesions in the St. Mary Graces cemetery, London, England A. D. 1350-1538. American Journal of Physical Anthropology, 2011, (146): 609-618.

[4] Wasterlain S N, Cunha E, Hillson S. Periodontal disease in a Portuguese identified skeletal sample from the late nineteenth and early twentieth centuries. American Journal of Physical Anthropology, 2011, (145): 30-42.

[5] Meyer M S, Joshipura K, Giovannucci E, Michaud D S. A review of the relationship between tooth loss, periodontal disease, and cancer. Cancer Causes Control, 2008, (19): 895-907.

[6] Beck J, Garcia R, Heiss G, Vokonas P S, Offenbacher S. Periodontal disease and cardiovascular disease. Journal of Periodontology, 1996, (67): 1123-1137.

进行判断，包括牙槽骨吸收造成的齿根暴露及牙槽骨形态变化。牙槽骨在正常情况下，牙槽嵴（alveolar crest）到釉牙骨质界（cemento-enamel junction，CEJ）的距离为 1～1.5mm，不超过 2mm。牙槽骨吸收的类型可分为水平型吸收和垂直型吸收。水平型吸收表现为牙槽骨高度呈水平状降低，骨吸收呈水平状或杯状凹陷。垂直型吸收表现为骨骼吸收面与牙根间形成锐角，多发生于牙间间隔较宽的后部齿列。因此，只有当牙槽骨皮质表面发生变化，显示多孔松质空间或牙槽嵴顶发生改变，且牙槽骨釉质交界处与牙槽嵴顶之间的距离超过 2mm 时，才可认为存在牙槽骨吸收的表现[1]（图 7-2）。牙槽嵴顶釉牙骨质界距离的测量方法是，用牙周探针或游标卡尺对各牙齿的颊、舌面近中、中央、远中共 6 个测量点进行测量。测量时需保持探针与牙体长轴垂直，取 6 个点的最大值作为此牙齿的测量值。但是，使用这一观察标准时也需注意，由于牙周病初期仅影响软组织，因此会存在对于牙周病罹患率的低估。同时，由于牙槽骨釉质交界处与牙槽嵴顶之间的距离可能会因为主要与衰老相关的非病理过程而发生变化，因此根据此方法被诊断为患有牙周病的个体很可能是老年人。因此，德维特认为，在使用此标准对性别分布差异进行讨论时，需注意性别间的年龄分布是否也具有差异，这一现象可能会影响对牙周病罹患模式的判断[2]。

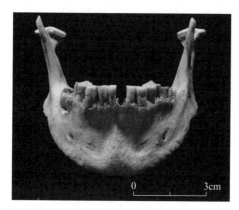

图 7-2　新疆且末加瓦艾日克墓地 M16A 下颌牙周病

对于牙周病严重程度的分级，尼尔·克尔（Neil Kerr）按照牙槽骨吸收的表现将其分为 5 个等级。1 级，牙槽骨显示出几乎光滑的皮质，没有任何变化；2 级，孔的数量和大小不断增加；3 级，臼齿之间的牙槽骨显示出结构的破坏，边缘尖锐、粗糙；4 级，失去正常轮廓，但没有失去光滑的质地表面；5 级，急剧角度的骨骼破坏[3]。

当周围的牙槽骨和牙龈无法再将牙齿固定在上颌或下颌齿槽内时，就会发生牙齿生前脱落（antemortem tooth loss，AMTL）。在对现代人群的牙齿生前脱落研究中，生前脱落与牙周病、根尖周脓肿和龋齿有关，尽管在古代人群中观察到的广泛牙齿磨损也可能导致牙髓暴露和牙齿脱落。牙齿生前脱落的这些先决条件会损害牙槽骨和黏膜组织结构，最终导致牙齿脱落与牙槽骨愈合。牙齿生前脱落也是多种可能的急性或创伤情况单独或同时作用的结果。不过，龋齿病变与生前脱落之间存在很强的相关性，

① Novak M. Dental health and diet in early medieval Ireland. International Journal of Osteoarchaeology, 2015, (60): 1299-1309.

② DeWitte S N. Sex differences in periodontal disease in catastrophic and attritional assemblages from medieval London. American Journal of Physical Anthropology, 2012, (149):405-416.

③ Kerr N W. A method of assessing periodontal status in archaeologically derived skeletal material. Journal of Paleopathology, 1988, (2): 67-78.

因此过去曾将其作为饮食广谱化的补充标志[1]。牙齿生前脱落与龋齿之间的关系非常密切，以至于一些学者认为量化牙齿生前脱落是分析龋齿病变的重要组成部分，因为如果不考虑考古环境中因龋齿牙髓暴露而损失的牙齿，就会大大低估龋齿病变。如果在齿槽的观察中，发现存在牙齿或齿槽数量缺失，齿槽间存在较大间隙，出现编织骨或反应骨现象，则可确认该牙位发生了牙齿生前脱落（图 7-3）。

图 7-3　新疆且末加瓦艾日克墓地 M25G
上颌左侧第一臼齿生前脱落，齿槽闭合
（白色圆圈）

三、根尖周病变

根尖周病变（或根尖周炎）（periapical lesions / periapical periodontitis）是指牙根尖周围骨骼组织的紊乱，可能与肉芽肿、囊肿或脓肿有关[2]。大多数根尖周炎都是多微生物感染，通过牙髓或牙龈的开放性病变进入齿槽而形成的，涉及最常见细菌种类的各种组合。这些细菌包括微需氧链球菌（microaerophilic streptococci）、厌氧链球菌（anaerobic streptococci）、革兰氏阳性厌氧杆菌（gram-positive anaerobic rods），以及革兰氏阴性厌氧杆菌（gram-negative anaerobic rods）。为了应对病原微生物的增殖，机体会产生免疫反应，其中涉及与其他牙周疾病相同的炎症细胞因子、趋化因子和介质[3]。从骨骼上看，这种口腔感染会产生根尖脓肿，并由此形成瘘管以排出脓液。在骨骼样本中，引流窦的存在通常被认为是根尖脓肿的证据。虽然龋齿和脓肿的病因为不同细菌（链球菌属和葡萄球菌属），但一些学者认为，穿透牙釉质和牙本质层的严重龋齿病变会使牙髓腔内的血管网络暴露于口外微生物。龋病事实上提供了一个窗口，外源细菌可以通过它进入血液，进而影响组织[4]。因此，古代人群中脓肿的流行也可能与容易致龋的饮食结构有关。

对根尖周病变的观察，主要取决于根尖脓肿的有无，表现为在上、下颌骨的牙槽骨外表面是否存在边缘规则、明显的溶骨性病变，即瘘管（图 7-4）。需要注意的是，从骨骼的观察对根尖周病变的统计会出现低估情况，因为这一病变不完全反映在骨骼上。

① Lukacs J R. The "caries correction factor": a new method of calibrating dental caries rates to compensate for antemortem tooth loss. International Journal of Osteoarchaeology, 1995, (5): 151-156.
② Pilloud M A, Fancher J P. Outlining a definition of oral health within the study of human skeletal remains: Defining oral health. Dental Anthropology Journal, 2019, 32(2):3-11.
③ Silva T A, Garlet G P, Fukada S Y, Silva J S, Cunha F Q. Chemokines in oral inflammatory diseases: Apical periodontitis and periodontal disease. Journal of Dental Research, 2007, (86): 306-319.
④ Marklein K E, Torres-Rouff C, King L M, et al. The precarious state of subsistence: Reevaluating dental pathological lesions associated with agricultural and hunter-gatherer lifeways. Current Anthropology, 2019, 60(3): 341-368.

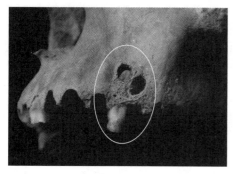

图 7-4　新疆且末加瓦艾日克墓地 M7A
上颌左侧第二前臼齿根尖脓肿
（白色圆圈）

四、线性釉质发育不全

釉质是牙齿在发育的长期复杂过程中，由牙胚的外胚叶部分发育而来。牙胚由造釉器、牙乳头、牙囊三部分组成。当胚胎一个月时，造釉器发育成造釉细胞，造釉细胞分化成熟，形成釉质基质，釉质基质由内向外移动，经钙化后形成成熟的釉质。

牙釉质发育不全（图 7-5），表现为釉质形成缺陷或发育不足，造成釉质表面出现线、点、坑、沟或片状凹陷，是一种在牙冠形成过程中因偶然发生的干扰而导致的病理现象，在恒齿上不会消失，作为永久的记录保留至成年阶段。这种位于齿冠的牙齿釉质表面可见水平线状或沟状的凹陷，反映了釉质生长的停止[①]。特定牙齿和齿冠区域对釉质生长中断的敏感性不同，前部牙齿（特别是门齿和犬齿）和齿冠中间 2/3 处的釉质缺陷最为常见，这种位置差异可能与不同牙齿的釉质沉积率有关，因此牙釉质发育不全最常见于犬齿及门齿的颊侧。由于线性沟槽最为常见，被称为线性牙釉质发育不全（linear enamel hypoplasia，LEH）。线性釉质发育不全的形成可被解释为在一个较短时段内，个体的精力资源更多地被用于维持短期生存，而非釉质发生，这种短期调整有时也可能造成长期影响[②]。

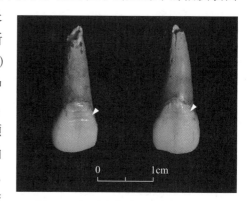

图 7-5　邹平东安遗址 M67 上颌左、
右门齿线性釉质发育不全
（白色箭头）

由于牙齿釉质较易在土壤埋藏中保存，一旦形成就不会再发生替换，且往往可以归因于环境因素（包括自然环境和社会环境）的作用，例如对营养状况造成不利影响的恶劣环境。因此，线性釉质发育不全也可作为研究个体在牙齿发生阶段生存压力大小的非特异性指标。非特异性是由于其发生的原因可能是多方面的，包括营养缺乏和维生素缺乏症、先天性疾病（congenital disorder）、疾病和代谢紊乱。然而，对线性釉质发育不全发生频率的研究是与特定事件相结合的，例如动物、灵长类动物和人类的感染、寄生虫、营养不良和饮食补充事件等。一些研究探讨了断奶等生命史事件与

① Minozzi S, Caldarini C, Pantano W, et al. Enamel hypoplasia and health conditions through social status in the Roman Imperial Age (First to third centuries, Rome, Italy). International Journal of Osteoarchaeology, 2020, 30(1): 53-64.

② Temple D H. Bioarchaeological evidence for adaptive plasticity and constraint: Exploring life-history trade-offs in the human past. Evolutionary Anthropology: Issues, News, and Reviews, 2019, 28(1): 34-46.

釉质缺陷发展之间的关系。稳定同位素研究结果显示，完全以母乳为食的儿童骨胶原 $\delta^{13}C$ 值较高，而断奶后添加的辅食，如谷物、水果等植物类食物，将使得儿童 $\delta^{13}C$ 值下降。在儿童断奶期，食物类型由母乳转变为其他固体食物，饮食中的蛋白质等营养成分减少，营养状况恶化，易引发牙釉质发育不全。在现代儿童样本的研究中也得到了证实。因此，线性釉质发育不全被认为是生物考古学研究中最可靠的生长干扰指标之一，并与饮食不足、社会组织、殖民化和社会经济不平等的影响有关[①]。

艾伦·古德曼（Alan Goodman）对美国伊利诺伊州迪克逊土墩墓的研究发现，随着时间推移，牙釉质发育不全的流行率逐渐增高。其平均发病率从林地晚期的 0.9%，受农业文化影响的林地晚期时的 1.18%，增加到密西西比纪中期的 1.61%。克拉克·拉森对佐治亚州史前人群的调查研究也得出了类似结论，并认为从狩猎采集到农业经济这种生计模式的转变对人类造成了一些影响。在罗马统治以前，英国的牙釉质发育不全流行率较低（13.5%），到中世纪晚期，流行率显著提高（平均 35%），而介于二者之间的中世纪早期，流行率却有所下降（7.4%）。罗伯特·斯特克尔（Robert Steckel）认为，牙釉质发育不全的流行率随时间推移以及社会复杂化程度加深而有所增加。在生物考古学家对狩猎采集到农业经济转变的研究中发现，采用农业方式生存之后，釉质缺陷变得更加普遍。这是因为对更少的食物来源的依赖所产生的营养缺陷的风险增加，而且疾病感染的风险也在定居和居住地规模不断增大的发展过程中增加了[②]。此外，根据戴安娜·米特勒（Diane Mittler）对古代努比亚人的研究，牙釉质发育不全还与眶上筛孔样变之间存在密切联系[③]。

造成牙釉质发育不全的因素较多，可概括为以下三方面：一是母体因素，母孕期的身体健康状况，营养情况及机体代谢是否正常，直接关系到胎儿牙胚的发育、牙齿的钙化，母孕期风疹、病毒血症可影响胎儿遗骸中的乳牙和第一恒磨牙的发育。二是自身因素，包括乳齿根尖周炎，婴幼儿时期的高热感染性疾病如肺炎、麻疹、猩红热以及重症肠炎等，佝偻病，儿童时期营养不良（尤其是缺少维生素 A 和 D），遗传变异，代谢及内分泌系统缺陷，感染性疾病以及外伤等。上述因素，均可引起造釉细胞功能障碍，则使造釉细胞发生变性坏死，釉质基质不能沉积，如基质已形成但不能及时钙化，则会使基质发生塌陷，形成以后釉质表面的缺损。三是其他因素，家族性釉质发育不全，或是牙齿发育矿化期间饮用了含有过量氟的饮水，而引起釉质发育不全。

目前常用的线性釉质发育不全的宏观观察方法，主要是舒尔茨（Michael Schultz）的观察分级标准（图 7-6），即：0 级，牙齿不存在或牙齿表面无法观察；1 级，不见线

① Boldsen J L. Early adult stress and adult age mortality-a study of dental enamel hypoplasia in teeth Medieval Danoish village of Tirup. American Journal of Physical Anthropology, 2007, (132): 59-66.

② Hillson S. Teeth. Cambridge: Cambridge University Press, 2005: 176.

③ Mittler D M, Van Gerven D P, Sheridan S G, et al. The epidemiology of enamel hypolasis, cribra orbitalia and non-adult mortality in an ancient Nubian population. Journal of Paleopathology Monographic Publications, 1992, 143-150.

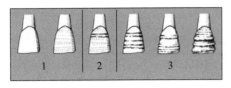

图 7-6 舒尔茨牙釉质发育不全分级标准

状釉质缺损；2级，存在 1 条线状釉质缺损（用指甲可以感觉到）；3级，存在 2 条或更多的线状釉质缺损。同时，也有对线性釉质发育不全形成年龄范围更为具体的推断。古德曼和罗斯对所有牙齿的釉质形成时间进行计算，将牙齿釉质生长速度变化忽略不计，得到了回归方程，用于计算线性釉质发育不全持续的时间。里德（Donald Reid）和迪安（Christopher Dean）等学者对欧洲北部和非洲南部人群的牙齿釉质形成时间进行了观察与统计，将每颗牙的釉质分为 10 个区域，分别记录釉质形成的年龄范围（图 7-7）[1]。

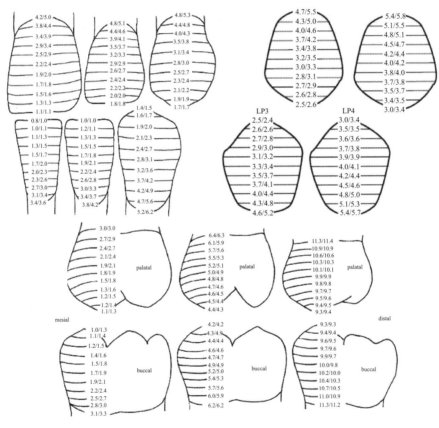

图 7-7 牙釉质生长发育的年龄规律
（从左至右 I1～P2，M1～M3）

五、牙齿磨耗

牙齿磨耗（tooth wear，图 7-8）是考古遗址出土人骨遗存上最容易发现的生理现

---

① Reid D J, Dean M C. Brief communication: the timing of linear hypoplasias on human anterior teeth. American Journal of Physical Anthropology, 2000, (113): 135-139.

象之一，指牙齿相互间直接接触，或牙齿与食物及食物中所含的研磨性颗粒物等外来物质相摩擦所造成的釉质及本质的损耗，甚至齿根骨质的磨耗损失 [①]。若齿列正常，磨耗通常发生在咬合面或切缘，特殊磨耗是由异常的机械性摩擦带来的牙体硬组织磨损，不良习惯及某些特殊职业是造成此类磨耗的主要原因。与年龄有关的牙釉质减少（牙齿磨损）现象在所有人群中都会发生，并被认为是口腔疾病风险的一个促成因素。牙齿磨损取决于两个主要变量：饮食和个人年龄 [②]。大量对狩猎采集人群和农业人

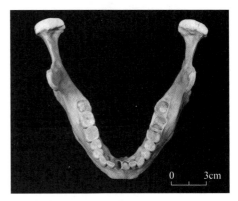

图 7-8 新疆且末加瓦艾日克墓地 M4E
下颌牙齿保存情况及磨耗情况

群磨耗方式的研究都表明，饮食与日常活动的差异会造成牙齿磨耗方式的不同。与那些饮食较软、加工程度较高的人群（如农业人群）相比，以磨蚀性较强的饮食为生的人群（如狩猎采集人群）的牙齿磨损往往更快、更严重。对田纳西河流域的古美洲原住民、澳大利亚原住民、南部非洲的布须曼人（San Bushmen）和格陵兰因纽特人的研究都表明，狩猎采集者具有与农业人群截然不同的特征性磨耗模式。虽然大型猎物的狩猎者和广谱觅食者在磨耗模式上会有所不同，反映了饮食和日常活动的差异，但他们都有共同的特征。与农耕者相比，狩猎采集者的前牙（门齿和犬齿）磨损较多，后牙（臼齿）磨损较少。这些共同特征与日常活动、食物准备、侵蚀和饮食有关。生业经济不仅会影响牙齿磨损的总体水平，还会影响牙齿磨损的具体模式。由于许多狩猎采集者的食物具有纤维性，因此整个咬合面的磨损模式通常趋于平坦，而农业饮食的质地较软，往往会使咬合面呈现出"舀出"的外观 [③]。在生产力水平较为低下的古代社会，牙齿磨耗可以在很大程度上反映古人群的饮食结构、食物加工方式和行为模式等现象，为探讨当时的社会经济类型提供重要参考。

目前，对牙齿磨耗宏观观察的严重程度，一般采用史密斯（Smith）的 8 级磨耗分级标准 [④]。该分级标准将上、下颌牙齿按牙位分成三类，每一类均有牙齿磨耗表现的描述（表 7-1；图 7-9）。也有研究者尝试使用其他方法，如布拉班特（Hyacinthe Brabant）在 1966 年制定的牙齿磨耗 5 级观察标准。此外，斯科特（Scott）臼齿磨耗制定了

① 刘武、张全超、吴秀杰、朱泓：《新疆及内蒙古地区青铜—铁器时代居民牙齿磨耗及健康状况的分析》，《人类学学报》2005 年第 1 期。

② Griffin M C. Biocultural implications of oral pathology in an ancient Central California population. American Journal of Physical Anthropology, 2014, 154(2): 171-188.

③ Smith B H. Patterns of molar wear in hunter-gatherers and agriculturalists. American Journal of Physical Anthropology, 1984, (63): 39-56.

④ Smith B H. Patterns of molar wear in hunter-gatherers and agriculturalists. American Journal of Physical Anthropology, 1984, (63): 39-56.

10 级评分，将臼齿殆面分为 4 个象限，每个象限单独进行评分[①]。

表 7-1　牙齿磨耗分级标准

磨耗级别	门齿和犬齿	前臼齿	臼齿
1	未磨耗，或略有磨耗，出现小的磨耗面，但无齿质暴露	未磨耗，或略有磨耗，出现小的磨耗面，但无齿质暴露	未磨耗，或略有磨耗，出现小的磨耗面，但无齿质暴露
2	点状或头发丝状齿质暴露	中度齿尖磨耗缺失，齿尖呈圆钝状	中度齿尖磨耗缺失，齿尖呈圆钝状。磨耗面釉质变薄（似人乳齿或黑猩猩臼齿状），或在齿尖部可呈现一个小点状齿质暴露
3	出现明显的线状齿质暴露	整个齿尖磨耗消失，或中度齿质片状暴露	整个齿尖磨平，或出现若干点状或中度的齿质暴露
4	中度齿质暴露，已不呈线状	至少一侧齿尖大片状齿质暴露	出现若干大的齿质暴露，但彼此仍各自独立
5	齿质大片状暴露，但围绕齿冠的环状釉质仍完整存在	出现两个大的齿质暴露区，并可能轻度融合	两个齿质暴露区互相融合
6	齿质大片暴露，一侧环状釉质缺失，或仅保留有非常细的釉质环	齿质暴露区完全融合，但环绕四周的釉质环仍完整	三个齿质暴露区互相融合，或四个齿质暴露区互相融合，出现咬合面中央釉质岛
7	釉质环两侧缺失，或仅残存齿冠釉质	齿质完全暴露，至少一侧釉质环缺失	整个咬合面齿质暴露，周围的釉质环大致完整
8	齿冠全部磨耗缺失，无釉质残存；齿冠表面呈齿根形态	齿冠重度磨耗，高度明显减低；齿冠表面呈齿根形态	齿冠严重磨耗，高度减低，釉质环丧失；齿冠表面呈齿根形态

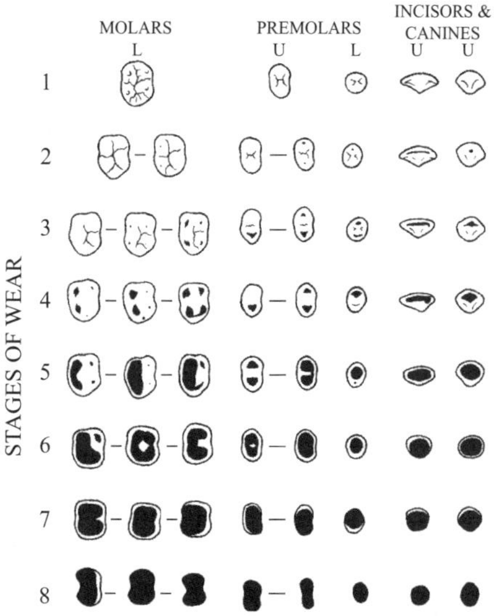

图 7-9　牙齿磨耗分级标准

六、牙结石

　　牙结石（dental calculus，图 7-10）是沉积在牙面上已钙化或正在钙化的菌斑及沉积物，由唾液或龈沟液中的矿物盐逐渐沉积而成。如果不在软牙菌斑的阶段将其清除，可在短短 2 周内矿化。链球菌（streptococcus）和放线菌（actinomyces）是最常见的牙菌斑形成菌，但牙结石中通常也包括韦永氏球菌（veillonella）、奈瑟氏菌（neisseria）、梭杆菌（fusobacterium）和拟杆菌（bacteroides）。这些微生物黏附在牙齿表面，并在由宿主和微生物衍生的聚合物和细胞外 DNA 组成的细胞外基质中相互粘附。研究表明，现代口腔微生物群由 700 多种不同的

---

① Scott E C. Dental wear scoring technique. American Journal of Physical Anthropology, 1979, (51): 213-218.

细菌组成，所有这些细菌都可能被纳入牙结石基质①。尽管矿化的诱因和过程仍未确定，但矿物质含量似乎最终来自唾液中的磷酸钙。因此，最靠近唾液腺的门齿和犬齿的舌面以及上臼齿的颊面最容易形成牙结石。

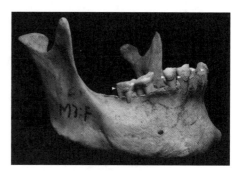

图 7-10　新疆且末加瓦艾日克墓地 M3F 下颌牙齿颊 / 唇侧及邻面牙结石，同时可见牙周病

对古代牙结石的蛋白质组分析可获得有关古代人群健康和饮食情况的证据。克里斯蒂娜·瓦里纳（Christina Warinner）等人的研究将蛋白质组学方法应用于德国中世纪人群的牙结石，鉴定了来自众多牙周细菌的蛋白质，以及与先天免疫反应相关的人类蛋白质②。鉴定出的细菌一般分为三类：正常人体微生物群中的共生菌、病原体（致病微生物）和环境菌。此外，牙结石也被证明是古代微生物 DNA 的丰富来源。早期的生物分子研究以特定的口腔病原体为目标，如通过基于 PCR 的方法检测牙龈球菌和变异链球菌，而最近的研究则应用高通量测序来重建古代口腔微生物群落。这些研究确定了与新石器时代和工业革命相对应的口腔微生物群落生态变化，并重建了口腔细菌的完整基因组，以研究与病原体毒性和抗生素耐药性相关的进化变化。这些基因研究表明，考古牙结石保存的 DNA 数量可能比骨头或牙本质多得多。从牙结石样本中成功恢复 DNA 的时间已被证明至少可追溯到公元前 7000 年，并且很可能会回溯到更早的时期。重要的是，牙结石的矿化似乎形成了一个封闭系统，禁止环境污染，从而降低了外源污染的可能性。

观察牙结石的首要前提是需对真正附着在牙面上的牙结石与沙子、泥土等其他来自埋藏环境中的沉积物进行区分（图 7-11）。在观察标准方面，唐·布罗斯韦尔（Don Brothwell）在牙结石的观察上采用 3 级标准，即：轻微，牙结石只有轻微的一条线；中度，牙结石最多覆盖 50% 的牙齿表面；重度，牙结石覆盖 50%～100% 的牙齿表面③。布伊克斯特拉和乌贝拉克在《人类骨骼遗存的数据收集标准》（Standards for Data Collection from Human Skeletal Remains，以下简称《标准》）中将牙结石分为 4 个等级：0 级为无；1 级为少量，覆盖牙齿表面少于 1/3 的窄而薄（约 2mm）的带状物；2 级为中等，覆盖超过 1/3 但小于 2/3 牙齿表面的细带；3 级为大量，覆盖超过 2/3 的牙齿表面，或可能是环绕牙齿颈部的连续厚带（＞2mm）。此处牙结石的观察需对每颗保存牙齿的 3 个表面进行评分，即颊 / 唇侧、舌侧与近 / 远中侧面④。

① Belstrom D, Holmstrup P, Nielsen C H, et al. Bacterial profiles of saliva in relation to diet, lifestyle factors, and socioeconomic status. Journal of Oral Microbiology, 2014, 6(1).

② Warinner C, Rodrigues J F M, Vyas R, et al. Pathogens and host immunity in the ancient human oral cavity. Nature Genetics, 2014, 46(4): 336-344.

③ Brothwell D R. Digging up Bones. Oxford: Oxford University Press, 1981.

④ Buikstra J E, Ubelaker D H. Standards for data collection from human skeletal remains. Fayetteville: Arkansas Archeological Survey, 1994.

图 7-11　山东章丘下河治东 M1 左侧顶骨多孔性骨肥厚

（白框区域为放大后表现）

第二节　代谢性疾病

采用生物考古学方法研究代谢性骨病，可以通过一系列理论方法，从古代人骨遗存的古病理学研究中获取最大限度的信息。清晰的诊断框架以及对病理改变的扎实记录和描述是研究代谢性疾病的基本要素。然而，如果将考古学理论元素也纳入其中，将能对代谢性疾病的古病理学证据获得更有意义的理解。许多考古遗址内的人类遗骸可以与特定的文化或社会群体直接相关，并且背景信息可以显著地增加所做的解释[①]。

组织学研究对于协助诊断病理状况非常有价值，但在微观层面上，考古人类骨骼和牙齿也可能发生变化，这使对疾病过程的研究变得困难。贝尔（Lynne Bell）和派珀（Piper）介绍了古组织学研究在生物考古学研究中的应用。同时，为了对各种代谢性疾病的生物考古学研究充分，考虑可用样本的人口组成非常重要。从包含考古出土的人骨样本中提取有关古代人群中个体经历的信息，并开始考虑伍德等人在骨学悖论中讨论的选择性死亡（selective mortality）问题，需要准确的人口统计信息。这就要求我们不能忽视对个体年龄、性别的鉴定，以及结合考古背景对个体生命经历、社会经济地位的评估。另外，也必须考虑患有某种疾病的死者如何反映人群健康模式和所见疾病的水平。

多年来，生物考古学家已成功地将生物文化研究方法融入其工作中。最近，生命历程方法（life course approach）的一些方面也被纳入了生物考古工作。生命历程方法是指认识到生命的过渡是由文化构建的，生命历程本身可能因身份和性别以及人群或

---

① Mays S. How should we diagnose disease in paleopathology? Some epistemological considerations. International Journal of Paleopathology, 2018, (20): 1219.

社会的周边限制而有所不同[①]。生物考古学研究总是涉及对已走到生命尽头的个体进行分析，但生命历程研究方法的某些方面也对代谢性疾病的古病理学研究提供了有价值的信息来源。

在生命历程的生物学解释中，文化和行为对生命和健康的影响与周围环境和饮食习惯有着内在的联系。然而，这两个因素可能会因个人在社会中的地位而进一步变化。这种相互作用可能反映在社会中代谢性骨病的表现形式上。有时可以确定病变是否表示死亡时处于活跃期的疾病，加强对病变所代表的疾病阶段的考虑很可能会促进生物考古学家对采用健康与疾病发展起源假说等理论进行的研究做出贡献。

一、眶上筛孔状样变与多孔性骨肥厚

不同颅骨区域出现的多孔性病变有着不同的分类，例如发生在顶骨、偶尔发生在额骨和枕骨的病变被称为多孔性骨肥厚（porotic hyperostosis，PH），而发生在眼眶上部的病变被称为眶上筛孔状样变（cribra orbitalia，CO，图 7-12）。眶上筛孔状样变是生物考古文献中引用最多的病症之一，虽然针对这一病变的相关研究文献数量相对较少，但也在不断增加，其中大部分涉及该病症的潜在病因以及界定眶上筛孔状样变的病变特征，以区别于有时混淆

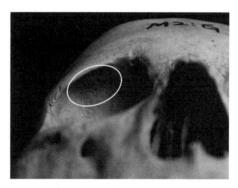

图 7-12　新疆且末加瓦艾日克墓地 M2G
右侧眶上筛孔状样变（未愈合）

或混杂的病变[②]。例如坏血病所特有的病变，其表现形式为成骨性而非溶解性，也包括一系列死后埋藏过程所引起的假性病变。事实上，如果我们要从眶上筛孔状样变的定义中剔除成骨性病变和死后改变，那么剩下的溶解性病变的病因范围就会缩小。因此，根据病变发展的生物学机理以及流行病学对人群发病率和分布的理解，贫血（包括缺铁性贫血、巨幼红细胞性贫血和溶血性贫血等各种形式）是最有可能导致眶上筛孔状样变的原因。此外，值得注意的是，仅在未成年个体中观察到过活跃的眶上筛孔状样变，这在红骨髓分布差异的基础上进一步支持了这一病因[③]。

多孔性骨肥厚，宏观上被认为是颅顶外表面具有点蚀和孔隙的形态改变，通常是由于骨髓肥厚而导致的顶骨板障扩张产生的。但对于多孔性骨肥厚与眶上筛孔状样变

① Agarwal S. Bone morphologies and histories: life course approaches in bioarchaeology. Yearb Physical Anthropology, 2016, (159): 130-149.

② McFadden C, Oxenham M F. A paleoepidemiological approach to the osteological paradox: Investigating stress, frailty and resilience through cribra orbitalia. American Journal of Physical Anthropology, 2020, (173): 205-217.

③ Brickley M B. Cribra orbitalia and porotic hyperostosis: A biological approach to diagnosis. American Journal of Physical Anthropology, 2018, 167(4): 896-902.

的病因，有诸多学者进行了研究与讨论。一些学者认为，不同类型的贫血会导致任意一个区域的病变，也有学者认为每种类型的病变情况反映了完全不同的条件。里韦拉（Frances Rivera）经过对来自全世界的 98 例颅骨进行研究，认为多孔性骨肥厚和眶上筛孔状样变的骨骼变化应是某种类型的贫血导致的，但两种改变的病因不太可能是同一类型的贫血[1]。眶上筛孔状样变的病因可能与导致板障骨骼细胞减少和发育不良的贫血有关，例如由慢性疾病引起的贫血，以及再生障碍性贫血、蛋白质缺乏和内分泌失调性贫血，而非导致骨髓细胞增生等易造成多孔性骨肥厚表现的因素。

鉴于两种可在骨骼上观察到的病理改变都可在一定程度上反映个体未成年期受到生理压力的事件，生物考古学家通过这一病理现象结合眶上筛孔状样变的表现和出现率以评估古代人群的营养和健康状况。因此，就需要对多孔性骨肥厚与眶上筛孔状样变的严重程度进行标准化评分，这样可以对不同个体或人群进行比较。生物考古学研究者曾提出过不同的标准，用于评估严重程度和确定可能的表现范围。斯图尔特-麦克亚当（Patty Stuart-Macadam）确定了 4 种严重程度，从最不严重（1 级）的散在细孔到最严重（4 级）的骨小梁结构从外骨板的正常轮廓中生长出来[2]。萨尔瓦代伊（Loretana Salvadei）等人将其分为了 3 个等级。《全球健康史数据收集代码手册》（Global History of Health Data Collection Codebook）是将严重程度分为 0 至 3 级，奥利弗·亨根（Oliver Hengen）使用了 7 个等级[3]。此外，其他学者还提出要区分活动性病变和愈合性病变：活动性病变表现为多孔，其间夹杂着越来越薄的骨桥，没有骨质重塑的迹象；愈合性病变表现为骨质重塑，被描述为"光滑的片状纹理"，外围孔隙有骨质填充。对于病变的愈合，也有不同程度的描述：根据萨尔瓦代伊等人的研究，可以观察到从未愈的活动性多孔（1 级）到完全愈合的病变（4 级）四个等级[4]。

全球健康史计划中的观察标准目前常用于生物考古学研究。其中，眶上筛孔状样变的具体标准为：0 级，没有保存，无法观察；1 级，无多孔性表现；2 级，大部分为小孔的多孔性表现覆盖了一小片区域（≤1cm^2）；3 级，大部分区域（>1cm^2）被有聚集趋势的小孔和/或大孔覆盖。多孔性骨肥厚的具体标准为：0 级，没有保存，无法观察；1 级，无多孔性表现；2 级，存在轻微点状多孔或严重顶骨多孔性；3 级，大量顶骨病变，伴随骨骼的过度肥厚。

此外，对两种病变的愈合情况，里纳尔多（Natascia Rinaldo）等除对严重程度进

① Rivera F, Lahr M. New evidence suggesting a dissociated etiology for cribra orbitalia and porotic hyperostosis. American Journal of Physical Anthropology, 2017, (164): 76-96.

② Stuart-Macadam P. Porotic hyperostosis: Representative of a childhood condition. American Journal of Physical Anthropology, 1985, (66): 391-398.

③ Hengen O P. Cribra orbitalia: pathogenesis and probable etiology. *HOMO*-J comp. Human Biology,1971, (22): 57-75.

④ Salvadei L, Ricci F, Manzi G. Porotic hyperostosis as a marker of health and nutritional conditions during childhood: studies at the transition between imperial Rome and the early middle ages. American Journal Human Biology, 2001, (13): 709-717.

行 5 级分级外，也制定了 4 级的标准[①]。对严重程度的分级具体为：0 级，不存在；1 级，存在小而零散的孔洞；2 级，存在小孔和大孔；3 级，存在连结在骨小梁结构内的孔洞；4 级，骨骼表面的骨小梁部分明显发育，向外突出。对愈合程度的分级标准具体为：1 级，活跃，病变不见愈合状况，所有的孔洞都有一个未重塑的锐利边缘；2 级，病变愈合区域＜50%，一部分孔洞已经具有圆钝边缘或已经闭合；3 级，病变愈合区域＞50%，大多数孔洞已经具有圆钝边缘或已经闭合；4 级，全部愈合，不活跃，所有多孔性病变已全部愈合（注意使用肉眼观察仔细）。

二、坏血病

坏血病是一种由于维生素 C 长期摄入不足导致的代谢性疾病。维生素 C 是机体抵抗感染、吸收铁所必需的物质，而且它也是机体组织正常合成（特别是蛋白质合成）的最基本的物质。如果缺乏维生素 C，除了机体对感染的抵抗力会降低之外，还可导致皮下出血和骨膜下出血（骨骼周围包裹的薄膜）。不仅骨膜和将牙齿固定在齿槽内的韧带会发育不完善，而且血管中的黏合质也有缺陷，它使病患个体的软组织、骨（特别是上、下颌）和关节部位更易发生出血。骨骼上的新骨形成过程正是出血的反应。维生素 C 缺乏病常常导致牙龈肿胀、出血，继而引发牙周病。成年人最常见的临床症状和体征是身体虚弱和肌肉痛，而儿童则是急躁易怒、贫血和疼痛。

（一）骨骼上的病变表现

最早的古病理学研究侧重于成年人，但随着人们意识到在成人骨骼进行坏血病古病理学研究的局限性，研究重点转移到了幼年坏血病上，因为幼年期的快速生长意味着骨骼的变化发展更迅速、清晰，坏血病的骨骼表现在婴儿身上最为明显，而在成年人身上则相当轻微。

坏血病的骨骼变化是由骨组织中胶原蛋白生产不良对骨骼组织的直接和间接影响造成的。血管与骨骼的接触区域和下层惯常使用的肌肉之间的关联区域会导致血管反复破裂，从而引发骨膜下新骨生成（SPNB）作为炎症反应。咀嚼食物时习惯性地使用颞肌、蝶骨外大翼和颅外颞骨是与坏血病相关的病理多孔性区域。同样，冈上肌和冈下肌的运动导致血液淤积，导致肩胛骨的冈上和冈下窝出现 SPNB 沉积和异常皮质孔隙，这是对血肿的反应。由于这些肌肉的活动是双侧发生的，坏血病骨膜下出血性病变（和相关的新骨反应）往往是对称和双侧的。病变也可以是单侧的，特别是在患者可以活动的情况下，由负重活动引起的微创伤出血。但如果是由于肌肉劳损引起的单

① Rinaldo N, Zedda N, Bramanti B, et al. How reliable is the assessment of Porotic Hyperostosis and Cribra Orbitalia in skeletal human remains? A methodological approach for quantitative verification by means of a new evaluation form. Archaeological and Anthropological Sciences, 2019, 11(7): 3549-3559.

侧病变，可能很难与其他微外伤区分开。骨小梁的骨质疏松的迹象也是坏血病的另一个提示性指标，但这在许多代谢性疾病中都能观察到。

下肢的变化在婴儿和儿童中很常见，股骨、胫骨和腓骨最常见，由于破骨细胞的活动会吸收骺板上的骨骼，从而使骨骼继续纵向生长，因此从骺板延伸出来的多孔性是生长期青少年的正常现象，然而，坏血病患儿的孔隙率超过了正常生长的孔隙率，唐纳德·奥特纳（Donald Ortner）等人认为，孔隙在干骺端密集分布超过10mm为异常。从影像学角度看，表现为骨骺上的半透明区，称为"Trümmerfeld zone"或"Scurvy line"，由于钙化软骨的吸收不良，这一透光区域通常伴有放射状的密度线，称为"Fraenkel白线"，骨骺端也可能出现类似的放射密度线，称为"Wimberger ring sign"。"蝎尾状肋骨"也是婴儿常见的临床症状，是由于骨膜下出血导致肋骨肋软骨交界处增大。

由于抗坏血酸在新骨形成中是必不可少的，这意味着SPNB的形成需要在饮食中重新摄入一些维生素C。因此，坏血病中有新骨生成可以表明存在恢复摄入维生素C的时期，但可能只需要少量的维生素C就可以引起新骨形成。

（二）古病理诊断和鉴别

1. 古病理诊断

骨骼完整性在坏血病的古病理诊断中是一个重要的考虑因素，因此对骨骼的完整性进行评估和记录是坏血病古病理诊断的前提。

颅骨的骨膜下新骨形成（PNBF）和多孔性骨质增生是鉴定骨骼遗骸的坏血病的重要诊断标准，以及颅后骨骼的PNBF也有助于诊断坏血病的可能性进行评估。表7-2为克劳斯（Haagen Klaus）根据奥特纳、克里克利（Megan Brickley）和艾弗（Rachel Ives）、布朗（Matthew Brown）和奥特纳、贾比尔（Jonny Geber）和墨菲（Eileen Murphy）、克劳斯等人的研究结果总结的坏血病呈现在骨骼上的病变部位及鉴定标准。

表 7-2　坏血病呈现在骨骼上的病变部位及鉴定标准表 [①]

部位	鉴定标准
颅顶	直径<1mm 的异常孔隙区域穿透皮质骨；新骨形成异常；与异常异位新骨沉积相关的血管印记
蝶骨大翼	直径<1mm 的异常孔隙区域穿透皮质骨
蝶骨圆孔	新骨形成异常
眼眶	直径<1mm 的异常孔隙区域穿透皮质骨；新骨形成异常
颞骨	直径<1mm 的异常孔隙区域穿透皮质骨

① Klaus. Paleopathological rigor and differential diagnosis: Case studies involving terminology, description, and diagnostic frameworks for scurvy in skeletal remains. International Journal of Paleopathology, 2007, (19): 96-110.

部位	鉴定标准
颧骨内外表面	直径＜1mm 的异常孔隙区域穿透皮质骨；新骨沉积
上颌骨前部和后部	直径＜1mm 的异常孔隙区域穿透皮质骨；新骨形成异常
眶下孔	新骨形成异常
硬腭	新骨形成异常
下颌骨喙状突，内侧表面	新骨形成异常
长骨骨干	新骨形成异常
长骨干骺端	骺端骨折、皮质变薄；新骨形成异常
肩胛骨冈上窝和冈下窝	直径＜1mm 的异常孔隙区域穿透皮质骨；新骨形成异常
肋骨	邻肋软骨交界处的骨折；肋骨末端外翻
髂骨	新骨形成异常；直径＜1mm 的异常多孔区域穿透髂骨内外表面的皮质骨

而贾菲（Henry Jaffe）、雷斯尼克（Donald Resnick）、梅兰德里·弗洛克（Melandri Vlok）等人，还补充了影像学中可见的"Trümmerfeld zone"（"Scurvy line"）、"Fraenkel 白线""Wimberger ring sign"作为坏血病的诊断依据。鉴于坏血病和其他疾病病变的相似性，梅兰德里·弗洛克将坏血病的鉴定诊断分为"很可能"（probable）和"有可能"（possible）两级，在以上部位和影像学中存在 2 个及以上的病变表现鉴定为"很可能是坏血病"，如果仅有 1 个表现则为"有可能是坏血病"。

全球健康史计划则将骨骼上坏血病的鉴定设置为 3 个评分等级：0 为没有颅骨或长骨进行观察；1 为没有可能提示坏血病的病变；2 为长骨、面颅（如上颌骨、颧骨）和（或）脑颅（如颅顶、颞骨）表面存在大量的新骨附着，病理性凹陷，这可能是坏血病的迹象。

2. 古病理鉴别

在儿童中，坏血病的鉴别诊断应包括但不限于佝偻病、多种病因或特发性病因引起的孤立性血肿、婴儿皮质增生症（或卡菲氏病）、肥厚性骨关节病（HOA）、急性儿童白血病、贫血、正常生长和伪病理。在运动技能发育的爬行前和爬行阶段，患儿使用肩部和手臂的肌肉行走，可能会出现上肢和肩腰部的病变。下肢血肿引起的骨骼反应可能会出现在大到足以站立或行走的患儿身上。

就发病机制而言，成人坏血病的表现一般与亚成人病变相似，但由于他们不再处于快速生长期，因此大体形态可能会有些不同。成人的鉴别诊断可能包括但不限于骨膜炎、多种病因引起的孤立性血肿以及骨质疏松症、氟中毒和 HOA。如果可能的话，必须将坏血病引发的牙齿脱落与龋齿和牙周病造成的牙齿脱落区分。

坏血病的鉴别诊断必须对并发症的可能性特别敏感，必须评估可能同时存在的慢性或恶性贫血、佝偻病或慢性感染过程。

克劳斯通过对来自秘鲁北海岸 3 个个体的眼眶病变表现进行放大镜观察和严格地描述，对佝偻病、坏血病和眶上筛孔状样变进行鉴别，根据他的研究：与贫血和坏血病相比，佝偻病相关的眼眶病变更大，更不规则；贫血引发的多孔状样本通常不会累及颅后骨骼；坏血病患者颅后骨骼不会出现任何异常症状或不良矿化的迹象，且病变通常双侧对称。但克劳斯仍然强调结合身体其他部位骨骼病变，将眼眶病变置于背景中对于进行诊断论证至关重要。

一些研究还显示，用于治疗坏血病的治疗技术也可能在患者身上留下印记。在欧洲青铜时代，环钻术似乎是治疗坏血病的一种方法。克里斯特（Thomas Crist）和索格（Marcella Sorg）在对 17 世纪患有坏血病的法国殖民者的研究中提出维生素 C 缺乏是通过粗糙的外科手术来解决的，这些手术试图治疗肿胀、出血和疼痛的症状。鉴别诊断还必须结合研究样本的生态、社会和历史背景。

（三）古病理讨论

今天，坏血病常见于那些饮用煮沸过的牛奶的婴儿（烹煮能破坏维生素）和那些稍年长一些的不吃新鲜水果和蔬菜的人。有人也许会假设，过去的狩猎采集者或农民不会出现维生素 C 缺乏，因为新鲜的水果、未经烹煮的蔬菜等自然产物中富含这种维生素。这些自然产物可能也是许多古代人类群体主要的食物来源。然而，即使没有这些新鲜的食物，人们也不一定就会出现坏血病，比方说那些食用大量生肉的爱斯基摩人。随着经济类型向农业转变，人们开始习惯于吃经过烹煮的食物，并且长期囤积粮食，这是定居群体中非常常见的现象，但这些措施会使食物中的维生素 C 丧失。因此，人们从新鲜食物中摄入的维生素 C 可能就逐渐减少了。

有人认为欧洲北部漫长的不适宜居住的严冬，以及新鲜食物长期匮乏的状况，应该很可能造成古代人群出现坏血病。还有人提出，坏血病作为一种疾病应该在定居的农业人群中更加常见一些，因为新鲜食物的采集受到一定的限制，而且主要的粮食作物并不能满足维生素 C 的摄入需求。还有，北美洲的人群依赖像玉米这样维生素 C 含量较低的主要粮食作物，也使他们更易患坏血病。根据历史文献记载，在长期的海上航行、军事行动和加州淘金热中也曾出现过这种疾病。正因为如此，过去提供的观察记录后来被用作坏血病的早期识别和治疗。坏血病的其他诱病因素包括早熟或双胞胎产、感染和喂养经过加工的婴儿食品等。如果假设古代大多数人类群体都是用母乳喂养婴幼儿，那么古代人群患坏血病可能与喂养经过加工的婴儿食品并不相关。有研究显示，社会地位较高的儿童在断奶时会依赖维生素 C 和维生素 D 含量较低的食品。坏血病较高的流行率还与身高的降低有关，反映了这种疾病对生长发育的影响。

坏血病与其他多种疾病在骨骼上的表现高度相似决定了坏血病的诊断困难，但其病因可以基本确定为维生素长期摄入不足，因此确定古代社会中哪些人群最容易患坏血病等营养缺乏症，并对成年人和青少年进行比较，将为古代社会发展、古代人群健康状况等研究提供一个独特的视角。

三、维生素 D 缺乏

维生素 D 是人类生命的必需品。缺乏维生素 D 会导致骨骼疾病，增加对其他疾病的易感性，并增加死亡风险。对过去人群维生素 D 缺乏症的研究为我们提供了了解其生活条件的重要视角，也为我们思考当今因维生素 D 缺乏症而面临的一些健康挑战提供了有用的视角[①]。

对古代遗骸中维生素 D 缺乏症（主要是佝偻病）的研究由来已久，至少可以追溯到 19 世纪中期。从那时起，就出现了案例的描述报道，或在针对某一人群的研究中提及的个别病例。直到最近，古病理学家才开始利用维生素 D 缺乏症探讨古代人群的生物文化与健康状况。婴儿和儿童最容易受到维生素 D 缺乏症的影响，而维生素 D 缺乏症在中世纪后变得更为普遍。

在传统的生物考古研究中，识别佝偻病的通常方法是根据年长儿童和成年人长骨中残留的弯曲畸形。由于轻微畸形很难与正常变异或其他原因导致的畸形区分开来，因此除了最明显的病例外，很难确定其他不具明显表现的病例。关于活动性婴儿佝偻病或骨质疏松症的文献很少，因为缺乏识别这些病症的适当的骨干标准。奥特纳在 20 世纪 90 年代末率先改变了诊断方法，从而克服了这些困难[②]。同时，仔细的形态学研究还能将死亡时正在活动的疾病与痊愈的病变区分开来，研究者们描述了更多在干燥骨骼上维生素 D 缺乏的病理改变，并整理了适于协助佝偻病古病理学诊断的放射学和骨骼微观观察标准。同时，利用与奥特纳诊断佝偻病相似的方法，人们描述了可诊断为骨软化症的干燥骨骼病变的范围和类型，其中包括假性骨折，表现为小的线性不完全骨折[③]。在古病理学中，它们最常见于肋骨和肩胛骨，但有时也见于其他部位。

布里克利梳理了维生素 D 缺乏造成的佝偻病在考古出土未成年和成年个体人骨遗存上的具体表现（表 7-3）[④]。未成年个体的骨骼上这些病变本身都不具有诊断意义，但它们的组合有助于鉴定骨骼遗骸中的维生素 D 缺乏症，为此它们已在古病理学中得到广泛应用。

① Mays S, Brickley M B. Vitamin D deficiency in bioarchaeology and beyond: The study of rickets and osteomalacia in the past. International Journal of Paleopathology, 2018, (23): 1-5.

② Ortner D, Mays S. Dry-bone manifestations of rickets in infancy and early childhood. International Journal of Osteoarchaeology, 1998, (8): 44-55.

③ Brickley M B, Mays S, Ives R. Skeletal manifestations of vitamin D deficiency osteomalacia in documented historical collections. International Journal of Osteoarchaeology, 2005, (15): 389-403.

④ Brickley M B, Mays S, George M, et al. Analysis of patterning in the occurrence of skeletal lesions used as indicators of vitamin D deficiency in subadult and adult skeletal remains. International Journal of Paleopathology, 2018, (23): 43-53.

表 7-3　未成年个体与成年个体骨骼上与维生素 D 缺乏相关的病变表现

佝偻病的骨骼病变	成年个体骨骼上残存的佝偻病和骨软化症表现
眶上多孔	长骨弯曲（上、下肢）*1
肋骨扩口	上肢长骨（肱骨或尺骨或桡骨）弯曲
长骨生长板下多孔	下肢长骨（股骨或胫骨或腓骨）弯曲
颅骨多孔	肋骨弯曲 *1
下肢长骨畸形	脊柱弯曲 *
长骨干骺端扩口	肩胛骨弯曲 *
长骨变厚	胸骨弯曲 *1
肋骨多孔	骶骨弯曲 *1
下颌支畸形	肋骨骨刺形成或假性骨折
肋骨变形	椎体压缩性骨折
长骨干骺端多孔	髋臼变形
上肢长骨畸形	椎板骨折
髂骨变形	髋臼假性骨折
髋关节内翻	长骨假性骨折
股骨头软骨下区域平坦	肩胛骨假性骨折
变形长骨凹面多孔	

* 所有与成年个体骨骼变形有关的病变都可能与残存的佝偻病或骨软化症相关。1 病变被用于判断成年个体残存的佝偻病。

第三节　关 节 疾 病

一、骨性关节炎

骨性关节炎（osteoar-thritis，OA），也被称为退行性关节病（degenerative joint disease，DJD），是除齿科疾病外最常见的疾病。尽管这种疾病可能很普遍，但其病因是多种多样且不明确的，且任何关节都可能受到影响，尤其是负重关节（椎骨、髋关节、膝关节）的受损。关节疾病累及骨骼的病变一般包括 2 个过程：骨的形成和破坏。骨的形成是指新骨样组织沿着关节的表面和周缘向外生长，通常称为骨赘。另外，作为关节本身对病变的反应，新骨也可在骨膜内形成。骨的破坏指的是关节表面的软骨破坏后，骨骼开始退化，变得疏松，关节滑液渗透到骨中，形成囊状空洞的损伤。

文献对这种疾病进行描述时使用的术语一直都很混乱，无论是医疗专业人员还是一般大众，都对此混淆不清。目前同时使用的术语有骨关节炎（osteoarthrosis，osteoarthritis）、退行性关节疾病（degenerative joint disease）、关节病（arthropathies）和风湿病（rheumatism）等。早期关节疾病研究中往往把不同解剖学特征、不同功能的关节所发生的病变视为一类。然而用现代标准来衡量，这种做法是不准确的。大体上讲，现在这些不同的关节疾病已经被划分为不同类型，并且以一个临床病例为准将该类型疾病的病理特征、病因和临床症状都详细显示出来。尽管如此，目前仍有许多研究工作需要完成。

同时，骨性关节炎可被作为史前社会活动、特定活动流行程度的指标。如果一个人从事非常繁重的体力劳动，这种劳动方式使关节持续受压，那么与这种活动有关的特殊的疾病就可能发生。当然，许多其他因素（不仅仅是老龄化和肥胖症）也可以影响骨性关节炎的发展，并且有些因素和特定的活动相关。但是也有学者指出，不能将证据扩大化，并指出在现代研究中，某些特定的活动和与之相关的骨退行性改变还没有确定的一致性，也可能是遗传和环境变量共同作用的结果。不过，我们需要牢记的是"同样的活动会持续一遍又一遍地进行，特别是如果这种活动和生存相关"。

（一）骨性关节炎的古病理学解释

在人体骨骼考古学和现代人群的研究中发现，髋关节和膝关节是整个身体中最易受骨关节炎影响的部位，因为它们是身体的主要承重关节。沃尔德伦（Tony Waldron）观察了英国考古遗址中的 1198 例人骨遗存（1200～1850 年），发现 3% 的个体患有髋关节关节炎，这个数据与现代案例研究相似，且男性多发，多为单侧（右侧髋关节多受累）[1]。沃尔德伦还发现，骨关节炎在英格兰中世纪时代和其后稍晚时期变得更加普遍[2]。在上半部身体中，肘关节的关节炎目前已经很少见了，除了有些特殊职业如采矿业和风动钻孔行业的工人。如果没有外伤史的话，肩关节的关节炎也不常见。但是，目前许多老年人的肩锁关节和胸锁关节也常受累。不同人类群体中手部和足部的关节炎流行率各有不同，常累及手部关节（指间关节、掌骨指骨间关节和一些腕骨），特别是那些绝经期后的中年妇女。踝关节部位的关节炎较少见，但是第一跖趾关节（大脚趾）的显著病理性变化还是比较常见的。霍奇斯（Hodges）讨论过颞下颌关节（TMJ）的关节病，他调查了英国 5 组古代人骨遗存中颞下颌关节炎的发生率，及其与牙齿磨耗、牙齿脱落、年龄和性别之间的关系。其中，只有牙齿磨耗和关节病的发生有显著的联系。虽然牙齿磨耗可能是颌骨关节病发生的主要诱发因素，但是这个关节异常的解剖学结构和生理特点也是导致该病发展的因素之一[3]。研究表明，古代人骨遗存中上肢骨的关节炎流行率比现代人群要高得多，这一点是令人惊奇的，因为肩关节和髋关

[1] Waldron T. The distribution of osteoarthritis of the hands in a skeletal population. International Journal of Osteoarchaeology, 1993, (3): 213-218.

[2] Waldron T. Changes in the distribution of osteoarthritis over historical time. International Journal of Osteoarchaeology, 1995, (5): 385-389.

[3] Hodges D C. Temporomandibular joint osteoarthritisina Britishskeletal population. American Journal of Physical Anthropology, 1991, (85): 367-377.

节关节炎的发生率与年龄增长有很大联系，而肘关节和膝关节则不十分明显。如果今天人们的寿命更长一些的话，那么肩部关节的关节炎流行率就会有所增加。但是，上肢骨关节炎可能暗示了某种特定的生活方式，使这种关节退化性疾病的易感性增加，而这种生活方式一定与现在的截然不同。骨骼考古学研究还显示出，上、下肢骨大小比例的较大差异，可能反映了身体某些特定的活动行为。

目前，很少有研究关注古代人类手部和足部关节炎的发病情况，这可能是因为这类较小的骨骼在埋藏和发掘时不易保存下来。在现代人群中，特别是女性群体，手部关节炎是很常见的疾病，这可能与职业有关。事实上，在为数不多的几例手部关节炎研究中，有一项研究显示古代与现代人群的发病率相似。沃尔德伦和考克斯（Cox）也观察了伦敦斯皮塔菲尔德基督教堂地穴遗址（年代在 1729 年到 1869 年之间）发掘出土的 367 例个体的手部骨骼。相关历史资料记录了这些个体的职业，其中有 29 例男性曾经做过纺织工人，因此研究者推论，纺织这种行业可以导致手部关节炎的发生。但是，在患有手部关节炎的 13 例男性个体中，只有 3 例曾是纺织工人，那么其病因极有可能与年老有关。

同时，脊柱关节也是骨性关节炎的易发部位。脊柱关节炎是脊柱受压的直接结果，其易感性的提高是人类对适应双足直立行走体位所付出的代价之一。当人处于直立体位时，脊柱的每一个椎骨所承受的压力和张力可能会被认为是不变的。但是，脊柱不仅仅呈一条直线，它还在胸部或胸椎部位向后曲，在腰椎和颈椎部位向前曲，这种情况使得第五颈椎、第八胸椎和第四腰椎成为最易患关节疾病的部位。因为这些生理弯曲的存在，脊柱上不同位置承受压力的最大值和最小值各有不同，而且不同位置脊柱关节炎的发病情况也有所不同。

椎间盘是包含一种凝胶状物质的纤维"囊"。随着年龄的增长，椎间盘会发生化学和退行性的改变。如果这些椎间盘持续受压，比如日常活动中的弯腰和抬举等，可导致其内的髓核挤压周围的环状纤维。纤维囊的破裂刺激椎体周缘骨的生长（骨赘或骨赘病）。与其他形式的外伤反应一样，这是身体对这种损伤的代偿性反应。单纯出于机械力学因素，椎间盘环状纤维的前部和椎体比后部区域更容易生成骨赘。压力越大，纤维囊破裂越严重，产生骨赘的面积越大。最严重的情况是相邻椎骨上的骨赘持续生长而最终融为一体，使得脊椎骨固定在一起，椎体活动从而受限。这种局限性的固定、融合或僵硬，不能与普遍性的脊柱融合疾病相混淆。随着时间的流逝，任何人都会慢慢地产生关节病的临床症状和椎骨骨赘病的征兆。无论在现代还是古代，间歇性背痛、僵硬和弯腰时无法触及大脚趾，都是老年化进程中极为类似的表现。通过观察人骨遗存中一些年代稍晚的脊椎骨标本，内森（Nathan）发现，30 岁左右的个体大部分都有骨赘病，而 50 岁左右的个体全都患有骨赘病。由于这种病理现象是由机械性因素所导致的，因此个体间自然会有差异。从事繁重手工劳作的男性或女性成员比惯于久坐的人更易患骨赘病。所以极有可能的是，在古代人们的生活方式决定了他们的活动量要比现代人大很多，正因为如此，我们的祖先们比我们这些现代的、在办公室里工作的后代子孙患有更多的骨赘病。虽然不同族群中该病的发病率有所不同，但是这种病理状况是古代成年人骨遗存中普遍存在的现象。随着椎体边缘骨赘生长，椎体表面（软骨关节）也开始退化。这2种病理现象的出现标志着椎关节强直疾病的发展（关节盘退化性疾病）。椎体表面变得疏松，出现凹痕，并可能有新骨形成（椎间骨软骨病），这些现象常发生在颈椎中下段、胸椎上段和腰椎下段。椎体表面、后关节突和椎骨横突构成的关节（滑液关节）也会受到关节病的影响。与椎间盘退化有关的病变是许莫氏结节（schmorls nodes），这是由于椎体表面承受了巨大的压力所致。这种结节常见于胸椎下段和腰椎上，但是许多病例特定的病因还不是十分清楚。不过，外伤被认为是导致这种病变的一个主要原因，同时机体感染、骨质疏松和癌症等也可以使骨组织结构变得脆弱，促使许莫氏结节发展。赛奇尔（Seychell）曾做过一项前沿性的研究，开创了关于记录古代人骨遗存中脊柱关节炎的先例。赛奇尔考察了丹麦的现代城市居民、中世纪修道院和医院墓地中的100例人骨标本（52例男性和48例女性），并将已经讨论过的那些关节炎的病理改变记录下来。基于这项研究的结果，赛奇尔认为，与考古人骨遗存相比，现代标本中所有年龄组的骨关节炎流行率都比较高。赛奇尔所作的关于疾病发展阶段的描述和照片记录都可以当作我们今后的研究范例。

在古代人类群体中，脊柱关节疾病似乎是普遍的病理现象。但是，疾病的严重程度和整个脊柱的分布特点有所不同，这可能反映了疾病在发展时受到了不同活动方式的影响。例如，布里奇斯（Bridges）曾报道了出自美国阿拉巴马州西北部的125例骨骼标本，其中颈部关节炎是高发现象。研究者认为，在前额上捆扎带子以助于背负重物而使前额、颈部受力是导致这一高发现象的主要原因[1]。洛弗尔（Lovell）观察了巴基斯坦一个青铜时代遗址（距今5000～4000年）中个体的脊柱关节炎的发病情况。研究结果显示，虽然颈部椎骨关节炎的发生规律似乎有些不同寻常，但这种规律可能反映了当时这些人的活动方式，如用头负重等。在这项研究中，由于关节炎的流行率没有随着年龄的增长而提高，所以作者认为该病与职业有关。斯蒂尔兰（Stirland）和沃尔德伦研究了英格兰南部沿海发掘出的都铎王朝玛丽玫瑰号沉船中的人骨，也认为脊柱关节炎与特定的活动有密切的联系。这艘战船于1545年沉没[2]。根据颅骨和下颌骨统计，最小个体数为179例，这个数字是当时历史记录中全体船员的43%。这个遗址的背景资料非常特殊，据当时记载，船上有200名水手、185名战士和30名炮手，因此骨骼遗存中任何与活动有关的改变都可能与"职业"联系在一起。所有的船员都是男性，并且均为青壮年或者更年轻一些。与英格兰诺里奇市一个中世纪晚期遗址中出土

① Bridges P S. Vertebral arthritis and physical activities in the prehistoric United States. American Journal of Physical Anthropology, 1994, (93): 83-93.

② Stirland A, Waldron T. Evidence for activity-related markersin the vertebrae of the crew of the Mary Rose. Archaeological Science, 1997, (24): 329-335.

的一组老年男性人骨标本相比，研究者发现，两者的脊柱关节病出现率很相似。这表明玛丽玫瑰号船员的日常活动，如人工推动沉重的大炮等，加速了脊柱上与年龄有关的病理变化，而且这些人可能属于半永久性的专业船员，他们从青少年时代就开始了船员生涯。另外，还有一项研究考察了英国两组人骨遗存中不同的脊柱关节炎发生率，其中一组的关节病变与族群中特定的风俗活动有关。苏格兰外赫布里底群岛的哈里斯岛因赛遗址的研究受益于 18、19 和 20 世纪时所做的工作；而来自英格兰约克夏郡北部沃伦珀西乡村遗址的人群可能从事一般的农业和与农业有关的劳作。每个个体脊柱上关节退化的特征被分别记录下来，总体而言，因赛遗址人群的关节病流行比较普遍。但是如果把骨质象牙化作为小面关节炎的确诊指标的话，因赛遗址中有 70% 的男性和 71% 的女性受累；而相比之下，沃伦珀西乡村遗址中只有 55% 的男性和 39% 的女性成员受累；2 组人群的关节炎病变在脊柱上的分布并无明显差异。由于历史背景的原因，英格兰约克夏郡北部陶顿战场遗址出土的人骨遗存是另一组有着特殊活动方式的群体。整个遗址发现的 37 座墓葬均为男性。个体的平均死亡年龄同样也属于青壮年群体，30 岁左右。其中，80% 左右个体的脊柱显示出关节退化的现象，主要表现为许莫氏结节和脊柱骨赘发展；40% 的椎骨有许莫氏结节病变，这是脊柱受压的结果。但是，将研究脊柱关节疾病的发生规律作为了解当时人们活动方式的办法也存在一些问题。因为人类双足直立行走的体态对脊柱也能造成一定的影响，如行走、跑步等。柯奴索（Knüsel）等曾对此进行了研究，他们观察了 81 例来自 13 世纪至 14 世纪约克郡斐雪迦特圣安德鲁遗址的个体。根据考古学和历史学方面的资料，这些个体分为 3 组，但是这 3 组人骨标本的脊柱关节疾病并没有任何显著的差别。因此，作者认为，脊柱关节疾病不是一个较理想的、用来研究特定活动压力的标志性体征。

（二）判定标准

古病理学中用于描述骨性关节炎的术语并不一致。不过也有相关研究制定了骨骼遗骸骨性关节炎的判定和评分标准。

对于骨性关节炎的记录布克斯特（Buikstra）等人提出了一种标准，骨性关节炎的典型特征包括关节轮廓唇状样变（骨刺或骨赘）、关节面出现孔隙或象牙化，并且要求观察者确定骨性关节炎对骨骼影响的程度，并表明病变的最大程度[1]。

唇状样变程度表示：	唇状样变影响范围的表示：
1. 几乎不可见；	1. 小于 1/3；
2. 尖锐、有脊，有时出现骨刺；	2. 大于 1/3 小于 2/3；
3. 有大量骨刺生成；	3. 大于 2/3。

① Buikstra J E, Ubelaker D H. Standards for Data Collection from Human Skeletal Remains. Fayetteville: Arkansas Archeological Survey, 1994.

4. 强直。

孔隙程度表示：

1. 细小的点状；

2. 密集成片的点状；

3. 以上两者同时出现。

象牙化程度表示：

1. 几乎不可见；

2. 只见光滑反光的表面；

3. 带有一条或多条凹槽的反光表面。

孔隙范围表示：

1. 小于 1/3；

2. 大于 1/3 小于 2/3；

3. 大于 2/3。

象牙化范围表示：

1. 小于 1/3；

2. 大于 1/3 小于 2/3；

3. 大于 2/3。

罗杰斯（Juliet Rogers）等人指出了骨性关节炎的判定特征：当骨性关节炎出现点蚀或孔隙，新骨以骨赘或唇形的形式生长，关节轮廓改变，或者在严重的情况下，关节表面出现象牙化。

沃尔德伦对骨性关节炎的判定为关节边缘骨赘、关节表面骨赘、关节表面凹陷或轮廓改变以及象牙化，并指出除关节象牙化外，其余现象要同时出现两种才可判定为骨性关节炎。

0 级：不见任何关节处改变；

1 级：若关节面出现除象牙化以外的一种改变；

2 级：关节面出现骨质象牙化或两种其他改变；

3 级：出现象牙化及一种以上其他改变或三种以上其他改变。

理查德·斯特克尔等人提供了对肢骨关节和椎骨椎体的骨性关节炎评分标准[①]。

退行性关节疾病（骨性关节炎）：肢体关节，物理表现是最常见的唇状样变。在严重的情况下，关节表面会出现点蚀和/或象牙化，并最终破坏关节表面。如果 2 个关节面都存在，根据最严重的表现进行评分。

0：关节无法观察；

1：关节未见病理改变；

2：轻微的边缘唇部（骨赘小于约 3mm）和轻微的退行性变化存在。没有象牙化，但表面可能有一些孔隙；

3：严重的边缘唇裂（骨赘大于约 3mm）和严重的退行性变化。此阶段象牙化不一定出现，表面可能包含大量孔隙；

4：关节面（关节缘和关节面）完全或接近完全（超过 80%）破坏，包括强直；

5：强直。

退行性关节疾病：椎骨赘病。

---

① Steckel R H, Larsen C S, Sciulli P W, et al. Data collection codebook. The Global History of Health Project, Columbus: Ohio State University, 2011: 30-31.

1：保存的椎体无退行性关节疾病；

2：在至少一个锥体上形成骨赘；

3：在至少一个锥体上广泛形成骨赘。

侯侃在参考其他学者对脊柱骨性关节炎的基础上，制定了对椎骨骨赘和黄韧带骨化的评分标准[①]。

椎骨骨赘：

0：没有骨赘；

1：椎体边缘略微突出，但没有形成明显的唇缘；

2：椎体边缘形成唇缘状骨赘，但未超出椎体边 2mm；

3：椎体边缘有明显的骨赘，超过了椎体边 2mm；

4：相邻椎体边缘的骨赘连成骨桥造成椎间关节强直。

黄韧带骨化：

0：没有骨赘；

1：椎弓上缘和两侧上关节突内侧缘有略突出的唇缘；

2：上述唇缘状骨赘增大，形成锯齿样，但没有超过 2mm 宽度；

3：上述骨赘宽度超过 2mm；

4：骨赘显著，与上方相邻椎弓或下关节突相连造成关节强直。

罗伯特（Robert）对许莫氏结节的表现特征做了描述，这是一种圆形、线性或者两者组合的凹陷性病变，通常在任一中央终板中存在硬化底；通常与字母表中的字母相似，如 V、H、L、U。有时也表现为小的圆形凹陷或者出现在中心的圆形浅坑。

对于骨性关节炎的评分标准目前来看尚未形成普遍的认知，但可以明确的是在对人类遗骸上可能是骨性关节炎病变的判定正越来越严谨。当然，评估方法的不统一也限制了群体之间比较的可能。

二、弥漫性特发性骨肥厚症

弥漫性特发性骨肥厚症（DISH）通常也称为弗氏病（Forestier），是一种脊柱与四肢都发生特征性改变的非感染性骨骼疾病。该病的特定病因还不清楚，可能存在多种易患因素，目前的医学研究表明肥胖症、成人 2 型糖尿病、高尿酸血症等代谢性疾病与 DISH 有共病趋势。DISH 的发生与年龄关系密切且存在性别差异，男女性发病比例约为 2∶1；年龄小于 40 岁时很少患该病，此后随年龄增加患病率显著增高，同时，一些研究显示 DISH 在欧美白种人中发病率较高，因而 DISH 也被认为与遗传有关[②]。

---

① 侯侃、王明辉、朱泓：《赤峰兴隆沟遗址人类椎骨疾病的生物考古学研究》，《人类学学报》2017 年第 1 期。

② 〔英〕夏洛特·罗伯茨、基思·曼彻斯特著，张桦译：《疾病考古学》，山东画报出版社，2010 年。

（一）骨骼上的病变表现及影响

DISH 的病变主要体现在韧带和肌腱附着点处，可分为脊柱和脊柱外的改变。脊柱的病变（图 7-13）主要表现为前纵韧带、黄韧带等椎旁韧带的钙化和广泛骨化，形成大面积的"烛蜡状"骨赘和流动样骨质，最常见于胸椎且异常好发于第七至第十一胸椎，其发生率沿向颅方向逐渐减小。骨赘多位于脊柱的前外侧，隆起的轮廓在椎间盘水平尤其明显，雷斯

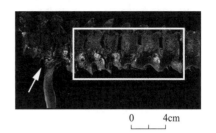

0　　　　4cm

图 7-13　黄岛土山屯 M147 墓主第 3 胸椎到第 12 胸椎融合（DISH）

尼克认为这是两种病变过程造成的：第一，椎间盘间隙的骨沉积增多常与椎体上下缘的骨性赘生物相融合；第二，椎间盘水平上的骨沉积多在前方部位。此外，骨化在椎骨右侧更常见也更严重，这可能与胸降主动脉位于胸左侧，动脉搏动的对骨化的抑制作用有关[①]。

脊柱外病变表现为外周肌腱、韧带附着点的骨化，形成"胡须样"骨膜骨赘，或不规则的边缘骨刺（骨尖或突起），最常见于尺骨、髂嵴、坐骨、大转子、小转子、转子窝、股骨嵴、髌骨、胫骨、跟骨等部位。软骨也同样被骨化，特别是颈部和肋部。

福雷斯蒂尔（Jacques Forestier），拉吉耶（René Lagier）和苏特罗（Charles Sutro）等早期研究者认为 DISH 的临床表现较轻微，但脊柱活动度无明显减退或无畸形，强直性脊柱炎中常见的严重脊柱僵硬在 DISH 中不会发生。哈里斯（Jacqueline Harris）根据对 34 例 DISH 患者的研究，认为 DISH 有不同程度的症状和体征，包括偶尔的剧烈腰背疼痛和一定程度的脊柱活动受限。雷斯尼克则表示 DISH 患者的主要肌肉骨骼临床症状是脊柱强直和轻度腰背疼痛，脊柱强直和疼痛通常到中年会变得明显，而且可能持续多年，并且颈部吞咽困难可能是 DISH 患者另一个主要症状，吞咽困难直接与颈椎明显的骨赘有关，尤其是靠近食管正常固定部位的骨赘，如环状软骨水平。颈椎有这种明显骨赘的患者是误吸和肺炎的高危人群。除了脊柱上病变对病患造成的影响，雷斯尼克还指出四肢上的局部骨质增生或起止点赘生物可能造成髋部关节、距下关节、肩关节、膝关节、肘关节和踝关节可见活动范围减小。

（二）古病理诊断和鉴别

1. DISH 古病理诊断

DISH 的古病理诊断主要依赖脊椎的改变，但标准并不统一，有些标准仅为临床评

① Resnick D, Niwayama G. Radiographic and pathologic features of spinal involvement in diffuse idiopathic skeletal hyperostosis (DISH). Radiology, 1976, (119): 559-568.

估而制定，而有些标准则为古病理学应用而调整或创建。

雷斯尼克主要围绕脊柱放射学特征病变表现提出 DISH 的临床诊断方法，但已经被许多学者用于考古出土的人类遗骸的 DISH 诊断，其有三个主要的诊断特征：一是沿着至少 4 个相邻椎体的前外侧存在有连贯的骨化；二是受累椎骨应该没有退行性改变，即受累椎骨的椎间盘高度相对保持不变，没有椎体边缘的骨质增生；三是无棘突关节骨性强直以及骶髂关节的侵蚀、硬化或关节内骨性融合[1]。雷斯尼克诊断方法的主要问题在于其过于严格的标准不利于鉴别处于早期或发展中的 DISH 病例，DISH 患者的年龄偏高并不表明该病到老年才发病，典型的将数个相邻椎体融合的流动性骨化可能需要多年才能完全形成，许多患者可能已有多年的其他骨骼上肌肉和韧带骨化的症状。此外，考虑到椎体骨关节炎和退行性疾病在老年人中的频率以及 DISH 对老年人的倾向，同一个体在患 DISH 的同时也存在退行性改变或是椎体骨关节炎影响椎间盘高度是极有可能的。

阿尔莱（Jacques Arlet）和马齐埃（Bernard Mazières）提出了另一种临床上针对脊柱病变表现进行诊断的方法，是对雷斯尼克标准的一种调整：一是在下胸椎有 3 个连续的相邻椎体前纵韧带骨化；二是有骶髂关节表面的情况下，可能可以观察到髂腰或骶髂韧带关节旁骨化；三是骶髂关节没有发生强直。除胸椎外，颈椎和腰椎也可能有可观察的改变，颈椎前侧可能有韧带骨化，但椎间盘间隙和棘突关节不受影响，在受影响的腰椎中，会有广泛的骨赘，但可以不连续。该方法同样无法确诊处于 DISH 早期患病阶段的个体。

乌斯廷格（Peter Utsinger）的方法通过区分"明确的 DISH"（definite DISH）、"很可能是 DISH"（probable DISH）和"有可能是 DISH"（possible DISH）病例，尝试解决 DISH 早期诊断的问题。要诊断为"明确的 DISH"，患者必须在胸腰部存在 4 个连续椎骨的前纵韧带骨化，且椎间盘间隙和骨突关节无强直迹象。要诊断为"很可能是DISH"需要将脊柱和脊柱外的病理改变综合考虑：有 2 个相邻椎骨的前纵韧带发生骨化，同时双侧尺骨（肱三头肌止点）、髌骨（股四头肌止点）和跟骨（小腿三头肌止点）存在骨赘。如果一个个体存在 2 个相邻椎体的前纵韧带骨化，但没有脊柱外的病变表现，则诊断为"有可能是 DISH"。乌斯廷格的标准为 DISH 的诊断提供了灵活性，根据该方法，被诊断为"很可能是 DISH"的患者将在一段时间后发展为"明确的DISH"[2]。

罗杰斯和沃尔德伦提供了专门用于 DISH 的古病理诊断标准，同时考虑到了脊柱和脊柱外的病变表现：一是至少应该存在 3 个相邻胸椎右侧前纵韧带的骨化或钙化（伴有或不伴有强直）；二是椎间盘间隙和骨突关节无强直迹象；三是脊柱外骨化或钙化的

① Resnick D, Niwayama G. Radiographic and pathologic features of spinal involvement in diffuse idiopathic skeletal hyperostosis (DISH). Radiology, 1976, (119): 559-568.

② Utsinger P D. Diffuse idiopathic skeletal hyperostosis. Clinics Rheumatic Disease, 1985, (11): 325-351.

证据应该是双侧的。除此之外，罗杰斯和沃尔德伦认为 DISH 主要是一种年龄在 45 岁以上的人的疾病，他们也可能容易患上椎骨关节炎和椎间盘退行性病变，不应该将没有这些疾病作为诊断标准[①]。

范德梅尔韦（Alie Van der Merwe）等人曾进行一项综合研究，运用上述 4 套诊断标准对 253 个骨骼样本进行诊断，结果表明，根据所选标准的不同，诊断结果存在很大差异，4 种标准诊断的 DISH 的患病率依次为 5.5%、11.5%、11.1% 和 17%。这表明对 DISH 进行确诊具有很大难度，诊断标准仍然需要进一步确立。

2. DISH 古病理鉴别

作出鉴别诊断是探讨不同疾病在古代社会流行情况的第一步。DISH 的早期表现可能与强直性脊柱炎和脊柱退行性改变的某些表现相混淆，也可能与侵蚀性关节病和骨关节炎等其他疾病同时发生。

DISH 一般多发于老年男性个体，脊柱上可见典型的"烛蜡状"厚骨赘，常见于椎骨的前右侧，且在胸椎上尤其显著，一般不会出现骨突关节或骶髂关节融合现象，通常还伴有脊柱以外其他部位的肌腱末端骨赘。而强直性脊柱炎表现为薄的、竖直方向的"竹节状"脊柱韧带骨赘，一般表现为双侧受累，形成通常始于腰椎和骶髂关节，骶髂关节空间会缩小，并最终导致髂骨和骶骨耳状面之间的强直、关节完全闭塞，以及交界处骨小梁连结，强直性脊柱炎不会累及脊柱以外的其他关节。有些病例报道 DISH 和强直性脊柱炎同时发生在同一个人身上，但这罕见。

椎骨退行性改变所引发的骨赘也能导致椎体的融合，但骨赘的发生是源自椎体边缘成骨作用的增强，而非韧带的骨化，增生起源于椎间盘纤维环的纤维连结处，是水平发展的喙状突起，随着时间的推移可能会垂直倾斜，不呈"烛蜡状"，也没有左右侧的明显差异。

（三）DISH 的古病理讨论

考古出土人类骨骼遗骸的 DISH 古病理讨论主要关注患病人群的饮食结构和社会阶级。此前研究发现，欧洲中世纪僧侣有较高的 DISH 发病率。在英格兰萨里默顿修道院（12～16 世纪）出土的 42 具人骨中，DISH 的发病率为 8.6%，该病可能与丰盛的饮食及缺乏足够的运动使人们易患肥胖症和晚发的糖尿病等状况有关。社会地位较高的人同时寿命也较长，为病发提供了更多的时间。詹森（Janssen）等人也报道了出自 1070 年至 1521 年荷兰马斯特里赫特圣塞尔法斯教堂的 27 具人骨，其 DISH 患病率为 100%。不过，罗杰斯在观察了英格兰西南部维尔纽斯教堂墓地中的人骨资料之

---

① Rogers J, Waldron T. DISH and the monastic way of life. International Journal of Osteoarchaeology, 2001, (11): 357-365.

后，指出该墓地中 DISH 患者的高社会地位比年龄因素更具有决定作用。扬卡斯卡斯（Rimantas Jankauskas）记录了立陶宛铁器时代到早期现代社会人骨遗存中 DISH 的发病情况，同时还通过墓葬结构和墓葬位置判定了个体的社会地位等情况，他发现，该病随着年龄增长而增加的趋势在男性群体中更加明显，并且与一般群体或城市人群（11.86%）相比，社会地位高的人群发病率最高（27.14%），而乡村或贫困人群的发病率最低（7.14%）[1]。

目前国内针对 DISH 的古病理报道和讨论较少，何嘉宁对郑州东赵遗址 M50 出土人骨做了 DISH 的古病理讨论，M50 为东周时期男性中老年个体，根据墓葬出土遗物和墓葬等级难以确认其社会地位，但何嘉宁认为可以从人骨研究角度，结合该遗址人骨其他的古病理现象、同位素数据以及考古文化分析，讨论食物结构与 DISH 的发病关系。此外，针对该遗址人群的人骨分析情况，何嘉宁参考帕蓬（Nicola Pappone）和奥克斯纳姆（Marc Oxenham）的研究，指出脊柱反复的微小创伤和社会分工也可能是 M50 患 DISH 的重要原因[2]。

相对于现代人群来讲，在考古学人群中探寻特定的致病因素更加困难，但考察不同人群的文化特征、体质特征可能会对该研究有所帮助。

三、痛风

痛风（gout）是一种单钠尿酸盐结晶沉积疾病，会导致炎症，在缺乏现代治疗手段的情况下（现代治疗手段被认为可以通过溶解结晶来治愈痛风），痛风会导致关节损伤和早期死亡。鉴于痛风是一种令人痛苦和衰弱的疾病，其影响在过去也同样具有危害性，对患者和整个社会都会造成潜在的社会和经济后果。在之前的研究中，痛风通常与古代人群中生活较为富足，生存压力相对较小，营养较好的群体相关。2011 年，巴克利（Buckley）通过综合世界各地已发表的痛风古病理学研究，认为选择性压力可能会影响痛风在太平洋地区现代和古代人群中的高发率，从而挑战了痛风纯粹是一种生活方式疾病的传统观点[3]。

痛风主要影响成年个体，被认为是一组慢性代谢性疾病的一部分，这些疾病往往同时发生。与痛风相关的代谢性疾病包括代谢综合征（MetS）及其各个组成部分、心血管疾病、2 型糖尿病、银屑病、慢性肾病和弥漫性特发性骨肥厚（DISH）。痛风主要发生在老年男性和绝经后的女性身上。与男性相比，儿童和绝经前女性的血清尿酸水平较低。随着儿童年龄的增长，尿酸水平会升高。从青春期开始，男性的尿酸水平持续上升，而女性的尿酸水平仅略有上升，直到绝经期，女性的尿酸水平才与男性相当。

① Jankauskas R. The incidence of diffuse idiopathic skeletal hyperostosis and socialstatus correlations in Lithuanian skeletal materials. International Journal of Osteoarchaeology, 2003, (13): 289-293.
② 何嘉宁、张家强、李楠：《郑州东赵遗址出土人骨的 DISH 古病理分析》，《华夏文明》2016 年第 5 期。
③ Buckley H R. Epidemiology of gout: Perspectives from the past. Current Rheumatology Reviews, 2011, (7): 106-113.

古病理学家主要依靠对骨骼材料进行观察来识别过去人群中的痛风。痛风的骨骼证据主要表现为溶骨性病变，在滑膜关节边缘通常沿着骨的长轴形成界限清晰的侵蚀。这些侵蚀性病变在骨皮质表面呈凿除或挖空状，呈圆形或卵圆形。这些病变还具有一层重塑的致密骨质，于溶解腔表面分布，这也是痛风性病变与类风湿性关节炎（rheumatoid arthritis，RA）等其他侵蚀性关节病的区别所在[1]。病变开口周围从骨皮质延伸出的突出边缘也是痛风骨质变化的特征。随着时间的推移，侵蚀性病变会扩展到软骨下骨或移动到干骺端。

要判断个体是否罹患痛风，最重要的是对属于滑膜关节的骨骼区域的侵蚀性病变进行观察与统计。同时，也结合对个体生物年龄（青年、中年和老年）和性别的估计，这是因为痛风显示出强烈的性别差异。鉴于痛风是一种成年发病的疾病，因此只有成年人（即骨骺完全愈合）才会被纳入该疾病的评估中。如果骨骼出现严重的退行性病变，或死后发生了破坏骨骼结构完整性的变异，则不在分析之列。除了对侵蚀性病变进行粗略评估外，古病理学中还采用了通过尿酸盐结晶的存在来诊断痛风的方法，这些方法包括微观或生物化学技术[2]。生存压力指标见图版三。

第四节　传染性疾病

一、骨膜炎

"骨膜炎"（图7-14），或是"骨膜反应"，是人类骨骼遗骸考古中最常见的病理病变之一。它可以影响骨骼中的任何部位，尤其是胫骨。作为对病理刺激的反应，这种病变并不是骨骼上骨髓炎病理过程的一种，其炎症首先表现为细小的点蚀状凹陷，而后沿着骨的长轴形成条纹状瘢痕，最终在原始骨皮质表面生成片状的新骨。

在生物考古文献中，骨膜炎通常被解释为"非特异性感染"的一种。这种解释实际上是缺乏病原学知识的代名词，这是因为非特异性骨膜炎的概念来自考古遗址骨骼的研究，但在临床医学中似乎没有公认的对应物。有学者认为，部分对骨膜炎流行程度的报告，故意忽略了人口健康的一个重要方面：特定传染病对骨膜反应发病率和死亡率水平的影响，这无疑会导致对人群中传染病流行率的高估，因为骨膜病变的个体可能是受肺结核、密螺旋体疾病、麻风病、坏血病、局部溃疡、肥厚性关节病、创伤或其他非感染性疾病的影响，而这些疾病的鉴定诊断可以通过完整的骨骼来确定。此外，骨膜炎作为传染病的征兆，是"压力指标假说"的组成部分，并且压力指标框架

① Ling N Y, Halcrow S E, Buckley H R. Gout in Paleopathology: A review with some etiological considerations. Gout Urate Crystal Deposition Disease, 2023, (1): 217-233.

② Swinson D, Snaith J, Buckberry J, Brickley M. High performance liquid chromatography (HPLC) in the investigation of gout in palaeopathology. International Journal of Osteoarchaeology, 2008, (20): 135-143.

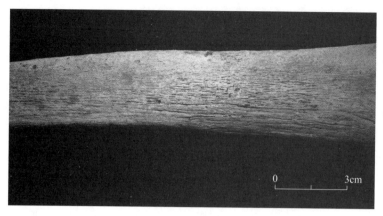

图 7-14　山东临淄赵家徐姚 M414 东胫骨骨膜炎

内对骨膜反应的解释产生了深远的影响，导致了考古人群中病原体负荷模型的普遍化。但正如上文所说，一般记录感染反应或骨膜反应的流行程度会造成对特定流行病发病率和死亡率的忽视，以及人体在面对压力时的激素反应可能会对骨基质的形成起到抑制，压力指标假说在人群对生存压力适应性的研究中存在局限。作为压力发作的程度和强度的衡量标准，以及在特定压力发作和特定压力标记形成之间缺乏可预测的联系。压力指标或许只能作为人口健康的一般性指标，而不应寻求确定具体的压力情况。

（一）骨膜炎的古病理学解释

从已发表的古病理学文献来看，胫骨最常受到骨膜反应的影响，可能是因为胫骨距表皮较近，容易发生周期性的轻微感染的缘故。但是，雷斯尼克和庭山（Niwayama）提出，许多原因都有可能导致这种非特异性的骨骼改变，不过通常情况下暗示了患病部位曾发生感染或外伤。推断古代标本上骨膜炎的致病因素是很困难的，但也有学者基于组织学研究提出了一些建议。关于胫骨多发现象的解释还包括：胫骨表面温度较低，使其更容易受到感染的侵袭；胫骨表面在生理学上属于惰性表面，因此细菌更容易侵入；血液在下肢容易淤积，这样细菌可能会聚集。不论病因如何，看起来是细菌导致了骨骼标本中的病理改变，并且胫骨感染更多见于以农业生产为生的定居群体。选择性的静脉曲张、静脉淤滞和随之产生的下肢溃疡可能会引发慢性病灶性轻微感染。胫骨骨膜炎也被许多学者定义为骨骼上可观察到的身体功能压力的标志之一。像外伤、功能压力或某些少见的静脉曲张、溃疡等，这些病变可能引发下肢骨表面轻微的感染，但是不太可能导致类似骨髓炎患者那样的身体衰弱甚至跛行等症状。

和大多数疾病一样，骨膜炎的流行范围广泛，历史悠久。曾经有文章提到，在得克萨斯州一个早期印第安人群中，有 18.3% 的成年个体显示出骨骼上的炎性病变；与之相比，南达科他州 912 例骨骼标本经调查显示出 1.75% 的流行率。还有关于早期美洲印第安人的研究显示，随着人口密度的增加，人们的骨骼感染流行率呈上升趋势，例如伊利诺伊州迪克森土墩墓；同时，研究者还发现，这个遗址人群的寿命也缩短了。在狩猎采集人群和农业人群的对比中，特别是在北美地区（该地区的居民以营养成分单一的玉米为主要农作物），研究发现，随着时间的推移和经济类型向农业的转移，骨膜炎感染流行率呈现逐渐增高的趋势。但是，这一联系并不是普遍的规律，而且在北美地区也不完全一致。非特异性感染损伤在性别、年龄及不同社会阶层人群之间的差异也被记录下来。例如，拉森考察了来自美国佐治亚州百特地区前农业时期、农业时期和后哥伦布时期的三组骨骼标本。他发现，随着时间的推移，骨膜炎的流行率整体呈上升趋势，但在欧洲人来到美洲大陆之后的稍晚时期，男性个体骨膜炎流行率要远高于女性个体 [①]。奥特纳和斯蒂尼（Stini）也证明，女性对传染性疾病有着相对于男性更强和更有效的免疫力；而且史汀生（Stinson）也提到，男性对外界环境影响的缓冲能力比较弱。所有这些因素都暗示了在古代人群中，传染性疾病在性别上存在着差异。如果女性免疫力较强的话，那么我们在观察女性骨骼时，可能看不到任何骨骼改变，或者骨骼上只显示出慢性病理改变；而后者则意味着当骨骼受累时，该个体已经从疾病发展的急性期存活下来，疾病进入慢性发展阶段。不过，其他外部因素也参与造成这些差异。例如，鲍威尔（Powell）发现，社会地位较高的人和普通群众的感染流行率之间并没有显著的统计学差异；但是单独统计受累骨骼时，这两个人群确实存在差异。然而，刘易斯（Lewis）在她的关于英格兰中世纪城市和乡村遗址的研究中发现，伦敦斯皮塔菲尔德基督教堂墓地中埋葬的社会地位较高的儿童的确很少出现骨膜炎、骨炎和骨髓炎等病变，她认为可能是因为这些儿童很少接触致病因素的缘故。

人口密度增加可能加速了细菌和病毒在人与人之间的扩散和传播。随着人口增长和社会、经济复杂性的提高，贸易网络也随之扩展。贸易往来的区域扩大，商品交换的频率也增加了。这种贸易网络就是传染性疾病在人类群体间传播的通道，因此，影响传染病在人群中流行的因素是多种多样的，宿主自身的免疫状态、病原微生物的毒性、人口密度、营养状况和社会生态学方面的因素都同样重要，而且传染病与营养不良之间的联系也已经是众所周知了。

虽然人类遗骸上经常有骨膜生成新骨的记录，但关注骨膜本身特性的研究相对较少。调查了病理博物馆标本中骨膜反应的特异性，结果表明，骨膜反应在宏观、放射图和组织学层面的形态和定量特征无法与特定的疾病过程相关联，因为无论病因如何，骨膜的反应方式都是相似的。骨膜反应形成的差异被认为很可能是对病理发作的慢性程度的反应。同时，自1990年以来，研究者投入大量的精力关注着人体骨骼上那些可能显示非特异性感染的特殊部位，这些特殊部位包括面部窦腔、中耳和乳突、颅骨内表面和肋骨等。由于特定部位的骨骼出现非特异性的感染，因此关于病因学方面的研

① Larsen C S. Gender, health, and activity in foragers and farmers in the American southeast:implications for social organisation in the Georgia Bight. In Grauer A L and Stuart-Macadam P (Eds.). Sex and Gender in Paleopathological Perspective. Cambridge: Cambridge University Press, 1998: 165-187.

究也更加深入和细致。

（二）判定标准

古病理学中用于描述和分类骨膜炎的术语并不一致。不过也有相关研究制定了骨骼遗骸骨膜炎的评分标准。例如，哈克特（Hackett）提出了一个分类系统，包括斑块、条纹、结节和扩张（特别是密螺旋体疾病），并对斑块状骨膜炎的 4 个阶段进行了说明[①]。

1. 凸起的条纹；

2. 骨板开始形成；

3. 骨板连结；

4. 骨板增厚。

还有一些其他的研究者提出了分类系统，如将骨膜炎反应分为 2 种类型和 4 种亚型。

1. 病灶完全位于皮层外呈层状斑块样

Ⅰ：与纵轴平行且细小的、几乎难以察觉的纤维状条纹；

Ⅱ：被纤维状条纹隔开的孤立骨板；

Ⅲ：多个孤立的骨板形成的连续斑块状结构；

Ⅳ：增厚的骨质斑块。

2. 覆盖骨外表面但不累及底层皮质的极细孔隙性病变

劳莱设计了一个评分系统来表示感染性病理的严重程度，根据"感染的部位和感染引起的骨膜表面的各种表现特征"设计了 9 个严重程度分级。

阶段 1：骨膜表面光滑且未受损，此阶段表示胫骨未受感染；

阶段 2：至少 3/4 的胫骨部分开始出现纵向条纹，此阶段表示骨膜的损伤和破坏才刚刚开始；

阶段 3：1～3 个非连续的区域出现纵向条纹，并伴随有轻度骨质凹陷和隆起；

阶段 4：至少 4 个不连续的区域出现纵向条纹，并伴随有中度骨质凹陷和隆起；

阶段 5：至少 1 个区域内出现较大的骨质隆起，并且 3/4 的区域出现骨质凹陷，从这一阶段开始，骨膜损伤和破坏更加严重；

阶段 6：3 个或者更多的区域出现不连续的骨质隆起，或者连续的 2 个区域出现骨质隆起，或者 1 个区域内同时出现骨质隆起和鳞状结构；

阶段 7：至少有 1 个区域出现严重的骨质凹陷、点蚀（该区域可能由更小的不连续区域组成）；

① Hackett C J. Diagnostic Criteria of Syphilis, Yaws and Treponarid (Treponematoses) and of Some Other Diseases in Dry Bones (for Use in Osteo-Archaeology). Berlin: SpringerVerlag,1976.

阶段8：至少2个区域出现严重的骨质凹陷、点蚀，阶段8和9表示严重的骨膜破坏；

阶段9：至少3个连续的区域内出现严重的骨质凹陷、点蚀，第4个区域出现部分骨质凹陷、点蚀。

在库克（Cook）的标准中，骨膜炎分为"纤维性骨膜炎"和"硬化性骨膜炎"。"纤维性骨膜炎"描述为正在形成、表面无光泽、外观呈现编织状的新骨。这种编织状的外观表明骨膜反应在死亡时或接近死亡时非常活跃。"硬化性骨膜炎"被认为是致密的"骨膜炎"，其表面纹理与正常骨骼相似，是由正常组织或硬化组织重塑和替代编织骨形成的。这种反应形式表明病变不活跃或发展缓慢[①]。

骨膜新骨生成和骨膜血管化的评分系统如下。

纤维性骨膜炎和硬化性骨膜炎：

1. 正常；

2. 覆盖少于1/3皮质和血管表面的不连续斑块；

3. 如上所述，覆盖1/3至1/2的皮质和血管表面；

4. 至少2/3的区域出现骨质增厚，但新骨直径没有增加；

5. 如上所述，骨质增厚大于2~3mm。

骨膜血管化：

1. 正常；

2. 多发细纹；

3. 多发小孔；

4. 多发粗纹；

5. 多发大孔；

6. 混合性血管异常。

布克斯特等人提供了一种记录异常骨形成的标准，要求记录受影响的骨骼、侧面和切面和范围，以及病变的类型（层状、针状或鳞状）。

斯德彻（Steckel）等人对长骨骨膜反应的不同表现形式进行了系统的分级。

1：不存在骨膜炎表现；

2：有显著加重的纵纹；

3：有反应性骨的轻度、不连续的斑块，累及少于1/4的长骨表面；

4：骨膜炎的中度表现，累及少于一半的长骨表面；

5：大量的骨膜反应，累及超过一半的骨干，骨皮质扩张，显著变形；

6：骨髓炎（感染累及骨干的大部分，有窦道）；

---

① Cook D C. Pathologic States and Disease Process in Illinois Woodland Populations: An Epidemiologic Approach. Ph. D. Dissertation, University of Chicago, 1976.

7：与骨折有关的骨膜炎。

上述各种记录方式各有优缺，然而最重要的是，没有一种方法是古病理学家一贯使用的。这使得评估其他研究的结论是不可能的，当然也限制了群体之间比较的可能。

二、结核

（一）背景

历史上关于颈部淋巴结结核的早期证据，可以追溯到公元前 1550 年埃及的《埃伯斯医药籍》（Ebers Papyrus）中的记载，而且中国公元前 2700 年的古代医书中也记载了相似的病例。《梨俱吠陀》（Rig Veda）是印度公元前 1500 年的一部梵语圣歌，其中描述了肺结核病变，Phthisis 是肺结核的另一个英文名称。希波克拉底的著作中也记载了从公元前 5 世纪时开始在罗马古典时期出现的结核病例。在 9 至 10 世纪时，阿拉伯作家累赛斯（Rhazes）和阿维森纳（Avicenna）也同样描述了结核病的症状。随着时间的推移，结核病例逐渐增多，文学、素描和油画等艺术作品中结核病患者的形象屡见不鲜。当然，历史资料给我们提供的关于结核病证据的数量要远远超过从骨骼标本中所观察到的病例，但是鉴定历史资料中记载和描绘的结核病例就更加困难了。

结核病患者排队等候国王的"御触"和"金色天使"（或触币）曾是中世纪宫廷的传统之一。这种传统可能起源于爱德华统治时期（1003～1066 年），当时人们都相信，经过国王的"御触"，可治愈因"国王之恙"而引起的疾病。显然，这种举措必定能够巩固皇室对神圣权利的世袭权。国王之恙是淋巴结结核（预防淋巴结节的结核感染）的术语中世纪时期大量得到"御触"的人也许可以证明在法国和英国所发生的疾病，但是，是否所有的人都真的感染过结核病呢？这个问题仍然存在争议。埃文斯（Evans）曾记载，在查理二世（1662～1682 年）统治时期，国王用御手触摸了 92102 人。在 17 世纪时，这种风俗最为流行，而到了 19 世纪早期则开始逐渐衰退了。

结核病是一种古老的疾病。在英格兰，结核病的流行率曾稳定上升。到了 17 世纪，在伦敦无瘟疫流行的年代里，结核病死亡人数占全部死亡人数的 20%。当时的死亡原因曾被认为是"肺痨"——一个用来描述肺结核或主要为肺部感染的术语。但是，就现代临床诊断标准来看，估计 17 世纪的诊断多不可靠。许多诊断为肺痨病的病例可能患的并不是结核病，而是支气管炎或非结核性肺炎。因为在没有现代诊断技术的帮助下，呼吸急促、咳血和其他暗示肺部疾病的症状和体征在过去也被用来作为某种疾病的诊断。然而，肺痨病这个术语的应用，的确暗示了结核病在当时是一种常见并且已经被详细了解的疾病。伦敦死亡记录是关于伦敦居民死亡率的书面统计，通过它，我们有机会了解当时人们的死亡情况。显然，英国其他人口聚集的中心也面临着相似的问题，难怪伊丽莎白一世会下令将铸币的重量减轻。正如我们提到的，触币是当时授予那些忍受"国王之恙"折磨的患者的，随着结核病患者数量的增加，英国国库一定曾遭受了严重的损失！当然，有一点必须清楚，在当时的情况下并不是所有的男性、女性及儿童患者都具有"国王之恙"的临床表现，因为颈部淋巴结肿大是人类结核感染几种临床表现中非常少见的一种。

罗伯茨和布伊克斯特拉曾报道了结核病死灰复燃的问题，目前每年因结核病死亡的人数大约在三百万人，并且新增病例大约八百万人 [1]。在众多的致病因素中，致使结核病复燃的主要因素是 HIV 或 AIDS、贫穷、抗生素耐受、观光和商务旅行以及迁徙，特别是战乱地区的人群迁徙。当然，有些结核病是通过动物传播的，这一传播途径和贫穷的生活状况是导致结核病在古代流行的主要原因。人类免疫缺陷病毒的出现和贫穷降低了机体免疫系统的抵抗力，使人们更易感染结核病；而人们在旅行和迁徙过程中接触新的环境，也可能会使人们感染该地区的结核病。另外，从战乱地区迁徙出来的难民往往生活困苦，通常没有任何医疗保障。

1882 年，德国细菌学家罗伯特·科赫（Robert Koch）发现了结核病的致病杆菌。从那时开始，人们对这种杆菌进行了深入研究和分类。目前已经了解到，这种杆菌存在多种类型，这些类型的杆菌和其他与之相似的细菌，如麻风杆菌一起，同属于分枝杆菌属。结核分枝杆菌和麻风分枝杆菌之间的关系可能就是这两种疾病存在历史性差异的原因 [2]，这一点会在以下内容中做详细讨论。结核分枝杆菌、牛型结核分枝杆菌、非洲分枝杆菌、卡氏分枝杆菌和微小分枝杆菌等构成了所谓的"结核分枝杆菌复合体"，并且它们之间密切相关。结核分枝杆菌和牛型结核分枝杆菌是包括人类在内的哺乳动物的致病菌，非洲分枝杆菌是专指在非洲某些国家引发结核病的致病菌，而微小分枝杆菌是鼠类的致病菌，鸟型分枝杆菌复合体也被认为是一种可以导致人类结核病的菌群，但由于我们人类自身的原因，结核分枝杆菌和牛型结核分枝杆菌是人类结核病的主要致病菌。这些不同类型的致病菌可能代表了结核分枝杆菌的进化链，或者可能表示这些杆菌在几百万年前起源于一个共同的祖先。

（二）起源与传播途径

牛型肺结核，顾名思义，是一种主要感染牛及其他许多哺乳动物的疾病，另外它也可以感染人类 [3]。因此，由动物向人类传播的必要条件可能就是人与动物的密切接触。的确，当北美印第安人群逐渐过上定居生活、经济类型向农业转化时，该人群椎骨的结核性病理损伤流行率也逐渐升高。既然家畜驯养是欧洲新石器时代的特征之一，那么人类牛型肺结核感染的出现可能会与家畜驯养起源的时间一致。大约在距今 1 万年

① Roberts C A, Buikstra J E. The bioarchaeology of tuberculosis: a global view on a reemerging disease. Gainesville, Fla, University Press of Florida, 2003.
② Grmek M. Les maladies l'aube de la civilisation occidentale. Paris, Payot, 1983.
③ O'Reilly L M, Daborn C J. The epidemiology of Mycobacterium bovisinfectionsin animals and man: a review. Tubercle and Lung Disease (Supplement 1), 1995: 1-46.

前，世界上不同地区的人们开始以较大的群体定居下来，并且生产他们自己的食物、驯养家畜和种植作物[1]。已经有证据表明，在公元前 8000 年的近东地区就已经出现了农业及绵羊和山羊的驯养。到了公元前 6500 年，北欧、地中海和印度等地区也开始农业生产，而印度在那时开始了牛的驯养。东南亚地区在公元前 5000 年左右开始了植物的栽培。而到了公元前 3000 年，撒哈拉以南的非洲地区也开始了植物栽培。美洲地区的植物栽培和家畜驯养开始于公元前 8000 年的南美洲，而中美洲和北美洲分别始于公元前 7000 年和公元前 1500 年。史密斯（Smith）提出，植物栽培和家畜驯养在世界七个主要地区独立地起源和发展，这些地区包括公元前 8000 年近东地区、公元前 6500 年中国南部、公元前 5800 年中国北部、公元前 2000 年撒哈拉以南的非洲地区、公元前 2500 年南美洲安第斯山脉的中南部地区、公元前 2700 年墨西哥中部及公元前 2500 年美国东部[2]。考虑到第一个开始饲养家畜的地区和定居的人类团体的建立，我们很自然地联想到，在该地区有可能会发现人或其他动物感染结核病的最早证据。遗憾的是，目前对有关结核病的进化和历史还不能妄下结论，因为这些地区的骨骼遗存还没有经过任何系统分析和研究，可以用来查找相关证据（特别是中国和撒哈拉以南的非洲地区），所以我们并不了解这些地区是否有骨骼资料可以支持这一假设。但是，在大约公元前 3100 年的近东地区和 700 年的美洲都相应地发现了结核病病例，然而这些证据的年代都远远晚于以上我们提到的家畜起源的时间。

当然，结核病也可由未经驯养的野生动物传染给人类，所以原先关于家畜起源是人类开始感染牛型结核病的主要原因的假说就不那么有说服力了，而且很明显的是，分枝杆菌最早出现于 1.53 万～2.04 万年以前，远早于家畜起源的时间[3]。然而，驯化的牛群仍被认为是对人类最具传染性的动物之一。虽然考古学家并没有在考古遗址中找到任何关于驯养动物或野生动物患结核病的证据，但是我们的确在定居的早期农业人群的骨骼遗存中发现了结核病的证据，证明了这种疾病的出现。最近有报道说，在与 16 世纪加拿大易洛魁族人（Roquoian）有关的遗址中发现了一例罕见的动物结核病标本——一例狗的肥大性骨病被认为可能是由结核病导致的，随后，研究者应用古代 DNA 技术证明了这一诊断[4]。另外，历史资料中也有关于古代病畜的记载，科路美拉（Columnella）（1 世纪）曾专门描述了结核病。还有一点不能忘记的是，在古代与病畜有关的其他产品可能也被大量利用，如家畜的粪便用作燃料和修葺、粉刷房屋。然而时至今日，结核病的传播在病畜没有得到有效控制的发展中国家仍然是一个很严峻的问题。还有，无论在古代还是现代，人们在工作中接触动物及其副产品，如制革工人、

---

① Renfrew C, Bahn. Archaeology: Theories, Methods and Practice. London: Thames and Hudson, 1991.

② Smith B E. The Emergence of Agriculture. New York: Scientific American Library, 1995.

③ Kapur V, Whittam T S, Musser J M. Is Mycobacterium tuberculosis 15, 000 years old? Journal of Infectious Diseases, 1994, 170(5): 1348-1349.

④ Bathurst R, Barta J L. Molecular evidence of tuberculosis induced hypertrophic osteopathy in a 16th century Iroquoian dog. Journal of Archaeological Science, 2004, 31(7): 917-925.

兽医、屠夫、动物园管理者和农夫等，都有可能使这些从业者暴露于结核病病原微生物的传染范围之内。但是，病畜感染人类的途径主要是人类饮用病畜的乳液和食用其肉制品。显然，牛型结核迅速地、大范围地感染动物及人类这种情况，是不可能伴随家畜驯养的起源而出现的，这样的画面不是生物学意义上的现实状态。然而，目前根据考古学所提供的证据，我们还无法断定，作为一种主要感染人类的病原微生物的人形结核分枝杆菌，是否就是由牛型结核分枝杆菌演变而来。不论结核分枝杆菌的来源和进化过程如何，它对人体的致病力已经导致了人类历史上慢性、地方性以及大范围的结核病感染，这是最具真实性的。一个人类群体感染一种新的疾病，往往极其严重，甚至出现暴发流行，这通常指的是该疾病已经在另一个群体中流行。但对人类而言，结核病是一种全新的疾病，它能在何种程度上反映这种真实性，我们就不得而知了。如果这种假设是正确的，那么古代结核病的病理改变一定是急性的，仅仅波及软组织，甚至有可能是致命的。骨骼病变标志着疾病的长期、慢性病理过程，只有在人类群体连续几代人经历这种疾病折磨而产生一定的机体抵抗力，并且致病微生物的毒力有所减弱的时候，骨骼病理改变才可能出现[①]。因此，骨骼遗存中可能并没有关于这个时期的证据。不过，现在运用古代 DNA 技术可以检测没有显示结核病症状的骨骼遗存和干尸遗存中的疾病[②]。

人型结核分枝杆菌的传播途径是通过人与人之间的飞沫传播的。病患个体咳嗽和呼出结核分枝杆菌，而且他们的唾液和其他排泄物中也可能包含结核分枝杆菌，这种细菌在体外仍可存活一定时间。一个健康人，特别是儿童，如果接触到这些感染媒介物，都有可能感染结核。因此，这种疾病易发于人口密集的人类群体，事实上它是一种城市病。起初研究者们认为，人型结核分枝杆菌是由牛型结核分枝杆菌微观进化而来，并且有可能是结核分枝杆菌进化链中的最后一种类型。然而，正如以上提到的，布罗施（Brosch）等的研究完全颠覆了这一假说。

（三）病理表现

结核感染的病理性改变可在身体的多个部位和器官中发展，这在某种程度上是由致病菌的类型和感染途径所决定的。例如，肺结核是人型结核分枝杆菌感染最常见的类型，胃肠道则是牛型结核分枝杆菌最易感染的部位。牛型结核感染常发于儿童，可能与婴儿期饮用牛奶有关。不过，牛型结核也可通过飞沫传播。

虽然到目前为止，古代 DNA 研究一直都在关注结核病的诊断，但是，与其他大

① Bates J H, Stead W W. The history of tuberculosis as a global epidemic. Medical Chinics of North America, 1993, 77(6): 17-1205.

② Faerman M, Jankauskas R, Gorski A, Becovier H, Greenblatt Ch L. Detecting Mycobacterium Tuberculosisin Medieval skeletal remains from Lithuania. In Palfi G, Dutour O, Deak J and Hutas I (Eds). Tuberculosis: Past and Present. Budapest/Szeged, Golden Book Publishers and Tuberculosis Foundation, 1999: 6-371.

多数古代疾病一样，结核病的证据主要有赖于对骨骼遗存中病理变化的鉴别[①]。木乃伊的软组织遗存也是非常重要的证据，但其数量远不足以复原早期疾病历史的整个画面。结核病可能为原发性感染，常在个体从未接触过结核致病菌的儿童期发生感染。病患个体也许能够存活，但也极有可能死亡。之后再复发或继发感染，多见于 12 岁以上的儿童或成人，是在原发病变已静止甚至痊愈一段时期后，陈旧的原发病灶内结核分枝杆菌的重新活动引起病灶复燃，继而又发生了活动性结核（可能是由于该个体的免疫力下降所致），或者原发感染已愈合后，再次由外界感染大量结核分枝杆菌而发病，骨骼上也会发生继发病变。显然，牛型结核分枝杆菌所造成的骨骼病理改变，要远远多于人型结核分枝杆菌所造成的病变[②]，但不论感染的来源是什么，结核都是从身体的原发病灶经血液和淋巴系统传播到骨骼。结核病骨骼病变的诊断要点主要是骨髓炎病变的分布位置，踝关节和膝关节是除脊柱外最常见的发病部位。感染通过血液或由邻近的病灶传播至关节，引发关节病理变化。骨髓炎性病变过程从长骨的末端开始，常累及关节本身，产生以关节面进行性破坏为特征的败血症性关节炎，最终发展为该关节关节面纤维性粘连、固定（关节强直）。但是，根据这些证据所得出的诊断往往是暂时性的，并且很有可能与其他造成骨髓炎和关节炎性病变的疾病相混淆与退行性关节疾病不同的是，结核病往往仅波及一个关节，而且骨的破坏过程要比骨的修复过程更加显著。在古病理学背景中，大多数结核病的诊断是根据严重的脊柱病理损伤而得出的。

在 19 世纪 40 年代和 50 年代的结核病患者中，有 3% 至 5% 的个体出现了骨骼病理损伤。然而，最近有研究显示，该流行率有可能远远高于这个数字，特别是儿童患者[③]。身体中任何一块骨头都有可能被感染,但在全部骨结核病例中有大约 25% 至 60%的患者都出现了脊柱病变，因此，不足为奇的是，脊柱在古病理学诊断中起着至关重要的作用。脊柱病变大多发生在胸椎下段和腰椎上段，累及第一至第四块椎骨；病理损伤一般比较严重，椎体内常形成脓肿，并穿透至胸腔或腹腔，致受累椎体塌陷，而后相邻的几块椎体会发生粘连和固定。脊柱结核的显著病理表现就是早期累及单个椎体之间的椎间盘，以及单个椎骨后部神经弓正常形态变化的缺失。虽然容易与其他导致脊柱塌陷的疾病相混淆，如外伤骨折和恶性疾病[④]但结核病的脊柱病理表现被称作"波特病"（Potts disease，图 7-15）。珀西瓦尔·珀特爵士（Percival Pott）是伦敦圣巴塞洛缪医院（St Bartholomew）的一名外科医生，1779 年，他在一本专著中描述了脊柱结核的病

① Roberts C A, Buikstra J E. The bioarchaeology of tuberculosis: a global view on a reemerging disease. Gainesville, Fla, University Press of Florida, 2003.

② Stead W W. What's in a name: confusion of Mycobacterium tuberculosis and Mycobacterium bovis in ancient DNA analysis. Paleopathology Assoc. Newsletter, 2000, 110: 13-16.

③ Bernard M-C. Tuberculosis in 20th century Britain: a demographic and social study of admissions to a children's sanatorium in Stannington, Northumberland. Ph. D. Thesis, University of Durham, 2003.

④ Roberts C A, Buikstra J E. The bioarchaeology of tuberculosis: a global view on a reemerging disease. Gainesville, Fla, University Press of Florida, 2003.

理特征。脊柱塌陷导致脊柱成角畸形俗
称"驼背"，这种病态经常被作家和艺术
家们所描绘。但是，由于诊断难以确定等
原因，许多艺术品中的人物可能并不是结
核病患者，一个患有骨质疏松症的人也能
表现相似的脊柱畸形。脊柱结核也可能产
生多种并发症，如脊柱前部腰肌中出现脓
肿，或者感染向后部扩散导致脊神经受
压、虚弱、下肢麻风或瘫痪以及步态摇摆
和尿失禁等可能是脊柱结核的后遗症。

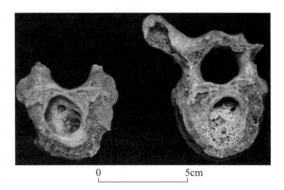

图 7-15　山东烟台午台遗址 M25 墓主的
结核病表现

　　在结束关于脊柱结核病理改变的讨论之前，有必要提到最近关于在脊柱塌陷和驼背发生之前对该病进行早期诊断可能性的研究进展。贝克（Baker）描述了椎体前部的破坏性损伤，并认为它们是早期脊柱结核的病变特征。随后，研究者成功地在该病变位置的骨骼中提取出了人型结核分枝杆菌复合体的古代 DNA。但是，这并不能证明这一病理损伤就是结核病所致。如果考虑到脊柱正常的发育过程，那么在青少年（正是结核性病理损伤多发的年龄）骨骼中，仍然可能残留一些由正常发育而形成的孔洞。随着年龄的增长，骨重新塑形，这些孔洞会逐渐消失。如果到了成年这些特征仍然存在的话，也许暗示了某种病理现象，但若将其作为早期结核的诊断标准则需要更加谨慎。

　　虽然古代 DNA 分析可以区分人型和牛型结核分枝杆菌[1]，但由于结核病导致的脊柱塌陷是这两种类型细菌感染的共同病理特征，所以目前还不清楚古代居民是经消化道还是经呼吸道感染结核。不过，最近一些研究已经提出了关于肺结核的骨骼损伤的鉴定标准[2]。虽然病因不明，但有研究显示，肺结核可能导致肋骨内侧面发生炎症反应，然而，即使使用古代 DNA 分析技术，目前二者之间的直接联系仍然难以确定。

　　最近，有学者提出了一些与结核病有关的非特异性病理特征，虽然对此仍然存在争议，但在这里我们也对它们进行简单的讨论。颅内壁新骨形成就是一种结核性脑膜炎的病理现象；皮肤结核（寻常狼疮）也可能导致皮下骨骼的破坏性损伤，通常位于面部；肺结核和其他肺部病变还可造成胸膜（覆盖肺部的隔膜）钙化。但是，这些非特异性病理特征在考古学背景中是罕见的，若在同一个遗址中观察到这些病变，那么该人群结核病流行的可能性就大大提高了。继发性肥大性骨关节病（hypertrophic osteoarthropathy，HOA）也是结核病的一种病理特征。新骨形成，作为肺结核病理反应之一，常累及胫骨、腓骨和胫骨骨干近端和远端部位，而累及股骨、脑骨、掌骨、

① Mays S. Effects of age and occupation on cortical bone in a group of 18th—19th century British men. American Journal of Physical Anthropology, 2001, 116(1): 34-44.

② Lambert P M. Rib lesionsin a prehistoric Puebloan sample from southwestern Colorado. American Journal of Physical Anthropology, 2002, 117(4): 281-292.

腕骨、跖骨和趾骨则相对少见。有些骨骼病理研究工作是建立在已知死亡原因基础之上的，但考古学背景中还很少见到经确诊的病例。近年来，有研究将结核病的古代DNA研究与结核感染的肥大性骨关节病的病理表现联系起来 [1]，不过，这些非特异性的结核病病理表现在将来的研究中还需要详细地考察，目前不能将它们作为结核病的诊断标准。然而，拉森曾提到，如果在一个遗址的大量骨骼标本中都发现像肋骨病变这样的病理表现，同时还有脊柱结核的确定的证据，这时肋骨病变与结核病的联系可能是合理的。

三、麻风

（一）背景

在细菌性疾病的历史中，麻风病似乎出现得稍晚。由于还未发现年代较早的麻风病人类骨骼遗存，麻风病的早期历史需要依据文献资料的记载来确定。最早提及人类患麻风病的文献是大约公元前 600 年印度的一部经典医学著作《苏胥如塔·妙闻集》（Sushruta Samhita），书中描述的感觉丧失、手指断裂、畸形四肢溃疡和鼻部塌陷等几乎可以诊断为晚期瘤型麻风。相似的描述还出现在公元前 300 年中国的竹简上。因此，瘤型麻风曾在古代印度和远东出现过，并且，当时清晰和精确地描述暗示了作者具有敏锐的临床医学观察力。当时这种疾病很有可能在世界上的这些地区普遍流行。

直到 16 世纪时，中世纪的绘画艺术品中出现的麻风病患者仍被刻画为身体布满了斑点、肿块和脓包的形象。毫无疑问，当时的艺术家大体上了解这种疾病。但直到文艺复兴早期，才有人第一次描绘出麻风病患者肢体和面部的畸形。虽是艺术品，但也有诋毁之嫌。在英格兰莱斯特郡伯顿麻风病院中的一座雕塑，表现的就是晚期瘤型麻风患者的面部特征；而且波兰克拉科夫（Krakow）一个教堂内的圣坛上也雕刻了一个非常相似的人物形象；还有，法国阿比德卡杜安（Abbaye de Cadouin）的一座小雕像显示了麻风病面部和周围肢骨的病变特征。不过，创作这一最令人感动的作品的雕刻家很可能与那位晚期瘤型麻风病患者有过非同寻常的交往。另外，在欧洲和中东的雕刻品中也发现了一些疑似麻风病的艺术形象。

中世纪时期，人们对麻风病的理解大多参考圣经中关于疾病的记载，但这些记载在今天看来大部分都是不正确的。麻风病到底是什么样子的呢？目前，"麻风病在人群中的传播已经得到了有效控制，而且病患个体的治疗手段也有了长足发展"，这都归功于综合（抗生素类）药物治疗方法（MDT）的使用，而且这种治疗方法对所有麻风病患者都是免费的。1991 年，世界卫生大会宣布，在 2000 年要将麻风病的发病率降低到

---

① Mays S, Taylor G M. Osteological and biomolecular study of two possible cases of hypertrophic osteoarthropathy from Mediaeval England. American Journal of Physical Anthropology, 2002, 29: 1267-1276.

1/10000。虽然目前麻风病仍是世界上 24 个国家公共健康的主要问题，但是现在麻风病已经减少了 86%。目前麻风病高发现象在前 11 个国家的发病率为 4.1/10000，而全球发病率为 1.25/10000 的这些国家包括印度、巴西、尼泊尔和埃塞俄比亚等。事实上，印度麻风病患者的数量占世界麻风病病例总数的 60%。这主要是因为这些人群一直保持较高的发病率，而且疾病的传染性强，加上人群间时常爆发激烈冲突，并且缺乏有效诊断和治疗的基础设施。在 1999 年初，全世界有 83.4988 万例病例经确诊，1998 年至 1999 年之间的新增病例为 71.4876 万例。另外，预计在 1999 年至 2000 年之间仍有 150 万至 200 万未确诊的麻风病病例。2003 年，世界卫生组织报道了在 2002 年全世界有 62.0672 万例病例，其中以东南亚地区的患者数量最多（52.0632 万）。

（二）起源与传播途径

细菌从何处而来并感染人类仍然是未知的。但是，研究者发现，一些类似分枝杆菌的细菌可以在非常简单的碳水化合物中存活，如地表的燃料化石中曾发现过这样的细菌。难道这就是培养潜在致病细菌的来源吗？细菌侵入皮肤的创口，进而引发疾病？多斯（Dols）认为，目前还没有能够令人信服的证据来证明在亚历山大大帝统治之前，古埃及、美索不达米亚或波斯曾出现过麻风病；文献和骨骼考古学中关于地中海和欧洲地区麻风病的证据出现在年代稍晚的时期。就目前已经获得的资料来分析，麻风病可能是由亚历山大大帝的军队（公元前 356～前 323 年）从印度河—恒河流域带回地中海地区的。但是，麻风病最早出现在远东地区这一假说还没有得到骨骼考古学证据的支持。亚历山大大帝时期的印度战役发生在公元前 327 年至公元前 326 年，当时的士兵或随军商贩在远征的途中有可能感染了麻风病。移动的人群，不论是商贾、军队，还是带有宗教色彩的远征，都是疾病传播的有效载体[①]。因此，具有重大意义的是，目前已知的麻风病最早的骨骼证据来自埃及达赫莱绿洲（Dakhleh Oasis），其中有4 例显示出麻风病病理特征的头骨标本，年代处于公元前 250 年左右的托勒密王朝时期（Ptolemaic period）比亚历山大战役稍晚一些[②]。另一点值得注意的是这些头骨属于"欧洲人类型"，而不是当地典型的"尼格罗类型"。迪热兹科瑞－罗格莱斯基（Dzierzykray-Rogalski）认为，这些人曾是社会中高阶层的成员，但由于疾病，他们可能从帝国的城市中心被隔离出来。如果这个假设成立的话，考虑到整个社会对一种疾病的认识（社会及医学态度）所需要的时间，那么在托勒密王朝时期，麻风病被看作是一种疾病可能已经很长时间了。这一点与亚历山大大帝的军队将该病带入地中海地区的假设一致。

① Wilson, Mary E. Travel and the emergence of infectious diseases. Emerging Infectious Diseases, 1995, 1(2): 39-46.

② Dzierzykray-Rogalski T. Paleopathology of the Ptolemaic inhabitants of Dakhleh Oasis (Egypt). Journal of Human Evolution, 1980, 9(1): 71-74.

最近，莫尔托（Molto）鉴定出了另外 2 例 4 世纪早期或中期的男性麻风病个体[1]，并且，同位素研究结果显示，他们死亡之前曾在达赫莱绿洲的其他地区居住过。这一证据进一步支持了麻风病可能起源于非洲地区的假说。

麻风病是由麻风分枝杆菌感染而引起的慢性传染性疾病。虽然麻风病在很大程度上属于人类的疾病，但是并不排除其他动物感染此类疾病的可能：黑猩猩、白眉猴和犰狳等动物曾感染过麻风病。不过，梅耶斯（Meyers）等人指出，人工感染麻风病的实验动物犰狳，其病理表现与人类有所不同，这些动物在感染后的一年半到三年内迅速死亡，而且未见神经受累的报道。然而，在美国南部（得克萨斯州和路易斯安那州）野生犰狳群体中，麻风病似乎相当普遍，几乎有 1/3 的犰狳患病[2]，这对人类来讲也是一种威胁。

麻风分枝杆菌在人与人之间的传播途径还不十分清楚，一个可能是因为与患者接触而受感染，或更有可能是通过飞沫传播（患者鼻部感染，呼出的飞沫中包含大量细菌）[3]，因为麻风病人鼻部呼出的气体可以容纳两千万个细菌。另一个可能的传播途径是通过吸血昆虫的叮咬，将细菌从患者的皮肤和血液中传播到未感染的受害者[4]；不过，斯瑞瓦塔森（Sreevatasan）认为，这种传播途径并不是麻风病在人与人之间传播的主要途径。然而，可以肯定的是，麻风病不会遗传，也不是性传播疾病[5]，因此显然与中世纪时的观点相左。麻风病好发于儿童，男性多于女性。但临床医学中很少见年轻的麻风病患者就医[6]，因为感染这种疾病后，在临床症状和体征出现之前，往往有两到五年的潜伏期[7]。由于细菌繁殖的速度较慢，所以麻风病的病理发展过程也比较缓慢，在整个患病过程中，患者像活死人一样经受着疾病的折磨。事实上，在中世纪时，对那些被诊断为麻风病的病人来讲，他们"在这个世界上已经死去了，仅在上帝面前依然活着"。感染主要侵袭周围神经系统，而其传感器、感应器及其自主形态的损伤是造成该病大部分骨骼损伤的主要原因，因此在古病理学中也具有深刻意义，皮肤、眼睛、骨骼和睾丸都有可能被感染侵袭。

---

① Molto J E. Leprosy in Roman period skeletons from Kellis 2, Dahkleh, Egypt. In Roberts C A, Lewis M E, Manchester K (Eds.). The past and present of leprosy: archaeological, historical, palaeopathological and clinical approaches. British Archaeological Reports Internaional Series 1054. Oxford: Archaeopress, 2002: 179-192.

② Truman R W, Kumaresan J A, McDonough C M, et al. Seasonal and spatial trends in the detectability of leprosy in wild armadillos. Epidemiology & Infection, 1991, 106(3): 549-560.

③ Bryceson A, Pfaltzgraaf R E. Leprosy. Edinburgh:Churchill Livingstone, 1990.

④ Sreevatsan S. Leprosy and arthropods. Indian Journal of Leprosy, 1993, 65(2): 189-200.

⑤ Lewis M E. Infant and childhood leprosy: past and present. In Roberts C A, Lewis M E, Manchester K (Eds.). The past and present of leprosy: archaeological, historical, palaeopathological and clinical approaches. British Archaeological Reports Internaional Series 1054. Oxford: Archaeopress, 2002: 163-170.

⑥ Lewis M E. Infant and childhood leprosy: present and past. BAR International series, 2002, 1054: 163-170; Ortner D J. Observations on the pathogenesis of skeletal disease in leprosy. BAR International series, 2002, 1054: 73-80.

⑦ Jopling W H, McDougall A C. Handbook ofleprosy. Oxford, Heinemann MedicalBooks, 1988.

（三）病理表现

除了骨骼和软组织等病理变化之外，麻风病患者的精神障碍也应受到关注。麻风病患者发生神经炎性症状和对自身感染的精神反应是很常见的（无论男性，还是女性），这可能是因为患病而受到他人的凌辱所致。而且，身体畸形的患者更容易发生严重的精神问题，发病率明显高于"普通人群"（麻风病患者的精神病发病率为99/1000，而"普通"人群则为63/1000）。兰吉特（Ranjit）和维格霍斯（Verghose）指出：麻风病患者的精神极限是麻风病精神病学研究的重要部分[①]。考察古代人骨遗存中麻风病患者的精神病学当然是不可能的，不过现代临床医学的研究工作可以帮助我们了解当时麻风病患者所经历的痛苦。显然，不论是在今天，还是在古代，身体畸形使人们对这种疾病产生了巨大的恐惧。不过，斯里尼瓦森（Srinivasan）和达哈姆门德拉（Dharmendra）认为，如果麻风病没有造成身体畸形和残疾的话，那么这种疾病也不会产生令人惧怕的效果，并且只会被认为是皮肤病的一种[②]。然而对疾病患者强烈的情感偏见才是导致麻风病病人致伤、致残和致畸的主要原因。经过了漫长的潜伏期之后，麻风病临床表现的严重程度、身体病变分布和传染性差异较大。但是，这些差异并不是由麻风分枝杆菌自身的不同而造成的，而是由病患个体的免疫状态所决定的。如果受感染个体的抵抗力低，而疾病的传染性强，体征累及四肢、面部及软组织器官等多个部位，那么这时的病理表现在麻风病疾病谱中被称为瘤型麻风，而另一种则是结核样型麻风，它的表现是疾病的传染性较低，病理损伤累及一处或两处肢体，软组织损伤不严重。在古病理学中，最常被鉴定出来的是瘤型麻风，而结核样型麻风则相对少见，这可能是由于这种类型的麻风病很少发生严重骨骼损伤的缘故。瘤型麻风可能导致患者的鼻部和上腭部骨组织损伤，但这种病理现象在结核样型麻风患者中则未见发生。瘤型麻风患者的手和足部的病变通常是对称的，而结核样型麻风则是单侧发生的。

麻风病通常损伤的骨骼包括面骨、手部和足部骨骼、胫骨及腓骨，大约5%的麻风病患者的病变会发展为骨骼损伤。但是，其他疾病也有可能导致相同或相似的病理变化。观察病理损伤在身体上的分布情况是鉴别诊断的关键[③]。穆勒–克里斯滕森是丹麦一位对考古学和古病理学非常感兴趣的医生，他曾参加了丹麦一处中世纪麻风病医院遗址的发掘，并对该遗址出土的人骨进行了分析，还在20世纪50年代（1953年）首次记录了人类骨骼遗存中麻风病的骨骼改变情况。

---

① 　Ranjit J H, Verghose A. Psychiatric disturbances among leprosy patients: an epidemiological study. International Journal of Leprosy, 1980, 48(4): 431-434.

② 　Srinivasan H, Dharmendra. Deformities in leprosy (general considerations). In Dharmendra (Ed.). Leprosy. Bombay: Kothari Medical Publishing House, 1978: 197-204.

③ 　Manchester K. Infective bone changes of leprosy. In Roberts C A, Lewis M E, Manchester K (Eds.). The past and present of leprosy: archaeological, historical, palaeopathological and clinical approaches. British Archaeological Reports Internaional Series 1054. Oxford: Archaeopress, 2002: 69-72.

周围神经系统的损伤导致末梢神经功能丧失，其后果是上、下肢肌肉群麻痹，甚至导致畸形，同时，感觉功能丧失，特别是手部和足部。由于皮肤触觉麻木，从而促使因反应迟钝而造成的组织损伤以及溃疡和继发感染发生。手部、足部以及下肢骨的损伤都是由继发感染、畸形直接造成的，其损伤包括骨和关节的炎症反应，关节强直和畸形，以及骨吸收，特别是脚趾和手指。值得一提的是，足部损伤比手部更多见一些，这可能是因为手部的损伤比足部更容易被发现和察觉。考古发掘出土的人骨遗存也是如此。由正常足部解剖学结构所致，脚掌（脚底）第一和第五趾关节处皮肤的压力最大，因此这个区域也最易受伤。但如果足弓塌陷（麻风病常见症状），压力就被转移到了脚掌的中前部。今天，在麻风病流行的地区，指导麻风病人用手套、水壶等保护手足部位是教育病人如何应对疾病并进行自我保护的重要环节。

胫骨和腓骨表面新骨形成（骨膜炎）是一种非特异性的病理变化。但其他许多疾病，如外伤、密螺旋体属疾病、坏血病和结核等都可以导致这种骨骼改变。然而，最近有研究试图通过组织切片分析方法来区分由麻风病和其他疾病所导致的新骨形成[1]。以往的观点认为，这种病变由足部感染向上蔓延而波及胫骨和腓骨所致，但也有可能由麻风病人的外伤感染所致（虽然现在临床上有些麻风病患者中也发现有这种症状，但是并没有足部病变）。刘易斯记录了英格兰苏塞克斯郡奇切斯特一处中世纪麻风病医院墓地中38例麻风病患者（76%）的下肢具有这种病变，而19%的非麻风病患者个体（60例）也具有同样的病理改变，有少数个体的尺骨和烧骨也发生病变，这可能是由手部感染蔓延至上臂所致。在今天的临床医学实践中，骨膜炎并未被确定为麻风病感染的鉴别诊断标准，然而在考古学背景下骨膜炎确实看起来很常见。前者可能因为微弱的骨骼改变不容易在放射线影像中被检查出来的缘故而被遗漏，因此在临床病例中从未有过相关的描述和记录。

口鼻部软组织直接感染麻风分枝杆菌后能产生典型的麻风病面部骨骼病变[2]，患者面部呈结节样变化，鼻梁塌陷，并因此而持久地流鼻涕，眼睛也受到感染，严重时还可导致失明。病变侵入喉部时导致患者声音嘶哑，这是晚期患者典型的体征。麻风病的面部骨骼损伤包括：双侧上腭表面出现点蚀炎性病灶并可能出现穿孔（炎症），上颌中门齿区域的牙槽骨缺失并导致牙齿缺失，前鼻棘吸收，鼻孔变形，鼻甲和鼻中隔发生炎性反应。这种面部病理改变被穆勒-克里斯滕森称为"麻风面容"，后来安徒生（Andersen）和曼彻斯特（Manchester）又称其为"鼻腭综合征"（rhino maxillary syndrome）。虽然这些病变被认为对麻风病具有诊断意义，但其他疾病过程也有可能产

① Schultz M, Roberts C A. Diagnosis of leprosy in skeletons from an English later Medieval hospital using histological analysis. In Roberts C A, Lewis M E, Manchester K (Eds.). The Past and Present of Leprosy: Archaeological, Historical, Palaeopathological and Clinical Approaches. British Archaeological Reports Internaional Series 1054. Oxford: Archaeopress, 2002: 89-104.
② Andersen J G, Manchester K. The rhinomaxillary syndrome in leprosy: A clinical, radiological and palaeopathological study. International Journal of Osteoarchaeology, 1992, 2(2):121-129.

生相似的病理变化，如密螺旋体属疾病和结核病[1]。

　　麻风病患者会毁容、致畸，或失去手指、脚趾，以及最终导致失明等，毋庸置疑，这一切会激起整个社会的反应和恐慌。在古代乃至现代社会，这种疾病的诊断和误诊一直都是争论的焦点。在过去，有多少非麻风病所致的神经系统、皮肤和眼部的疾病也曾被认为是"圣经中记载的苦难根源"呢？这一点仍存在疑问。对这一问题的阐释，需要依靠文献记载的证据，还有特别是骨骼考古学的证据。在丹麦奈斯特韦兹一处中世纪麻风病院中出土的骨骼中，68% 都显示出麻风病的病理表现。麻风病所导致的典型的骨骼病变能够在古代骨骼遗存中被鉴定出来，从历史的角度来看，这一点的确是非常幸运的。继穆勒–克里斯滕森对麻风病作基础性研究工作之后，学者们对麻风病的诊断标准开始了更加细致的研究，并对造成骨骼改变的特殊病理过程进行了考察[2]。最近，还有学者运用分子生物学分析方法来检测古代人骨遗存中麻风病病例的诊断[3]。

四、密螺旋体疾病

（一）背景

　　关于梅毒起源有三种假说：哥伦布、前哥伦布和独立的新旧世界起源[4]。哥伦布假说表明了新大陆的起源。前哥伦布时期的假说认为，16 世纪初的梅毒流行代表了区分梅毒（始终存在）和麻风病的新诊断能力。这个前哥伦布时期的假说表明，由于气候和生活条件的变化，性病梅毒是从贝杰尔（Bejel）和雅司病（Yaws）发展而来的。哈德森（Hudson）认为密螺旋体疾病起源于旧世界，以雅司病的形式出现。他进一步提出，它被传送到新世界，随后转移到贝杰尔（在新世界）。

　　第一个被认可的多骨性骨膜病出现在 KNM-ER 1808，距今 160 万年。在肱骨、桡骨、尺骨、股骨、胫骨和部分腓骨中发现厚度高达 7mm 的骨干骨膜反应。在分离的肱骨 KNM-ER 737 中也注意到类似的骨膜反应。虽然最初被认为是维生素 A 过多症相关疾病，但对维生素 A 过多症性质的新认识使得 KNM-ER 1808 和 737 的诊断站不住脚。成人多骨性骨膜反应的其他原因有远端骨干分布（肥大性骨关节病）、下肢远端分布（静脉瘀滞）、长骨远端分布（甲状腺尖头症）或氟中毒和婴儿皮质肥厚的轴向骨骼分布。缺乏附着反应与维生素 A 过多症和氟中毒的预期结果不一致。因此，只有密螺

[1] Cook D C. Rhinomaxillary syndrome in the absence of leprosy: An exercise in differential diagnosis. In Roberts C A, Lewis M E, Manchester K (Eds.). The Past and Present of Leprosy: Archaeological, Historical, Palaeopathological and Clinical Approaches. British Archaeological Reports Internaional Series 1054. Oxford: Archaeopress, 2002: 8-81.

[2] Anderscn J G. Studies in the Medicval Diagnosis of Leprosy in Denmark. Copenhagen: Costers Bogtrykkeri, 1969.

[3] Spigelman M, Donoghue H D. The study of ancient DNA answers a paleopathological question. In Roberts C A, Lewis M E, Manchester K (Eds.). The Past and Present of Leprosy: Archaeological, Historical, Palaeopathological and Clinical Approaches. British Archaeological Reports Internaional Series 1054. Oxford: Archaeopress, 2002: 6-293.

[4] Hudson E H. The treponematoses-ortreponematosis. British Journal of Venereal Diseases, 1958, 34: 3-22.

旋体疾病可作为 KNM-ER 1808 和 737 的诊断。在密螺旋体疾病中，只有雅司病常常是多骨性的，并且只有雅司病经常影响肱骨。因此，密螺旋体疾病的古老性是根据人类起源于非洲而确定的。此外，密螺旋体疾病的第一种形式似乎是雅司病。虽然科克本（Cockburn）提出（显然是基于血清学）雅司病可能起源于更新世猿类，但尚未发现非人类灵长类动物患有雅司病类型的骨损伤。

有人认为雅司病是欧洲常见的梅毒螺旋体病，在 15 世纪末或 16 世纪初被梅毒取代。事实上，科克本报道了直到 17 世纪中叶不列颠群岛的雅司病。他将这种疾病的持续与公共睡眠安排联系起来。在欧洲，家庭晚上赤身裸体地睡在一张单人床上。斯皮罗夫（Spirov）支持他关于非性病密螺旋体病持续存在的论点。

密螺旋体疾病在新大陆的历史可追溯至 4000 多年前。虽然早期的遗址得到研究，但推测雅司病是随首批亚洲移民进入新大陆的。在数千年的历史中，雅司病持续流行，直至距今 1800 年前，在美国西南部 Basketmaker Ⅱ 遗址中首次出现了梅毒的替代现象。雅司病在美国中西部地区延续至约 1000 年前。梅毒在佛罗里达和厄瓜多尔的现存记录可追溯至距今 700 年。因此，它可能在哥伦布时代存在于伊斯帕尼奥拉岛。对骨骼记录的检查表明哥伦布船员有机会被感染。综合来看，梅毒似乎是一种新世界疾病，起源于旧世界雅司病，随后传播回旧世界。

（二）基本介绍与分类

密螺旋体疾病是一种螺旋菌属梅毒螺旋体所引起的慢性传染性疾病，通常被叫作梅毒。根据临床表现及地理位置不同，可分为：品他病（Pinta）、雅司病、地方性梅毒、性传播性（以及先天性）梅毒，由以下相应的几种细菌感染所致：品他病密螺旋体、雅司病密螺旋体、苍白密螺旋体地方亚种和苍白密螺旋体的苍白亚种。随着疾病的变化和梅毒在骨组织的侵犯程度不同，需在熟悉该疾病的古生物病理专家的建议下才能确诊疑似梅毒感染的个体。组织对病原体所致非特异性骨髓炎和其他同类传染性疾病的组织学反应相同，使得骨梅毒与其他炎症疾病的鉴别诊断具有难度。梅毒通常被称为"伟大的模仿者"。如下关于密螺旋体疾病的相关信息，仅为介绍这种多变性疾病，不可用于疾病的特异性诊断，尤其是在非典型病例中。

品他病（斑点密螺旋体）是一类破坏性最小，而且多数为良性的地方性密螺旋体病。品他病（西班牙语意为"斑点""点"或"标记"）多见于美国热带地区、墨西哥和南美洲中部部分地区。品他病通过非性接触直接传播，发病初期表现为皮肤红疹，然后出现色素沉着并具有传播性，疾病晚期色素消散。品他病是密螺旋体传染病中唯一不侵犯骨组织的类型。

雅司病（雅司螺旋体）和品他病具有相似特点，是一种地方性非性传播疾病，好发于青少年，通过与感染者亲密接触传播（如儿童间亲密玩耍）。雅司病多发生在热带炎热地区，通常童年期开始发病，以肢体暴露部位局部疼痛为早期症状。当疼痛发生在骨骼周围，可引起骨膜炎，雅司病初期阶段常见多发性肌炎，雅司病所致骨损伤很少见（15%），通常较难与其他密螺旋体感染病区别。雅司病通常表现为胫骨前端肥大，腓骨感染较少。在病程后期，梅毒肉芽肿骨膜炎、骨赘和骨髓炎发展成三期梅毒，同期也被称为结节溃疡型雅司病或晚期雅司病。

地方性梅毒是一种非性传播密螺旋体疾病，好发于温暖、干燥或半干燥地区（如非洲、中东、亚洲地区）。地方性梅毒通过与感染者密切接触（如接吻），或接触感染者使用过的物品（如水杯）而传播。宾福德（Binford）和康纳（Connor）提出，地方性梅毒和雅司病具有相同的临床症状，传染病管理机构应将地方性梅毒归为雅司病的一种，而不是将地方性梅毒和性病梅毒归为一类。斯泰因博克（Steinbock）则建议将地方性梅毒划分为介于雅司梅毒和性病梅毒之间的中间类型。哈德森提道，所在地区的生活标准和卫生条件可决定此类梅毒是性传播型还是非性传播型。无论如何，梅毒所致骨骼病变较为少见，且难以用于鉴别雅司病和性病梅毒。唐纳德·奥特纳研究表明，在雅司病病例研究中发现进行性骨关节损伤，而梅毒并不会导致关节损伤。密螺旋体疾病进化史及其病理表现的探讨参见奥特纳的文献综述[1]。

性病梅毒（也称梅毒螺旋体病、苍白密螺旋体病），通过性接触传播。性病梅毒可见于世界各地，且是唯一一类可由母体传播给胎儿（先天性梅毒）的密螺旋体疾病。性病梅毒也被称为获得性梅毒，通常不会累及骨组织（10%~20%病例可出现骨骼病变），初次感染后10~20年，或进入病程第三阶段可出现骨组织病变[2]。胫骨和颅骨是性病梅毒累及骨组织的常见部位，当然，其他骨骼也有可能受累。

（三）病理表现

梅毒通常会先侵犯颅骨外板，此种侵袭方式与结核病、肿瘤由内向外的侵袭不同。最有特征性的颅骨病理表现为额骨和顶骨形成瘢痕（偶尔也会累及枕骨和颞骨），也被称为骨疡；星状瘢痕、结节和空洞三种类型病理表现为共同形成骨疡。空洞主要表现为局部颅骨凹陷，通常不会穿透颅骨内板。凹陷区域的边缘和壁，由硬化骨（结节）和星状痕（放射样瘢痕）组成。此痕表现为由中心向外放射的光滑皱褶。出现骨疡意味着疾病进入愈合阶段，且将伴随患者终生。梅毒、结核、脊柱炎、肿瘤和其他疾病所引起的早期炎症反应有着相同的表现，因而难以进行鉴别诊断。

品他病、雅司病、地方性梅毒和性病梅毒大体的临床表现和在显微镜下的基本病理变化都相同，它们之间的差异仅仅是病灶数量和程度的差异，而不是质的差异。尽管感染的各种临床反应一致，但仍有证据表明，品他病与其他三种疾病还是有所不同，这种疾病的病理改变仅局限在皮肤上，因此不会在骨骼标本上显现。就发病率和死亡

① Ortner D J. Identification of Pathological Conditions in Human Skeletal Remains. 2nd Edn, London: Academic Press, 2003.
② Steinbock R T. Paleopathological Diagnosis and Interpretation. Springfield, Illinois: Charles C Thomas, 1976.

率而言，密螺旋体属疾病中品他病较轻，其次为雅司病、地方性梅毒，最严重的、致命的是性病梅毒。

雅司病、地方性梅毒和性病梅毒的感染都能波及身体大部分组织，包括体表软组织和骨组织，虽然被感染的骨骼通常很少有软组织附着。研究者已通过对挪威和美国那些未经救治的病患的研究，获得了大量关于性病梅毒骨骼损伤的资料[①]。最近也有学者对已提出的密螺旋体病骨骼损伤发病机理进行了综述（在疾病发展的第二阶段，病毒由软组织损伤直接蔓延至骨骼，以及接近体表的局部骨骼创伤），并进一步提出，骨组织的感染可能是通过病灶周围的淋巴结和血管蔓延至骨骼而导致的。性病梅毒，作为最严重的一种密螺旋体病，在疾病发展的最后阶段能够波及动脉循环和神经系统。

正如以上所提到的，这些疾病在数量和骨骼的受累程度上有所不同，其他病就不在这里详细讨论了。雅司病、地方性梅毒和性病梅毒的骨骼病理改变是骨髓炎，其中也包括密螺旋体病特异性的炎症反应[②]。这种反应导致骨组织大面积破坏，被称为树胶样肿或梅毒瘤。但是，与之前我们提到的非特异性骨髓炎病例不同，密螺旋体病所造成的骨髓炎常伴有广泛的骨组织再生，并具有特异性的显微镜下表现[③]。结果，在骨组织感染的稍晚阶段，受累骨骼发生严重的变形。在密螺旋体属疾病中，导致骨骼感染的病例的频率分别为：雅司病病例的5%～15%有骨骼感染发生，性病梅毒病例中超过20%的病例会导致骨骼感染，而地方性梅毒骨骼感染情况介于这两者之间。

雅司病，常发于胫骨，骨骼的其他部位受累频率较低。而且，关节也可以被腐蚀（侵蚀性关节病）。颅骨感染的情况并不多见，但如果发生的话，病理反应的破坏性往往比性病梅毒还要严重，特别是口鼻部[④]。通常，疾病的最后结果就是在颅骨表面留下许多不规则的弹坑状凹陷，有时破坏面可能非常大。这可能是由毁形性鼻咽炎导致的，整个鼻部和上颌都可能被侵蚀了，同时还可能伴有面部软组织的破坏。这是一种甚至比麻风病还要严重，并且更易毁容的疾病。不过，最常见的还是胫骨骨髓炎，即由于新骨沉积而引发的"马刀胫"，之所以这样称呼，是因为发生改变的胫骨的形状与军用马刀相似。雅司病常发于儿童期，急性感染常见，不过如果患儿生长到成人期，感染也可愈合。

与雅司病相似，地方性梅毒波及颅骨的现象并不多见，但也可导致鼻部和上腭部

① Jones J H. Bad Blood: The Tuskegee Syphilis Experiment. Toronto: The Free Press, A Division of Maxwell Macmillan, 1993.

② Canci A, Minozzi S, Borgognini Tarli S M. Osteomyelitis: Elements for differential diagnosison skeletal material. In Dutour O, Palfi G, Berato J and Brun J-P (Eds.). L`origine de la syphilis en Europe: avant ou apres 1493? Toulon, Centre Archeologique du Var, Editions Errance, 1994: 88-90.

③ Schultz M. Paleohistology of Bone: A New Approach to the Study of Ancient Diseases. Yearbook of Phys. Anthrop, 2001, 44: 47-106.

④ Manchester K. Rhinomaxillary lesionsin syphilis: differential diagnosis. In Dutour O, Palfi G, Berato J and Brun J-P (Eds.). L`origine de la syphilis en Europe: avant ou apres 1493? Toulon, Centre Archeologique du Var, Editions Errance, 1994: 79-80.

大面积破坏。而且，胫骨也是地方性梅毒的多发部位，和雅司病一样，也会出现"马刀胫"的病理现象[1]。这两种疾病之间的区别，形成于疾病各自发展的早期阶段和疾病发生的地理环境。两种疾病在炎热的气候中都较常见和流行，但雅司病多发于潮湿的热带地区；而地方性梅毒多发于干旱的地区，在雅司病多发区的南部和北部区域流行[2]。事实上，为了不与性病梅毒相混淆，地方性梅毒曾被重新命名为"treponarid"，不过这个新名字并没有被广泛使用。品他病一般在三十岁左右易感，而雅司病和地方性梅毒的易感人群则是儿童，当然，患儿生长到成人期时疾病仍可持续发展。

　　性病梅毒是一种传染性疾病，与雅司病和地方性梅毒一样，性病梅毒也多发于长骨中的胫骨[3]，表现为骨骼变形和骨髓炎，但全身骨骼多处受累的报道也比较多见。性病梅毒也可导致关节的破坏性病理改变，特别是膝关节。关节本身也可能成为病灶，或者在疾病发展的晚期阶段因神经系统受累，从而失去知觉，这就是所谓的"夏科氏关节病"（Charcot joint），它对步履蹒跚的晚期梅毒患者来说，无疑是雪上加霜。不过，与雅司病和地方性梅毒相比，性病梅毒常波及颅骨，而且正是根据这种病变，古病理学家们才能够对该病作出鉴别诊断。受累颅骨顶部的骨板表现出典型的"虫蚀样变"，被称为"干性骨疽"（caries sicca，图7-16）。病变常发生在受累颅骨的顶骨和额骨部

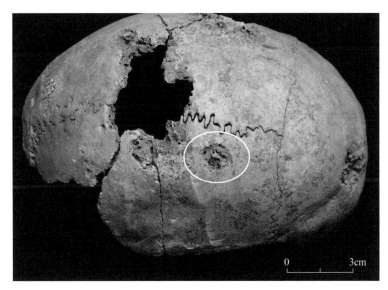

图 7-16　山东章丘农贸市场遗址 M4 墓主的干性骨疽

① Anderson T, Arcini C, Anda S, Tangerud A, Robertsen G. Suspected endcmic syphilis (Treponarid) in sixteenth century Norway. Medical History, 1986, 30: 50-341.

② Froment A. Epidemiology of African endemic treponematoses in tropical forest and savanna. In Dutour O, Palfi G, Berato J and Brun J-P (Eds.). L`origine de la syphilis en Europe: avant ou apres 1493? Toulon, Centre Archeologique du Var, Editions Errance, 1994: 7-41.

③ Clairet D, Dagorn J. Skeletal disorders acquired in syphilis: radiographic study and differential diagnosis. In Dutour O, Palfi G, Berato J and Brun J-P (Eds.). L`origine de la syphilis en Europe: avant ou apres 1493? Toulon, Centre Archeologique du Var, Editions Errance, 1994: 5-32.

位，病理过程包括骨的完全破坏和不规则修复。炎症反应起初仅局限在头骨本身的骨组织内层，随后逐步向内、向外扩散，最终可能导致颅骨穿孔[1]。虽然鼻部和上腭也会发生病理变化，但是不像雅司病和地方性梅毒那样明显。

思 考 题

1. 古病理学研究的难点有哪些？
2. 缺铁性贫血在骨骼上有哪些表现？
3. 弥漫性多发性骨质增生症与强直性脊柱炎的区别。
4. 肺结核在骨骼上的表现。

延 伸 阅 读

刘武、张全超、吴秀杰、朱泓：《新疆及内蒙古地区青铜—铁器时代居民牙齿磨耗及健康状况的分析》，《人类学学报》2005 年第 1 期。

Larsen C S. Bioarchaeology: The lives and lifestyles of past people. Journal of Archaeological Research, 2002, 10 (2): 119-166.

Buikstra J E. Introduction: scientific rigor in paleopathology. International Journal of Paleopathology, 2017, (19): 80-87.

---

[1] Hackett C J. Development of caries sicca in a dry calvaria. Virchows Arch A Pathol Anat Histol, 1981, 391(1): 53-79.

第八章 创伤与体型复原

第一节 创 伤

创伤的定义有很多种，但通常被理解为由外力对身体组织造成的伤害。外力对骨骼的影响有几种不同的方式，包括骨折（fracture）、关节移位（displacement）或脱位（dislocation）。人们很早就认识到创伤在解剖学上的重要性和对社会文化的影响，因此，早有对人类骨骼遗骸中创伤的描述以及对古代人群创伤模式的识别和比较[1]。随着古病理学学科的发展，创伤分析的目标已从侧重于鉴定和描述最早和最不寻常的病理标本，转向解释创伤的社会、文化或环境原因、与性别和年龄等具有社会或文化属性的因素之间的关系以及在时间和空间上的变化。对创伤的生物考古学调查所揭示的不仅仅是所受的创伤，还有助于人们更广泛地了解暴力和冲突。造成伤害的原因多种多样，如环境或职业促成的意外和事故、人际冲突或定期和常规暴力。区分意外伤害和蓄意伤害非常重要，因为它们对个人和群体的经历有着不同的影响。故意伤害可能是由一系列行为造成的，包括社会认可的残暴行为（如体罚、仪式暴力、家庭虐待）和来自外部的行为（如与战争、袭击有关的暴力）[2]。暴力冲突通常与头骨、手臂、躯干和手部的创伤模式有关。面对面的暴力冲突通常反映在颅骨前部的创伤上，而逃离时受伤则通常发生在颅骨后部。挡开性骨折（parry fracture）位于尺骨远端，通常是由于抬起手臂抵挡打击造成的，因此表明了防御行为。这是与其他手臂远端骨折（如尺骨和桡骨远端科莱斯骨折）的重要区别，表明是摔伤而非自卫[3]。冲突可能导致肋骨骨折，因为打击通常落在躯干上。如果用手作为防卫盾牌，则可能导致手骨骨折[4]。虽然暴力冲突中造成的伤害各不相同，但头颅、尺骨、肋骨和手部的这种伤害模式已被证明能可靠地反映人际暴力事件。

关节表面受力可能导致半脱位或脱臼。半脱位是不完全脱位，关节面之间仍有一

① Lovell N C. Trauma analysis in paleopathology. Yearbook of Physical Anthropology, 1997, (40): 139-170.

② Juengst S L, Chavez S J, Hutchinson D L, Chavez S R. Late preceramic forager-herders from the Copacabana Peninsula in the Titicaca Basin of Bolivia: A bioarchaeological analysis. International of Journal Osteoarchaeology, 2017, (27): 430-440.

③ Judd M A. The Parry problem. Journal of Archaeological Science, 2008, (35): 1658-1666.

④ Brickley M. Rib fractures in the archaeological record: A useful source of sociocultural information. International Journal of Osteoarchaeology, 2006, (16): 61-75.

些接触。脱臼最常发生在上肢，有研究计算了台湾每年治疗骨科脱臼的发生率。脱臼最常发生在中青年、成年人身上。在亚成年人中，发生骺端分离比关节脱位更常见。在老年人中，由于相关韧带失去弹性，关节的稳定性较差，因此发生关节脱位时的力量较小。要想在骨骼遗骸中识别脱臼，脱臼必须保持足够长的时间不被还原，骨骼才会发生变化。如果脱臼已被还原，那么在骨骼分析中很可能无法发现损伤。

骨折是指骨骼连续性不完全或完全断裂。最常见的骨折类型，如横向骨折（transverse fracture）、螺旋骨折（spiral fracture）、斜形骨折（oblique fracture）和压迫性骨折（crush fracture），是由直接或间接创伤引起的。另外两种类型的骨折，即由应力引起的骨折和继发于病理的骨折，不太常见，并且具有不同的病因。直接创伤引发的骨折类型有横向、穿透性、粉碎性和压迫性骨折，而间接创伤引发的骨折类型主要有斜形、螺旋、缠枝骨折、嵌入骨折和撕脱性骨折。另外，爆裂性骨折（burst fracture）主要分布于椎骨，是由垂直挤压造成的，椎间盘通过椎体终板破裂，迫使椎间盘组织进入椎体。这种损伤的轻微型在人骨遗存中可以经常看到，通常被称为"施莫尔结节"（Schmorls node）。此外，不同骨骼部位的骨折又有更为细致的类型划分。例如曼特（Mant）、舒肯特（Schünke）等学者对股骨头颈处的骨折类型按具体部位进行了划分[1]；贾德（Judd）按照尺桡骨骨折的方向、部位，对尺桡骨骨折的标准进行了梳理[2]。其中，桡骨上可见克雷氏骨折（Colles' fracture）、史密斯氏骨折（Smith's fracture）、加莱阿齐氏骨折（Galeazzi's fracture），尺骨可见敞开性骨折、蒙特吉亚氏骨折（Monteggia's fracture），同时出现斜形骨折则为成对旋转性骨折（图 8-1）。

骨折在骨头断裂后立即开始愈合，大多数研究者认为长骨愈合有 5 个重叠的阶段[3]，具体表现和每个阶段的持续时间如表 8-1 所示。根据对不同骨骼部位创伤愈合阶段的观察，可以帮助了解个体死前所经历的事件、直接或间接

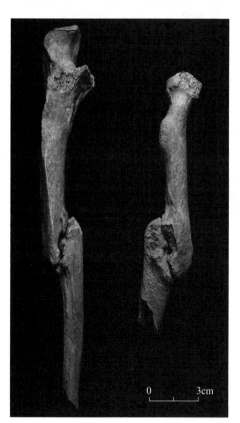

图 8-1　山东邹平东安遗址 M111 右侧尺桡骨折（正在愈合）

①　Mant M, De La Cova C, Ives R, et al. Perimortem fracture manifestations and mortality after hip fracture in a documented skeletal series. International Journal of Paleopathology, 2019, (27): 56-65.

②　Judd M A. The Parry problem. Journal of Archaeological Science, 2008, (35): 1658-1666.

③　Lovell N C. Trauma analysis in paleopathology. Yearbook of Physical Anthropology, 1997, (40): 139-170.

死因以及古代人群内部的冲突情况。部分创伤与骨折见图版四。

表 8-1　长骨骨折愈合的过程和持续时间

愈合阶段	愈合过程	持续时间
血肿形成	撕裂血管的血液渗出，形成血肿； 骨折的骨端因缺乏血液供应而死亡	24 小时
细胞增生	骨膜和骨内膜的成骨细胞在每块碎片周围沉积类骨质，并将血肿推向一边； 骨折被桥接；在干燥骨（dry bone）中可见	3 周
愈伤组织 形成	编织骨的愈伤组织由类骨质矿化形成，可作为骨膜和骨内膜表面夹板； 可见于放射学影像	3～9 周
愈合	成熟的骨板（lamellar bone）由愈伤组织前体（callus precursor）形成，在骨折区域牢固结合	根据骨骼部位，持续时间从数周至数月不等
重塑	骨骼逐渐重塑为原来的形状，沿着机械应力线得到强化； 成人骨骼骨折部位的射线照相密度增加	6～9 年

对骨骼的伤害可能是由单一创伤事件或长期累积的机械应力造成的。尽管其承受能力因所涉及的骨骼部位而异，骨骼可承受中等程度的应力和应变。应力（或疲劳）骨折是由于骨骼部位反复受力造成的[1]。应力（或疲劳）骨折在下肢尤其常见，特别是胫骨、跖骨和跟骨，因为这些骨骼会受到与运动相关的机械负荷。应力骨折线通常垂直于骨骼的纵轴，这可能会使其与横向骨折的区分变得复杂。应力性骨折通常表现为骨骼中的非移位线或裂缝，通常被称为发际骨折。例如，峡部裂（spondylolysis）由于椎弓受到重复应力导致的单侧或双侧骨折[2]。

某些病理情况可能会影响骨骼结构的完整性，降低其在应力作用下抵抗变形的能力[3]。某些代谢性疾病（如骨质疏松症）、先天性疾病（如成骨不全症）、感染或肿瘤会改变骨骼的正常生物力学特性，从而导致骨折风险增加。例如，在现代临床环境中，儿童病理性骨折多继发于良性肿瘤。如上所述，导致骨质流失或质量异常的疾病，如骨量减少（osteopenia）和骨质疏松症（osteoporosis），即使在相对正常的负荷条件下也会增加骨折风险。继发于骨质疏松症的椎体压缩性骨折尤为常见，股骨颈骨折也是如此。

在对骨折创伤进行观察时，需要注意区分生前愈合创伤、围死期创伤与死后破坏的区别。生前创伤（antemortem trauma）可见骨骼的愈合反应，可能为完全愈合或正在愈合，可见断裂处合并及新骨生成；围死期创伤（perimortem trauma）不见任何骨骼愈合或感染的反应，可见光滑的骨折创伤表面，且伴有较锐利的骨折角度，骨折边缘可

---

① Matcuk G R, Mahanty S R, Skalski M R, Patel D B, White E A, Gottsegen C J. Stress fractures: pathophysiology, clinical presentation, imaging features, and treatment options. Emergency Radiology, 2016, 23(4): 365-375.

② Merbs C F. Asymmetrical spondylolysis. American Journal of Physical Anthropology, 2002, 119(2): 156-174.

③ De Mattos C B R, Binitie O, Dormans J P. Pathological fractures in children. Bone &Joint Research, 2012, 1(10): 272-280.

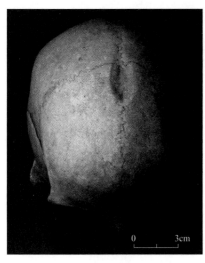

图 8-2　山东临淄赵家徐姚遗址 M365
东侧 1 号个体额骨愈合钝器伤

能与周围骨骼的颜色相近，骨骼可拼合；死后破坏虽然不见任何骨骼愈合或感染的反应，但可通过骨折表面不甚光滑、骨骼断裂破坏处呈直角或垂直断裂、骨骼断裂破坏处与周围颜色不一致等方面与围死期创伤进行区分[1]。

此外，也需对骨骼受到的创伤种类进行区分。创伤种类可分为锐器伤与钝器伤（图 8-2）。锐器伤的特点为：对小面积区域施加缓慢负载，创伤多为线性有穿孔或缺口，边缘更为平整光滑，多由利刃切割而成；钝器伤的特点是：对大面积区域施加缓慢负载，多见压缩性区域和塑性变形，多为拳头、锤子、棍棒等造成[2]（图 8-2）。

第二节　体　型　复　原

一、身高

人类身高或身材的差异具有高度遗传性，基因组研究显示有数百个基因与身高的表达有关[3]。然而，大量基因的参与意味着生长并不是一个预先确定的、一成不变的过程。相反，骨骼生长结果是个体遗传潜力与生长发育过程中营养和健康损害之间复杂相互作用的结果。因此，虽然成人身高的潜力可能是高度遗传的，但其表现却取决于生长发育过程中的环境质量。生长扰动被认为是对破坏体内平衡的一种补偿机制。虽然补偿反应的价值在于生存，但这种发育调整往往是有代价的，没有达到最佳生长或体型的个体发病和死亡的风险会增加。通过这种方式，减缓或阻碍生长可使发育中的生物体将营养重新分配到其他更需要能量的领域，如大脑的生长发育。这些对生长的干扰被认为是非特异性的，因为它们可能有许多病因，包括营养不良、感染等。长期以来，生物人类学家一直在观察古代人群的身高与其整体生活条件之间的普遍联系。与没有身材矮小的人群相比，身材矮小的人群显示出更大的系统压力。因此，生物考古学家通常将身高作为整体健康和成长过程中压力的指标，骨骼生长对重建古代人群

① Villa P, Mahieu E. Breakage patterns of human long bones. Journal of Human Evolution, 1991, 21(1): 27-48.

② Lukasik S, Krenz-Niedbala M, Zdanowicz M, Olszacki T. Victims of a 17th century massacre in Central Europe: Perimortem trauma of castle defenders. International Journal of Osteoarchaeology, 2019, (29): 281-293.

③ Allen H L, Estrada K, Lettre G, et al. Hundreds of variants clustered in genomic loci and biological pathways affect human height. Nature, 2010, 467: 832-838.

的生命经历具有重大意义。考古骨骼样本中的长骨生长模式已被广泛用于比较不同人群之间的健康和压力状况。

如果环境和营养条件得到显著改善，当压力刺激导致生长放缓时，生长速度有可能加快，从而"赶上"最初或最大的生长轨迹。另外，即使生长速度保持不变，但个体继续生长更长的时间以达到正常的成年潜能，也会出现追赶生长。然而，有研究者认为，除非个体在早期发育过程中脱离了最初的压力环境，否则很少会出现追赶性生长，而且追赶性生长还取决于发育迟缓的发病年龄和条件改善的年龄[1]。

一般来说，对身高的复原采用测量股骨最大长的方法，复原采用对蒙古人种或汉族成年个体的身高公式。

男性身高的估算方法，主要依据以下公式：

（1）采用米尔德里德·特罗特（Mildred Trotter）和戈尔丁·格莱瑟（Goldline Glesser）利用朝鲜战争美国军人中 92 位蒙古人种标本（日本人、美洲印第安人和菲律宾人为主）计算所得的估算公式，并选用相关性最好的前三个公式，将双侧下肢骨数据代入公式取平均值。公式具体如下（单位为 cm）：

公式 1：身高 = 1.22 ×（股骨最大长 + 腓骨最大长）+ 70.24

公式 2：身高 = 1.22 ×（股骨最大长 + 胫骨最大长）+ 70.24

公式 3：身高 = 2.40 × 腓骨最大长 + 80.56[2]

（2）朱泓推算黄种人成年男性的身高公式：身高 = 股骨 × 3.66 + 5cm[3]

（3）邵象清对中国汉族成年男性身高推算的一元回归方程：

左侧股骨最大长（x）：

21～30 岁，身高 = 643.62+2.30x ± 34.87mm

31～40 岁，身高 = 640.21+2.32x ± 33.32mm

41～50 岁，身高 = 617.48+2.36x ± 31.16mm

51～60 岁，身高 = 784.03+1.96x ± 34.30mm

右侧股骨最大长（x）：

21～30 岁，身高 = 644.84+2.31x ± 34.86mm

31～40 岁，身高 = 635.64+2.33x ± 32.98mm

41～50 岁，身高 = 687.57+2.20x ± 32.35mm

51～60 岁，身高 = 780.19+1.98x ± 35.85mm[4]

女性的身高估算方法，依据以下公式：

① Martorell R. Body size, adaptation and function. Human Organization, 1989, (48): 15-20.

② Trotter M, Glesser G C. Evaluation of estimation of stature based on measurements of stature taken during lige and of long bones after death. American Journal of Physical Anthropology, 1958, 16(1): 79-123.

③ 朱泓：《体质人类学》，高等教育出版社，2005 年，第 153 页。

④ 邵象清：《人体测量手册》，上海辞书出版社，1985 年，第 395 页。

（1）皮尔逊（Pearson）的身高推算公式：身高 = 股骨最大长 × 1.945+72.844 cm[①]

（2）张继宗推算中国汉族女性身高的一元回归方程：左侧股骨，身高 = 483.913+ 2.671 × 左股骨最大长（mm）；右侧股骨，身高 = 459.290+2.752 × 右股骨最大长（mm）[②]

二、体质量

从考古出土的人骨遗存中估算体质量是许多古生物学和生物考古学研究的重要组成部分。体质量是一项重要信息，因为它与许多因素有关，例如能量需求、生活史变量等。人的体质量可通过各种骨骼部位进行估算，但普遍认为颅后骨骼更可取，这是由于其与身体尺寸和质量有更为直接的关系[③]。

各种骨骼部位和测量值都被用来以这种方式估计化石类人猿的体重。关节尺寸对估计体重特别有用，因为与干骺端形态相比，关节尺寸受活动水平的影响较小，而干骺端形态可能在现代人和早期祖先之间存在系统性差异。在考古背景中股骨头最大宽度较常能够获取，是一种易于测量且可重复性很强的测量方法，而且由于其承重功能与体重密切相关，因此被广泛使用[④]。使用股骨头最大宽进行体重估算被纳入了几项对已知体重的现代人的研究中，从而产生了 3 套体重估算公式。由于关节的大小和形状似乎不会随着成年期负荷的变化而改变，因此关节大小应该并非反映生命后期的体重，而是更能反映青壮年时期的体重。

使用股骨头最大宽进行体质量复原的 3 套公式如下：

（1）克里斯托弗·拉夫（Christopher Ruff）等在 1991 年提出的公式：男性个体，体质量 =（2.741 × FHB−54.9）× 0.9；女性个体，体质量 =（2.426 × FHB−35.1）× 0.9；全部个体，体质量 =（2.160 × FH−24.8）× 0.9[⑤]。该研究表明种族差异并不会对体质量估算造成显著影响，因此对国内考古出土的人骨，也可应用这些公式。

（2）拉夫等于 1997 年依据麦肯利（Mc Henry）于 1992 年的研究所得数据提出的

---

① Pearson K. Mathematical contributions to the theory of evolution. V. On the reconstruction of the stature of prehistoric races. Philosophical Transactions of the Royal Society of London. Series A, Containing Papers of a Mathematical or Physical Character, 1899, 192: 169-244.

② 张继宗：《中国汉族女性长骨推断身高的研究》，《人类学学报》2001 年第 4 期。

③ Elliott M, Kurki H, Weston D A, Collard M. Estimating fossil hominin body mass from cranial variables: An assessment using CT data from modern humans of known body mass. American Journal Physical Anthropology, 2014, (154): 201-214.

④ Auerbach B M, Ruff C B. Human body mass estimation: A comparison of "morphometric" and "mechanical" methods. American Journal Physical Anthropology, 2004, (125): 331-342.

⑤ Ruff C B, Scott W W, Liu AY-C. Articular and diaphyseal remodeling of the proximal femur with changes in body mass in adults. American Journal Physical Anthropology, 1991, (86): 397-413.

公式：体质量 = $2.239 \times FHB-39.9$[①]

（3）格林（Grine）等1995年依据扬格斯（Jungers）于1990年发表的数据整理提出的公式：体质量 = $2.268 \times FHB-36.5$[②]

FHB为股骨头宽度的英文缩写（femoral head breadth），体质量复原结果的单位为kg。对于上述公式的适用人群，奥尔巴赫（Auerbach）和拉夫认为，第1组公式适用于各种体型大小的个体，第2组公式适用于体型较小的个体，第3组公式适用于体型较大的个体。对于体型不明确的样本，可使用第1组公式或者将3组公式的结果进行平均得到体质量复原的最终结果。

思 考 题

1. 如何分辨致命伤？
2. 暴力创伤在古代人骨上的表现。
3. 身高主要受哪些因素影响？
4. 古代居民的体质量计算公式。
5. 古代人骨遗骸的创伤及愈合情况能否反映古人的生活方式与社会结构？
6. 身高和体质量复原如何帮助我们理解古代人群的生活方式与健康状况？

延 伸 阅 读

Villa P, Mahieu E. Breakage patterns of human long bones. Journal of Human Evolution, 1991, 21(1): 27-48 .

Ruff C B, Trinkaus E, Holliday T W. Body mass and encephalization in Pleistocene *Homo*. Nature, 1997,387 (6629): 173-176.

Lovell N C. Trauma analysis in paleopathology. Yearbook of Physical Anthropology, 1997, (40): 139-170.

Allen H L, Estrada K, Lettre G, et al. Hundreds of variants clustered in genomic loci and biological pathways affect human height. Nature, 2010, 467: 832-838.

[①] Ruff C B, Trinkaus E, Holliday T W. Body mass and encephalization in Pleistocene *Homo*. Nature, 1997, 387(6629): 173-176.

[②] Grine F E, Jungers W L, Tobias P V, Pearson O M. Fossil Homo femur from Berg Aukas, northern Namibia. American Journal Physical Anthropology, 1995, (97): 151-185.

第九章　肌肉附着点与行为重建

肌肉附着点（enthesis），一般指肌肉、肌腱、韧带等在骨骼上附着的部位，根据骨骼与肌肉韧带连结处结构的不同，可将其分为纤维型附着点（fibrous enthesis）及纤维软骨型附着点（fibrocartilaginous enthesis）两类。纤维型附着点是肌肉或韧带附着在致密结缔组织上，而后附着在骨骼或骨膜上；在纤维软骨型附着点中，肌肉和骨骼之间的连结更加复杂，且经历了软骨形成。肌肉附着点可能会受到重复的微小应力，并造成骨骼的重塑[①]。

肌肉附着点改变（entheseal change）是指肌肉附着点的形态变化，这是对生物力学应力的适应性反应。肌肉附着点处在健康状态下，表面一般呈光滑状态，且缺乏血管构造，其改变一般为附着点表面质地改变、多孔、侵蚀，附着点边缘骨赘等。人骨考古中，将骨骼形态与行为活动联系起来是基于骨骼功能性适应的概念，这一概念通过沃尔夫定律为人所知，即骨密质与骨松质的结构会进行重塑和适应，以最好地分散负载力[②]。骨骼功能性适应对于肌肉附着点改变研究的主要观点为通过运动增加肌肉的使用，导致对肌腱或韧带压力的增加，从而造成结缔组织微观的撕裂与损伤。这种损伤会增加附着部位的血流量，反过来刺激骨细胞的活动，从而改变肌肉附着点的形状、大小与外观。

人骨考古学中尝试使用骨骼上表现的附着点改变探讨古代人群行为模式，开始于20 世纪 80 年代。较早的如杜图尔（Dutour）在 1989 年对撒哈拉地区新石器时代人群41 具人骨的肌肉附着点改变进行了观察与研究，认为肘关节与踝关节附着点改变的增加可能意味着该人群较频繁地使用、涉及这两个关节的动作[③]。通过肌肉附着点探讨古代人群行为模式的研究，随着研究者对附着点改变的定义、成因、表现等方面认识的更新，对附着点改变的观察方法以及古代人群行为模式的分析与解释也发生着变化。

为了方便更好地观察和记录各处肌肉附着点变化的程度，以便针对行为模式复原的问题进行讨论，霍基（Hawkey）和梅尔布斯（Merbs）在 1995 年研究哈德逊湾古代爱斯基摩人生存策略变化时，提出了肌肉骨骼压力标志（Musculoskeletal Stress

① Becker S K. Osteoarthritis, entheses, and long bone cross-sectional geometry in the Andes: Usage, history, and future directions. International Journal of Paleopathology, 2020, (29): 45-53.
② Ruff C, Holt B, Trinkaus E. Who's afraid of the big bad Wolff?: "Wolff's law" and bone functional adaptation. American Journal of Physical Anthropology, 2006, 129(4): 484-498.
③ Dutour O. Enthesopathies (lesions of muscular insertions) as indicators of the activities of Neolithic Saharan populations. American Journal of Physical Anthropology, 1986, 71(2): 221-224.

Markers，MSM）的观察方法，将粗壮度、压力性病变纳入一个连续性量化标准中，共分为7个等级，其中0级代表最轻微的粗壮度，6级为最严重的压力性病变。也有研究者后续对该方法进行改良，分为0～4级，而后将0～2级并称为轻度附着点改变，3～4级称为重度附着点改变以便进行统计[①]。在此之后，瓦伦蒂娜·玛里奥蒂（Valentina Mariotti）在2004年[②]与2007年[③]对起止点病（enthesopathy）进行观察与评分，分为2个观察项目，分别为起止点骨赘形成（enthesophytic formation）以及溶骨形成（osteolytic formation），前者共分为0～3四个等级，后者虽也分为四个等级，但在3级中另分3a与3b两个等级；其对于肌肉附着点的粗壮程度另有判断标准，共对23处肌肉附着点进行粗壮程度（robusticity）的量化，皆分为1a～c、2、3共五个等级，并为每一块肌肉附着点的各分级提供参考图示，以便其他研究者重复且精确地使用该种方法观察粗壮程度。塞巴斯蒂安·维洛特（Sébastien Villotte）改进了其2006年对起止点病的分级方法，将等级仅分为有或无，对不同部位的肌肉附着点进行相同方法的观察[④]。夏洛特·亨特森（Charlotte Henderson）等人在2013年[⑤]和2016年[⑥]提出了一套新的观察标准，由于纤维软骨型附着点具有更明显的界限，该方法中观察的肌肉附着点仅为纤维软骨附着点。该方法将一处肌肉附着点分为1区和2区，并在此基础上细化需要观察的项目，各项目皆有与之相应的分级标准。

目前，肌肉附着点的众多方法中，除玛里奥蒂的观察方法外，往往缺乏各肌肉附着点明确的分布位置示意图。根据本杰明（Benjamin）对纤维型附着点及纤维软骨附着点定义的区分[⑦]，将人骨考古研究中各观察标准常用的36处肌肉附着点的分布位置、类型与涉及动作总结为下表，并辅以肌肉附着点分布示意图（图9-1～图9-8，图片来源于山东聊城付大门遗址M34南、山东荏平焦庄遗址M36东以及新疆且末加瓦艾日克墓地M2），以便在进行观察时不易出现对附着点位置的混淆情况（表9-1）。

① Hawkey D E, Merbs C F. Activity-induced musculoskeletal stress markers (MSM) and subsistence strategy changes among ancient Hudson Bay Eskimos. International Journal of Osteoarchaeology, 1995, 5(4): 324-338.
② Mariotti V, Facchini F, Belcastro M G. Enthesopathies-proposal of a standardized scoring method and applications. Collegium Antropologicum, 2004, 28(1): 145-159.
③ Mariotti V, Facchini F, Belcastro M G. The study of entheses: proposal of a standardised scoring method for twenty-three entheses of the postcranial skeleton. Collegium Antropologicum, 2007, 31(1): 291-313.
④ Villotte S, Castex D, Couallier V, et al. Enthesopathies as occupational stress markers: Evidence from the upper limb. American Journal of Physical Anthropology, 2010, 142: 224-234.
⑤ Henderson C Y, Mariotti V, Pany-kucera D, et al. Recording specific entheseal changes of fibrocartilagino us entheses: Initial tests using the coimbra method: Recording entheseal changes. International Journal of Osteoarchaeology, 2013, 23(2): 152-162.
⑥ Henderson C Y, Mariotti V, Pany-kucera D, et al. The new "Coimbra method": A biologically appropriate method for recording specific features of fibrocartilagino us entheseal changes: The new "Coimbra method". International Journal of Osteoarchaeology, 2016, 26(5): 925-932.
⑦ Benjamin M, Evans E J, Copp L. The histology of tendon attachments to bone in man. Journal of Anatomy, 1986, 149: 89-100.

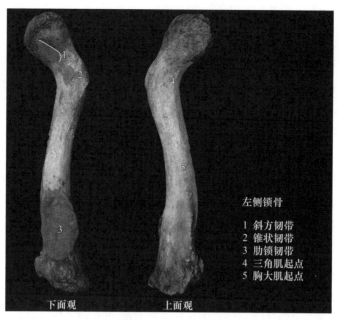

图 9-1　左侧锁骨肌肉附着点分布位置示意

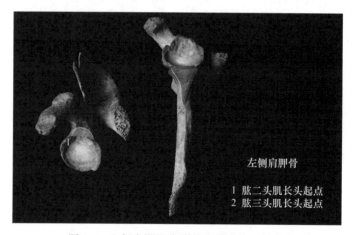

图 9-2　左侧肩胛肌肉附着点分布位置示意

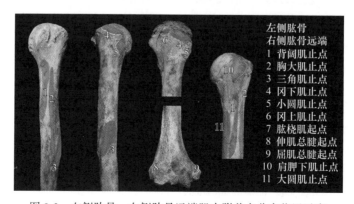

图 9-3　左侧肱骨、右侧肱骨远端肌肉附着点分布位置示意

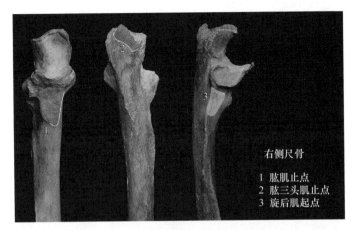

图 9-4 右侧尺骨肌肉附着点分布位置示意

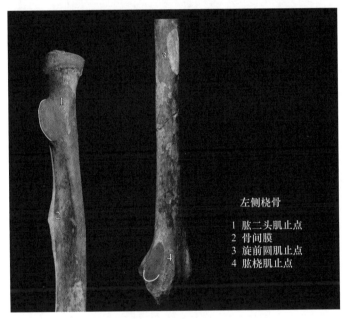

图 9-5 左侧桡骨肌肉附着点分布位置示意

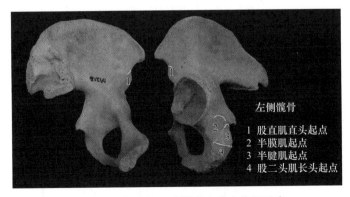

图 9-6 左侧髋骨肌肉附着点分布位置示意

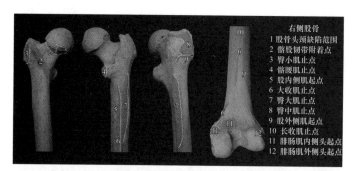

图 9-7　右侧股骨肌肉附着点分布位置示意

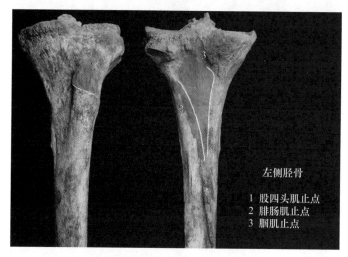

图 9-8　左侧胫骨肌肉附着点分布位置示意

表 9-1　常用肌肉附着点归纳表

肌肉部位及名称			种类		具体位置	涉及动作
骨骼部位	肌肉、韧带名称	英语学名	For FC	肌肉韧带种类		
锁骨	胸大肌起点	M. pectoralis major	F	肩关节前群肌	锁骨内侧半	内收和内旋（整块肌）；屈曲（胸骨和锁骨部）；肩带固定时协助呼吸
	三角肌起点	M. deltoideus	F	肩关节后群肌	锁骨外侧 1/3	锁骨部：屈曲（向前移动上臂和肩）、内旋、内收；在外展 60°至 90°之间，三角肌锁骨部和肩胛冈部协助肩峰部外展，小于 60°是内收肌
肩胛骨	肱三头肌长头起点	M. ticeps brachii	FC	臂后群肌	肩胛骨盂下结节	肘关节：后伸；肩关节（长头）：上臂向后运动和内收
	肱二头肌长头起点	M. biceps brachii	FC	臂前群肌	肩胛骨盂上结节	肘关节：屈曲、旋后（曲肘位）；肩关节：屈曲（肱骨迁移）；三角肌收缩时稳定肱骨头；肱骨的内收和内旋（长头）

肌肉部位及名称			种类		具体位置	涉及动作
骨骼部位	肌肉、韧带名称	英语学名	For FC	肌肉韧带种类		
肱骨	胸大肌止点	M. pectoralis major	F	肩关节前群肌	肱骨大结节嵴	内收和内旋（整块肌）；屈曲（胸骨和锁骨部）；肩带固定时协助呼吸
	背阔肌止点	M. latissimus dorsi	F	肩关节后群肌	肱骨结节间沟底部	内旋、内收、伸展（向后移动上臂）、呼吸
	大圆肌止点	M. teres major	F	肩关节后群肌	肱骨小结节嵴	内旋、内收、外展
	三角肌止点	M. deltoideus	F	肩关节后群肌	肱骨三角肌粗隆	锁骨部：屈曲（向前移动上臂和肩）、内旋、内收；肩峰部：外展；肩胛冈部：后伸（向后移动上臂和肩）、外旋、内收；在外展60°至90°之间，三角肌锁骨部和肩胛冈部协助肩峰部外展，小于60°是内收肌
	肱桡肌起点	M. brachioradialis	F	肩关节后群肌	肱骨远端外侧面、外侧肌间隔	肘关节：屈曲；前臂关节：半旋前
	冈上肌止点	M. supraspinatus	FC	肩关节后群肌	肱骨大结节	外展
	冈下肌止点	M. infraspinatus	FC	肩关节后群肌	肱骨大结节	外旋
	肩胛下肌止点	M. subscapularis	FC	肩关节后群肌	肱骨小结节	内旋
	小圆肌止点	M. teres minor	FC	肩关节后群肌	肱骨大结节	外旋，轻微内收
	伸肌总腱起点	Common extensor tendon	FC	前臂肌	肱骨外上髁	腕关节背伸（辅助握拳）、手的外展（桡偏）
	屈肌总腱起点	Common flexor tendon	FC	前臂肌	肱骨内上髁	腕关节屈曲、内收和外展（分别是尺偏、桡偏）
桡骨	肱二头肌止点	M. biceps brachii	FC	臂前群肌	桡骨粗隆	肘关节：屈曲、旋后（曲肘位）；肩关节：屈曲（肱骨迁移）；三角肌收缩时稳定肱骨头；肱骨的内收和内旋（长头）
	旋前圆肌止点	M. pronator teres	F	前臂前群肌	桡骨外侧面（旋后肌止点远侧）	肘关节：轻微屈曲；前臂关节：内旋
	骨间膜	interosseous membrane	F	-	桡骨骨间缘	旋前、旋后
	肱桡肌止点	M. brachioradialis	FC	前臂桡侧肌	桡骨茎突	肘关节：屈曲；前臂关节：半旋前

续表

骨骼部位	肌肉、韧带名称	英语学名	For FC	肌肉韧带种类	具体位置	涉及动作
尺骨	肱三头肌止点	M. ticeps brachii	FC	臂后群肌	尺骨鹰嘴	肘关节：后伸；肩关节（长头）：上臂向后运动和内收
	肱肌止点	M. brachialis	FC	臂前群肌	尺骨粗隆	肘关节屈曲
	旋后肌起点	M. supinator	F	前臂后群肌	尺骨鹰嘴	桡尺关节：旋后
髋骨	股二头肌长头起点	M. biceps femoris	FC	大腿后群肌（腘绳肌）	坐骨结节下	髋关节：内收、后伸髋关节，在矢状面上稳定骨盆
	半腱肌起点	M. semitendinosus	FC	大腿后群肌（腘绳肌）	坐骨结节中	髋关节：内收、后伸髋关节，在矢状面上稳定骨盆；膝关节：屈曲、内旋
	半膜肌起点	M. semimembranosus	FC	大腿后群肌（腘绳肌）	坐骨结节上	髋关节：内收、后伸髋关节，在矢状面上稳定骨盆；膝关节：屈曲、内旋
股骨	臀大肌止点	M. gluteus maximus	F	髋外肌	臀肌粗隆（下部纤维）	整块肌肉：后伸、外旋髋关节，在矢状面和冠状面上稳定髋关节；下部纤维：内收
	髂腰肌止点	M. iliopsoas	FC	髋内肌	股骨小转子	髋关节：屈曲、旋外；腰椎：单侧收缩（股骨固定）躯干向同侧弯曲；双侧收缩躯干从仰卧位坐起
	股内侧肌起点	M. vastus medialis	F	大腿前群肌	粗线内侧唇、转子间线远端部分	膝关节：伸
	臀中肌止点	M. gluteus medius	FC	髋外肌	股骨大转子外侧面	整块肌肉：外展髋关节，在冠状面上稳定骨盆；前部：屈、内旋；后部：伸、外旋
	臀小肌止点	M. gluteus minimus	FC	髋外肌	股骨大转子前外侧面	整块肌：外展髋关节，在冠状面上稳定骨盆；前部：前屈、内旋；后部：后伸、外旋
	腓肠肌内外侧头起点	M. gastrocnemius	FC	小腿后群肌	股骨内上髁、外上髁	距小腿关节：跖屈；膝关节：屈曲
髌骨	股四头肌止点	Quadriceps tendon	FC	大腿前群肌	髌骨前面	髋关节：屈曲（股直肌）；膝关节：伸（全部），防止关节囊卡压（膝关节肌）
胫骨	股四头肌止点	Quadriceps tendon	FC	大腿前群肌	以髌韧带止于胫骨粗隆	髋关节：屈曲（股直肌）；膝关节：伸（全部），防止关节囊卡压（膝关节肌）

续表

肌肉部位及名称			种类		具体位置	涉及动作
骨骼部位	肌肉、韧带名称	英语学名	For FC	肌肉韧带种类		
胫骨	比目鱼肌	M. soleus	F	小腿后群肌	胫骨比目鱼肌线	距小腿关节：跖屈
	腘肌止点	M. popliteus	FC	小腿后群肌	胫骨后面（比目鱼肌起点上方）	通过在固定胫骨头上内旋股骨5°，屈曲和解锁膝关节
跟骨	跟腱	Achilles tendon	FC	小腿后群肌	跟骨结节	距小腿关节：跖屈；膝关节：屈曲（腓肠肌）

注：种类处 F 代表纤维附着点，FC 代表纤维软骨附着点，均为英文单词简称。

　　肌肉附着点变化在早期的研究中被认为只与重复性的日常活动相关，但在之后的研究中，这一结论得到了进一步的完善，其还与年龄、体型、性别及其他基因因素有关，也会因骨性关节炎、弥漫性特发性骨肥厚等疾病发生附着点的病理性改变。对于肌肉附着点改变与行为活动之间是否具有相关性，一部分研究认为没有较强的关联性，这一结果可能与使用方法的不同有关系，也有另一部分学者认为行为活动在肌肉附着点改变上仍扮演重要角色[1]。基于上述观点，在遇到肌肉附着点未观察到明显改变的个体时，并不意味着该个体生前未承担较繁重的体力劳动，还需要考虑到其他因素对于肌肉附着点改变的影响。

　　尽管肌肉附着点改变的病因较为复杂，依旧可以通过对这种指标的观察记录与分析研究，看到不同个体及不同人群间在这些方面表现的差异。在尽可能排除其他影响因素后，我们可以通过数据上的不同，复原出个体间或古代人群间在日常重复性动作模式上的不同，进而分析行为模式上的差异。通过对行为模式的重建，我们可以获得对于不同古代社会中个体身份、生业经济模式以及社会组织形式等方面的认知。

第一节　Mariotti 观察标准

一、肩部

（一）锁骨

肋锁韧带（costoclavicular ligment）
1a 轻微的压印：起止点区域仅通过表面的轻微不规则识别；

---

[1] Djukic K, Miladinovic-radmilovic N, Draskovic M, et al. Morphological appearance of muscle attachment sites on lower limbs: Horse riders versus agricultural population. International Journal of Osteoarchaeology, 2018, 28(6): 656-668.

1b 低等级发达：压印呈现出不规则表面，且具有不连续的边缘作为边界，可呈现轻微的凹陷或抬升；

1c 中等发达：压印轻微抬升或凹陷，被清晰的边缘划清边界且表面不规则或有皱纹；

2 高度发达：压印呈较强发展程度，抬升或凹陷，且具有不规则或有皱纹的表面，其边缘普遍清晰，后面的边缘经常比前面的要更加发达；

3 超高程度发达：如上所述，但伴随有一个唇状的边缘（一般位于后面）。

锥状韧带（conoid ligament）

1a 轻微压印：锁骨肩峰端的后下角是圆钝的，可能只呈现轻微的不规则表面；

1b 低度发达：只有骨的后下角增厚或有小结节，起止点的边界不能清楚地识别，表面或多或少不规则；

1c 中度发达：具有一个小结节或有着粗糙表面的抬升延展区域；

2 高度发达：结节或者嵴发达，并呈现有粗糙表面；

3 超高度发达：结节或嵴非常突出。

斜方韧带（trapezoid ligament）

1a 轻微压印：起止点区域很难辨清；

1b 轻度发达：起止点区域仅有表面轻微不规则，且与锁骨表面位于同一平面上；

1c 中度发达：起止点区域有皱纹，但与锁骨表面位于同一平面上；

2 高度发达：起止点表面有皱纹且常见抬升，有时也见凹陷，但是，这个等级已不见与锁骨表面位于同一平面上；

3 超高发达：附着区域有皱纹且抬升和下降剧烈。

胸大肌（M. pectoralis major）

1 胸骨端一半骨干的前表面呈现

1a 轻微压印：圆钝，具有光滑或轻微不规则的表面；

1b 低度发达：轻微变平，且表面光滑或轻微不规则；

1c 中度发达：变平，且表面光滑或轻微不规则；

2 高度发达：明显变平，可能延展超过锁骨长度的一半，或/且具有不规则表面；

3 超高发达：明显变平且具有粗糙表面，有时具有嵴和沟。

三角肌（M. deltoideus）

1a 轻微压印：锁骨肩峰端一半，前面的边缘呈圆钝状态且表面光滑；

1b 低度发达：锁骨肩峰端一半，前面的边缘呈圆钝状态且表面不规则；

1c 中度发达：边缘圆钝，但表面有皱纹，或边缘被轻微突起中断并伴有皱纹的表面；

2 高度发达：近肩峰半侧的锁骨前缘轮廓不再呈规则曲线（上面或下面观），却被突起打断（时而锋利时而厚重圆钝），或者具有非常突出的皱纹；

3 超高发达：如上所述，但是突起非常明显，且/或皱纹延伸至锁骨下表面相对较大的区域。

（二）肱骨

胸大肌（M. pectoralis major）

1 肱骨大结节近小结节的嵴呈现

1a 轻微压印：仅轻微抬升且其表面光滑；

1b 低度发达：仅轻微抬升且表面轻微不规则；

1c 中度发达：抬升且伴有不规则表面；

2 高度发达：嵴抬升且表面多褶皱；

3 超高发达：嵴显著抬升且有褶皱，经常可见针尖状、橄榄叶形区域，伴随明确的边界且常见纵窝 / 纵向的孔开出的凹槽。

背阔肌和大圆肌（M. latissimus dorsi/teres major）

1 附着点位于小结节的嵴呈现

1a 轻微压印：很难通过触摸感觉出来；

1b 低度发达：有一些皱纹；

1c 中度发达：轻微抬升且具有一个不规则的表面；

2 高度发达：附着点区域抬升且表现出一个纵向的沟槽（sulcus）；

3 超高发达：附着点抬升且有褶皱，可以形成一个真正的嵴，有时伴有一个纵向的槽（groove）。

三角肌（M. deltoideus）

1a 轻微压印：三角肌结节的前、侧嵴仅能勉强看出，且表面光滑；

1b 低度发达：前、侧嵴不明显且表面可能有皱纹；

1c 中度发达：前、侧嵴很明显，侧面的突出，轻微改变了骨骼的轮廓，表面可能有皱纹；

2 高度发达：前侧嵴抬升且有皱纹，侧嵴突出，改变骨骼的轮廓；

3 超高发达：前侧嵴明显抬升且 / 或有皱纹，侧嵴非常突出。

二、肘部

（一）肩胛骨

肱三头肌（M. ticeps brachii）

1a 轻微压印：盂下结节轮廓并未中断肩胛骨外侧缘（axillary border，又称 lateral border）的轮廓，表面光滑；

1b 低度发达：盂下结节中断了肩胛骨外侧缘的轮廓，正面观中做出一个长圆形的嵴或大致为三角形的形状，表面光滑或见中等褶皱；

1c 中度发达：与 1b 相同，但是表面呈褶皱状；

2 高度发达：盂下结节作为肩胛骨外侧缘一个明显的结构出现，做出真正的结节或嵴的形状。表面不规则或有褶皱；

3 超高发达：盂下结节，处于结节或嵴的结构中，非常突出（显著）且呈褶皱状。

（二）肱骨

肱桡肌（M. brachioradialis）

1a 轻微压印：外下缘光滑；

1b 低度发达：外下缘存在前面的、勉强才能感知到的嵴；

1c 中度发达：边缘可以呈现出扁平和皱褶的倒 V 形前区，或在前面有一个弯曲或唇形的小嵴柱；

2 高度发达：外下缘存在前面的嵴；

3 超高发达：骨骼外下部呈帆状，且呈现出一个向前弯曲的非常发达的嵴。

（三）桡骨

肱二头肌（M. biceps brachii）

1a 轻微压印：在桡骨粗隆上仅有轻微膨胀，伴随光滑表面；

1b 低度发达：桡骨粗隆呈现具有圆滑边缘的椭圆形膨胀，肌肉标记呈不规则平面的结构，较弱且一般于近中较明显；

1c 中度发达：粗隆外侧边缘圆钝，但是近中边缘更加发达，粗隆表面不规则且经常由凹窝或小沟形成沟槽；

2 高度发达：粗隆，尤其是近中边缘非常显著，表面或多或少会呈褶皱状且由凹窝或小沟形成沟槽；

3 超高发达：粗隆十分显著，且其边缘尤其是近中，非常发达，形成一个抬升的边界。

（四）尺骨

肱三头肌（M. triceps brachii）

1a 轻微压印：鹰嘴后表面圆钝且仅有少量标记，一般为纵向条纹结构；

1b 低度发达：侧面观，鹰嘴上表面和后表面的角度趋于直角，而且嵴上通常有垂直条纹；

1c 中度发达：鹰嘴后表面和上表面角度呈直角，伴有明显的肌肉标记，通常为纵向条纹结构；

2 高度发达：鹰嘴后表面和前表面相交，形成一个相对于鹰嘴上表面略微隆起的嵴；

3 超高发达：嵴抬升且表面粗糙，经常伴有小的隆起纹路或初期的齿状骨赘（EF），通常存在有附着点骨赘。

肱肌（M. brachialis）

1a 轻微压印：尺骨粗隆仅勉强可见且其表面仅轻微不规则；

1b 低度发达：粗隆为一卵圆形结构，经常在中心位置轻微凹陷；

1c 中度发达：同前，但稍有抬升 + 皱纹；

2 高度发达：粗隆表现为清晰边缘且非常多褶皱；

3 超高发达：粗隆抬升和皱纹明显，可能伴随有显著抬升的边缘。

三、前臂

（一）桡骨

旋前圆肌（M. pronator teres）

1a 轻微压印：起止点区域近乎光滑，或者表现为表面轻微不规则；

1b 低度发达：起止点区域的表面不规则；

1c 中度发达：区域呈现明显褶皱，但是并未较骨骼表面明显抬升，等级 1 中，可能会有轻微纵向小沟存在；

2 高度发达：区域表现为"鱼骨形"褶皱，且轻微抬升甚至平坦，但是具有清晰的边界；

3 超高发达：鱼骨褶皱非常发达且组成一个抬升的嵴，可能以纵沟为标志。

骨间膜（interosseous membrane）

仅指骨间结节的骨间膜发达程度。

1a 轻微压印：骨间结节不可能作为解剖结构被辨认出来，表面光滑或稍不规则；

1b 低度发达：骨间结节轻微抬升且表面光滑或稍不规则；

1c 中度发达：骨间结节易被辨认且表面不规则；

2 高度发达：骨间结节相当明显，且表现有明显标记（皱纹）；

3 超高发达：骨间结节非常发达，表面膨胀，偶尔平整，有显著褶皱。

（二）尺骨

旋后肌（M. supinator）

起止点可为嵴或结节结构，在这两种情况下都有一个"尾巴样式"的皱纹或一个指向下后方的小嵴。

1a 轻微压印：尺骨外侧边缘，桡切迹下方，仅轻微抬升，并伴有光滑表面；

1b 低度发达：具有一个桡切迹下方的抬升骨嵴，近端部分可呈现为小的结节，表面光滑；

1c 中度发达：有一个隆起的嵴，在下方，可以与骨间缘相接，或在其后方，嵴的近端部分可呈结节状，并伴有明显标记（皱纹）；

2 高度发达：抬升的褶皱嵴，经常以尾巴结构明显地向下延伸，在骨间缘的后方，伴有明显标记（皱纹），偶尔起止点上部形成一个带有显著皱纹的小结节；

3 超高发达：a 下方有明显的褶皱嵴尾，可与骨间缘相接，或与骨间缘平行并向后延伸；b 非常发达的结节，伴有显著肌肉标记（皱纹）且在顶部可能有一个"面"；在骨间缘的后方，常有一肌肉标记的尾部（小嵴，皱纹）向下延伸。

四、臀部

股骨

臀大肌（M. gluteus maximus）

臀大肌附着点处的形态同样有可能伴有粗隆形成。并且根据发育程度的不同，骨表面粗糙程度会有变化。

1a 轻微压印：起止点区域勉强可通过触摸感知到，且拥有一个光滑表面；

1b 低度发达：起止点区域易辨认且表面一般较光滑；

1c 中度发达：臀肌的隆起明显且其表面不规则或有褶皱；

2 高度发达：抬升的隆起伴有粗糙表面；

3 超高发达：清晰且显著抬升的隆起；可能有一个深且有褶皱的凹窝，其近中边界形成一个嵴。

髂腰肌（M. iliopsoas）

1a 轻微压印：小转子有圆钝边缘且表面光滑；

1b 低度发达：小转子有圆钝边缘（内侧角度更尖锐），且表面有弱标记，一般为横向条纹结构；

1c 中度发达：小转子内侧边缘角度尖锐且肌肉标记（条纹或皱纹）明显；

2 高度发达：小转子顶端可能变平，且表面呈横向条纹，内侧边缘角度尖锐，且肌肉标记（皱纹）在小转子侧向下面延伸；

3 超高发达：内侧边缘唇状且肌肉标记（皱纹）可自小转子向下延伸至股骨骨干，有时小转子可能变平或具有一个非常平整及有皱纹的上表面。

五、膝部

（一）股骨

股内侧肌（M. vastus medialis）（上部）

1a 轻微压印：表面基本光滑，即使一条斜线可以通过触摸感知；

1b 低度发达：起止点被多皱纹的斜线标记；

1c 中度发达：起止点的线形成一个连续或不连续的隆起，并没有显著抬升；

2 高度发达：起止点线形成一个抬升的，且 / 或有皱纹的嵴；

3 超高发达：显著抬升以及 / 或有皱纹的嵴。

（二）髌骨

四头肌肌腱（quadriceps tendon）

1a 轻微压印：外侧观，髌骨前上部圆钝且仅表现少量标记，一般为纵向条纹结构；

1b 低度发达：髌骨前上部表现为更显著的韧带标记，为皱纹或小隆起的结构；

1c 中度发达：与 1b 同，但是前上部边缘角度更为尖锐；

2 高度发达：前上部边缘角度尖锐，表现为很多皱纹或小隆起结构的标记；

3 超高发达：髌骨前上部边缘形成了一个表面粗糙，经常伴有小隆起或初期齿状骨赘的嵴，经常有真的起止点骨赘，有时骨赘也在骨骼下部向下延伸，或更少的情况下后者单独出现。

在 2 级和 3 级中，髌骨全部的上表面可能会显著发达，像某种抬升的骨质附着。

（三）胫骨

四头肌肌腱（quadriceps tendon）

1a 轻微压印：粗隆由光滑的上部以及经常有纵向条纹标记的下部组成，并未中断骨干的连续性；

1b 低度发达：粗隆上部（光滑）和下部（具有纵向条纹）被一条沟分割开；

1c 中度发达：下部具有粗糙平面，可能在外侧膨胀；

2 高度发达：存在真正的嵴于粗隆下半部近端；

3 超高发达：粗隆存在真正的嵴，经常从下外侧至上内侧对角穿过，且伴随有初期的齿状骨赘，经常存在真正的起止点骨赘。

六、足部

（一）胫骨

比目鱼肌（M. soleus）

1a 轻微压印：表面基本光滑，即使有一条斜线可以通过触摸感知；

1b 低度发达：起止点被一条有皱纹的线标记；

1c 中度发达：起止点的线被明显的褶皱标记，或此处有一个具有光滑平面的轻微的嵴；

2 高度发达：清晰的嵴，可能不连续，但具有明显的褶皱；

3 超高发达：显著抬升且有褶皱的嵴，有时比目鱼肌的肌腱会呈凹窝结构，根据肌腱的发达程度，其表面可有或多或少的皱纹。

（二）跟骨

跟腱（achilles tendon）

1a 轻微压印：跟骨后表面的下半面仅较上半面稍稍突出，这造成嵴是圆钝的，仅伴有很少的标记，一般呈纵向条纹结构；

1b 低度发达：同上，但是纵向条纹更加明显；

1c 中度发达：嵴更为发达，且存在一些垂直的隆起纹路；

2 高度发达：侧面观，嵴非常突出，且表面存在垂直隆起纹路；

3 超高发达：非常突出的嵴，伴随隆起纹路或初级的齿状骨赘，经常存在有真的起止点骨赘。

第二节　Coimbra 方法和 Villotte 方法

一、Coimbra 方法

新 Coimbra 方法将每个附着点都分成了 2 个不同的区域：1 区（Zone 1，Z1）被描述为是纤维软骨附着的对侧尖锐端外侧边缘线，即受力最明显的部位；2 区（Zone 2，Z2）被定义为纤维软骨关节面的附着区域。肌肉附着点改变有 6 种不同类型的骨化和骨吸收特征。其中 2 个特征在 2 个区域都有记录，即：

（1）骨形成（bone formation，BF），其特征是骨疣和骨赘；

（2）侵蚀（erosion，ER），包括任何形状的不规则凹陷或孔洞，涉及表面的不连续性，其他 4 种特征仅在 2 区中有记录；

（3）质地变化（textural change，TC）记录为类似细砂纸的散在颗粒质地，或垂直排列的条纹表面；

（4）小孔（fine porosity，FPO）是一种孔隙类型，具有圆形或椭圆形空腔，边缘光滑，宽度小于 1mm；

（5）大孔（macro porosity，MPO）显示出与细孔隙度类似的特征，但孔隙直径大于 1mm，底部难以分辨；

（6）成腔（cavitation，CA）是尺寸最大的孔隙，表现为骨皮质下空腔，更像是中空而非通道，底部可见。

根据其表现程度记录变化（0，无；1，轻微表现；2，严重表现）。

二、Villotte 方法

在 2006 年制定标准时，首先将附着点炎分为 A～C 三个等级。在随后的研究中，将阶段 B 和 C 合并，简化为两个阶段。无肌肉附着点炎的具体表现是，骨骼表面上有清晰的印记，无血管孔，且边缘规则；有肌肉附着点炎的具体表现为，外侧有不规则或附着点骨赘，和 / 或内侧不规则、有孔（至少 3 个）、囊性变化、钙化沉积、骨质增生或骨质缺损。

思　考　题

1. 什么是沃尔夫定律？
2. 肱骨上有哪些肌肉的起止点？
3. Coimbra 肌肉附着点方法的标准。
4. 肌肉附着点改变可以与哪些方法结合以探讨古代人群的行为模式？

延　伸　阅　读

Ruff C, Holt B, Trinkaus E. Who's afraid of the big bad Wolff?: "Wolff's law" and bone functional adaptation. American Journal of Physical Anthropology, 2006, 129(4): 484-498.

Villotte S, Castex D, Couallier V, et al. Enthesopathies as occupational stress markers: evidence from the upper limb. American Journal of Physical Anthropology, 2010, 142: 224-234.

Henderson C Y, Mariotti V, Pany-kucera D, et al. The new "Coimbra method": A biologically appropriate method for recording specific features of fibrocartilagino us entheseal changes: The new "Coimbra method". International Journal of Osteoarchaeology, 2016, 26(5): 925-932.

第十章 考古遗址出土古代人骨常用记录表格

　　这本教材目的就是作为实用工具书，最终可成为所有学习古代人骨和研究古代人骨的学者、学生手中，在观察整理古代人骨时常备书籍之一。

　　在对古代人骨开始实验室整理之前，应该先有专门的对古代人骨田野考古发掘信息登记的表格。拍照是一项重要环节，同时，记录发掘时大致的古代人骨保存情况、基本信息、墓向、葬式、随葬器物多寡、墓葬规格等等，可以提供较为详细的个体考古背景信息（包括古代人骨上附带的饰品，例如考古遗址常见的男女两性随葬品的不同，如纺轮和武器，一定程度上不仅作为发掘时的性别判断依据，在整理后也可以作为讨论的一个重点）。

　　实验室整理应该以复原和记录保存状况为先。细分的话要考虑按照不同生长阶段划分开，首先是胎儿骨骼，因为胎儿很多骨骼都未融合，所以需要拆分得更加详细，需要记录更多部位，这也是对人类骨骼考古工作者更高的要求；其次是混合在一起的多个个体的情况，如果实在无法分出个体，则需要利用表格分出最小个体数。

　　骨骼保存状况的表格，首先可以类似《标准》一样附上未成年和成年版的古代人骨保存示意图，保存部位涂黑。保存状况还是按照布伊克斯特拉的方法按照0～4划分，但是在表格中要将之前的表格没有的内容补充上，比如颞骨岩部（也可以作为取样时的依据）、骨化的喉软骨、异常数量的肋骨和椎骨等等。尽可能提供如何将肢骨骨骺端和骨干划分开的示意图，近中、远中中段的示意，还有关节、手部骨骼等，提供关节详细的保存情况，为OA（骨性关节炎）等的记录做好充足准备。

　　牙齿的保存同样，需要对是否保存较完整的齿槽，牙齿是否位于齿槽内，生前脱落，亦或是仅保存牙齿未有齿槽做更为详细一些的记录。同样地，在此表格中需按照牙位记录LEH、龋齿、牙周病牙结石、齿槽脓肿等疾病，且使用统一的标准。

　　性别和年龄单独列表格，将最终的结果填在保存状况表格的基本信息即可，但是可以在本表格内，记录采用不同方法，依据不同部位得到的结果，最终综合后得出结果。不需要全部填满，只填写你依据人骨材料保存情况再整理中所使用的方法，然后多种方法确定年龄，这样比之前的表格更为正规，且具有重复性，误差也会相应减小。在年龄鉴定方面提供2张表格，以适用于未成年、胎儿以及成年后不同的鉴定方法。同时，我们也有制作的转换分析登记表，电子化过程中归于年龄内容，不过由于转换分析要求骨骼保存条件高，能够做转换分析的个体大概率少于传统宏观观察所能鉴定年龄的个体数。

各种病理的观察、记录和研究也是人类骨骼考古的核心内容，在前文中我们介绍大量疾病的病因以及在骨骼上的表现，在表格中主要体现的还是古代人骨上比较常见的病理现象，包括 PH（多孔性骨肥厚）、CO（眶下筛状样变）、颅骨其他骨骼多孔，身体其他部位异常骨生成、创伤、椎骨病理、OA（骨性关节炎）、骨膜炎等。除病理情况外，非病理的行为相关骨骼改变也要有所记录，如骑马行为、颅骨变形、人工拔牙、跪踞、蹲踞等。

最后则是取样登记，给哪些骨骼取样做了 X 光扫描、CT 扫描等，取走了哪些部位做了测年、古 DNA 分析、同位素研究等。还要记录这些人骨材料的保存位置信息，将这些个体保存在了哪里，便于之后再去寻找查看研究。

这些表格都是山东大学人骨考古实验室在实践中所积累的经验所得，目的就是依据统一的标准对古代人骨进行详细的记录，记录标准在前面章节都有所介绍。对古代人骨材料进行统一标准下的详细记录，电子化后更便于做统计和分析，不仅是后续人类骨骼考古研究的基础，也是对考古发掘出来古代人骨最大的尊重。

骨骼保存情况登记表

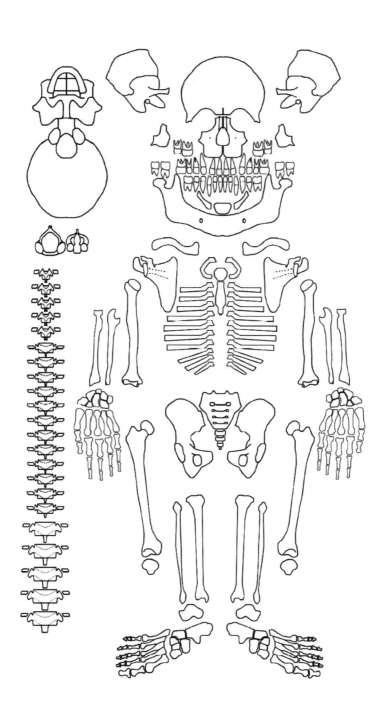

基本信息

遗址名称		年代		性别		登记人	
个体编号		测年		年龄		登记日期	

颅骨和下颌

骨骼	部位	左	右
额骨	—		
顶骨	—		
枕骨	—		
颞骨	鳞部		
	岩部		
泪骨	—		
鼻骨	—		
下鼻甲	—		
犁骨	—		
筛骨	—		
颧骨	—		
上颌骨	—		
腭骨	—		
蝶骨	体		
	翼		
听小骨	砧骨		
	锤骨		
	镫骨		
下颌骨	体		
	支		

上肢骨骼　　　　　　　　　下肢骨骼

骨骼	部位	左	右	骨骼	部位	左	右
肱骨	近端骺			股骨	近端骺		
	骨干				骨干		
	远端骺				远端骺		

续表

骨骼	部位	左	右	骨骼	部位	左	右
桡骨	近端骺			髌骨	—		
	骨干			胫骨	近端骺		
	远端骺				骨干		
尺骨	近端骺				远端骺		
	骨干			腓骨	近端骺		
	远端骺				骨干		
					远端骺		

上肢带骨　　　　　**其他骨骼**

骨骼	左	右	舌骨	
锁骨			骨化甲状软骨	
肩胛骨			其他额外骨骼	

胸廓　　　　　**骨盆**

骨骼	部位	左	右	骨骼	部位	左	右
胸骨	柄			髋骨	髂骨		
	体				尺骨		
	剑突				坐骨		
第1肋骨	—				髋臼		
第2肋骨	—				耻骨联合		
第11肋骨	—				耳状面		
第12肋骨	—			骶骨	—		
额外肋骨	—			尾椎	—		

椎骨

骨骼	椎体	椎弓	
C1	—		
C2			
C7			
T10			

骨骼	椎体		椎弓	
T11				
T12				
L1				
L2				
L3				
L4				
L5				
额外椎骨				
骨骼	椎体数量	保存情况	椎弓数量	保存情况
C3～C6				
T1～T9				
骨骼	左		右	
3～10 肋				

手部骨骼　　　　　**足部骨骼**

骨骼	左	右	骨骼	左	右
手舟骨			跟骨		
月骨			距骨		
三角骨			足舟骨		
豆骨			内侧楔骨		
大多角骨			中间楔骨		
小多角骨			外侧楔骨		
头状骨			骰骨		
钩状骨			第 1 跖骨		
第 1 掌骨			第 2 跖骨		
第 2 掌骨			第 3 跖骨		
第 3 掌骨			第 4 跖骨		
第 4 掌骨			第 5 跖骨		
第 5 掌骨			近节趾骨		
近节指骨			中节趾骨		
中节指骨			远节趾骨		
远节指骨					

牙齿及口腔疾病登记表

牙齿数量	上颌		下颌		总数			
上颌左侧	I¹	I²	C	P³	P⁴	M¹	M²	M³
牙齿保存								
牙槽保存								
生前脱落								
磨耗等级								
龋病								
LEH								
牙周病								
根尖周脓肿								
牙结石								
上颌右侧	I¹	I²	C	P³	P⁴	M¹	M²	M³
牙齿保存								
牙槽保存								
生前脱落								
磨耗等级								
龋病								
LEH								
牙周病								
根尖周脓肿								
牙结石								
下颌左侧	I₁	I₂	C	P₃	P₄	M₁	M₂	M₃
牙齿保存								
牙槽保存								
生前脱落								
磨耗等级								
龋病								
LEH								
牙周病								
根尖周脓肿								
牙结石								
下颌右侧	I₁	I₂	C	P₃	P₄	M₁	M₂	M₃

续表

牙齿数量	上颌		下颌		总数			
牙齿保存								
牙槽保存								
生前脱落								
磨耗等级								
龋病								
LEH								
牙周病								
根尖周脓肿								
牙结石								
其他现象	先天缺失		特殊磨耗			其他		
	增生齿		钉形齿					

性别鉴定

部位	具体部位	性别（记分）	部位	具体部位	性别（记分）
骨盆	坐骨大切迹		颅骨	额骨走向	
	耻骨下角			项嵴	
	耻骨支移行部			乳突大小	
	耻骨结节			眶上缘	
	腹侧弧			眉间凸起	
	大切迹–耳状面			下颌颏突	
	髂嵴		其他		
	坐骨结节				
	髋臼				
	耳前沟				
	骶骨形态				
	第一骶椎上关节面				
红色平均					
红蓝平均					
判断结果					

注：0. 不确定；1. 女性；2. 可能为女性；3. 模糊；4. 可能为男性；5. 男性

年龄鉴定

方法	具体部位 / 文献	等级	年龄范围
骨骺愈合	肢骨骨骺		
	锁骨近中		
	髂嵴		
	椎环愈合（Albert and Maples，1995）		
	枕骨基底部愈合		
耻骨联合	Brooks and Suchey（1990）		
	Todd（1920）		
	《体质人类学》		
耳状面	Lovejoy et al.（1985）		
	Buckberry and Chamberlain（2002）		
肋骨胸骨端	İşcan et al.（1984，1985）		
颅缝愈合	迈因德尔 and Lovejoy（1985）		
牙齿磨耗	吴汝康		
	Lovejoy（1985）		
喉软骨骨化	赵永生（2023）		
其他			

注：年龄鉴定每个结果均呈现为年龄范围，无法较精确鉴定则填写成年

转换分析 2.0 登记表

颅外缝（L）Ectocranial suture closure（1～5）

冠状缝翼区段	矢状缝顶孔端	人字缝星点段	颧上颌缝	腭中缝
coronal pterica	sagittal obelica	lambdoidal asterica	zygomaticomaxillary	interpalatine

耻骨联合面 Pubic symphysis

L	浮雕样	R	L	质地	R	L	上尖	R	L	腹侧缘	R	L	背侧缘	R
	relief（1～6）			texture（1～4）			superior apex（1～4）			ventral symphyseal margin（1～7）			dorsal symphyseal margin（1～5）	

耳状关节面 Auricular surface

L	上、下半面形貌	R	L	上、中、下关节面形态	R	L	下表面质地	R	L	髂后上、下骨疣	R	L	髂后部骨疣	R
	superior and inferior demiface topography（1～3）			superior, apical, and inferior surface morphology（1～5）			inferior surface texture（1～3）			superior and inferior posterior iliac exostoses（1～6）			posterior iliac exostoses（1～3）	

病理观察登记表
骨折创伤

部位	具体部位	性质	是否愈合	具体表现
颅骨	额骨			
	顶骨			
	枕骨			
	其他			
上肢骨	肱骨			
	尺骨			
	桡骨			
上肢带骨	锁骨			
	肩胛骨			
躯干骨	胸骨			
	肋骨			
	椎骨			
骨盆	髋骨			
	骶骨			

续表

部位	具体部位	性质	是否愈合	具体表现
下肢骨	股骨			
	胫骨			
	腓骨			
手部	掌骨			
	指骨			
足部	跖骨			
	趾骨			
其他	—			

疾病	严重程度		愈合程度	
	L	R	L	R
眶上筛孔状样变（CO）				
颅骨多孔性骨肥厚（PH）				

疾病	分类 / 等级		表现
	L	R	
骨膜炎			
胫骨骨膜炎			
股骨头颈部改变			

骨骼形态改变	I跖骨远端关节保存		II-IV保存数量		I趾骨近端关节保存		等级	
	L	R	L	R	L	R	L	R
跪踞面								

疾病或形态改变	有 / 无	表现
颅骨变形		
缠足现象		
口颊含球		
坏血病		
DISH		
强直性脊柱炎		
密螺旋体疾病		
麻风		
结核病		
癌		

病理	部位	等级	数量	保存数量	病理	部位	等级	数量	保存数量
黄韧带	C1-C2	0			椎骨骨赘	C1-C2	0		
		1					1		
		2					2		
		3					3		
		4				C3-C7	0		
	C3-C7	0					1		
		1					2		
		2					3		
		3				T1-T9	0		
		4					1		
	T1-T9	0					2		
		1					3		
		2				T10-T12	0		
		3					1		
		4					2		
	T10-T12	0					3		
		1				L1-L5	0		
		2					1		
		3					2		
		4					3		
	L1-L5	0							
		1							
		2							
		3							
		4							

病理	部位	数量	保存数量
施莫氏结节	C3-C7		
	T1-T9		
	T10-T12		
	L1-L5		
峡部裂	C3-C7		
	T1-T9		
	T10-T12		
	L1-L5		

Mariotti 标准肌肉附着点登记表

部位	骨骼	肌肉	L	R
肩部	锁骨	肋锁韧带		
		圆锥韧带		
		斜方韧带		
		胸大肌		
		三角肌		
	肱骨	胸大肌		
		背阔肌 / 大圆肌		
		三角肌		
肘部	肩胛骨	肱三头肌		
	肱骨	肱桡肌		
	桡骨	肱二头肌		
	尺骨	肱三头肌		
		肱肌		
前臂	桡骨	旋前圆肌		
		骨间膜		
	尺骨	旋后肌		
臀部	股骨	臀大肌		
		髂腰肌		
膝部	股骨	股内侧肌		
	髌骨	四头肌肌腱		
	胫骨	四头肌肌腱		
足部	胫骨	比目鱼肌		
	跟骨	跟腱		

Coimbra 标准肌肉附着点登记表

骨骼	肌肉	Zone1				Zone2												
		BF（1）		ER（1）		TC		BF（2）		ER（2）		FPO		MPO		CA	
		L	R	L	R	L	R	L	R	L	R	L	R	L	R	L	R
肩胛骨	肱三长头																
	肱二长头																
锁骨	斜方韧带																
肱骨	冈上肌																
	冈下肌																
	肩胛下肌																
	小圆肌																
	伸肌总腱																
	屈肌总腱																
桡骨	肱二																
	肱桡肌																
尺骨	肱三																
	肱肌																
髋骨	股二半腱半膜																
股骨	臀中臀小																
	髂腰肌																
	腓肠肌																
髌骨	肱四																
胫骨	股四																
	腘肌																
跟骨	跟腱																

骨性关节炎登记表

部位	具体部位	等级	
		L	R
肩关节	肱骨头		
	肩关节盂		
胸锁关节	锁骨胸骨端		
	胸骨柄锁切记		
肩锁关节	锁骨肩峰端		
	肩峰关节面		
肘关节	肱骨远端		
	尺骨近端		
	桡骨近端		
腕关节	尺骨远端		
	桡骨远端		
髋关节	股骨头		
	髋臼		
膝关节	股骨远端		
	胫骨近端		
	髌骨关节面		
踝关节	胫骨远端		
	腓骨远端		
	距骨滑车		
其他			

思 考 题

1. 人骨材料记录完善的重要性。
2. 骨性关节炎的观察标准。
3. 龋病的观察标准。

延 伸 阅 读

张继宗：《法医人类学》，人民卫生出版社，2009 年。

Wells C. Bones, Bodies and Disease: Evidence of Disease and Abnormality in Early Man. London: Thames and Hudson, 1964.

Buikstra J E, Ubelaker D H. Standards for data collection from human skeletal remains. Fayetteville: Arkansas Archaeological Survey Research Series, 1994.

参考文献

1. 专著类

丁士海：《人体骨学研究》，科学出版社，2021年。

樊明文：《牙体牙髓病学》第4版，人民卫生出版社，2012年。

李法军：《生物人类学》第2版，中山大学出版社，2020年。

贺云翱、单卫华编：《曹操墓事件全记录》，山东画报出版社，2010年。

孟焕新：《牙周病学》第4版，人民卫生出版社，2012年。

邵象清：《人体测量手册》，上海辞书出版社，1985年。

吴汝康：《人体测量方法》，人民卫生出版社，1984年。

张继宗：《法医人类学》，人民卫生出版社，2009年。

朱泓：《体质人类学》，高等教育出版社，2004年。

〔德〕舒肯特（Schünke M）、舒尔特（Schulte E）、舒马赫（Schumacher U）著，欧阳钧、戴景兴译：《人体解剖学图谱：解剖学总论和肌肉骨骼系统》第1版，上海科学技术出版社，2021年。

〔美〕Nordin M, Frankel V 著，邝适存、郭霞译：《肌肉骨骼系统基础生物力学》第3版，人民卫生出版社，2008年。

〔美〕雷斯尼克著，王学谦等译：《骨与关节疾病诊断学》第4版，天津科技翻译出版有限公司，2009年。

〔美〕罗伯特·曼恩、大卫·亨特著，张全超、秦彦国译：《骨骼疾病图谱：人类骨骼病理与正常变异指南》第3版，科学出版社，2020年。

〔美〕White T、Folkens P 著，杨天潼译：《人骨手册》，北京科学技术出版社，2018年。

〔英〕夏洛特·A·罗伯茨、基思·曼彻斯特著，张桦译：《疾病考古学》，山东画报出版社，2010年。

〔英〕夏洛特·A·罗伯茨著，张全超、李墨岑译：《人类骨骼考古学》，科学出版社，2021年。

Aufderheide A C. The Scientific Study of Mummies. Cambridge: Cambridge University Press, 2003.

Beck L A. Kidder, Hooton, Pecos, and the birth of bioarchaeology. In: Bioarchaeology:

The Contextual Analysis of Human Remains (1st ed). Routledge, 2009.

Brickley M B, Ives R, Mays S. The Bioarchaeology of Metabolic Bone Disease. Academic Press, 2020.

Buikstra J E, Beck L A (Eds.). Bioarchaeology: The Contextual Analysis of Human Remains. Academic Press, 2006.

Cassman V, Odegaard N, Powell J. Human Remains: Guide for Museums and Academic Institutions. Lanham: Altamira Press, 2006.

Chamberlain A T. Demography in Archaeology. Cambridge: Cambridge University Press, 2006.

Cohen M N, Crane-Kramer G M M. Ancient Health: Skeletal Indicators of Agricultural and Economic Intensification. Gainesville: University Press of Florida, 2007.

Hillson S. Tooth Development in Human Evolution and Bioarchaeology. Cambridge: Cambridge University Press, 2014.

Hoppa R D, Vaupel J W. Paleodemography: Age Distributions from Skeletal Samples. Cambridge: Cambridge University Press, 2008.

Jaffe H L. Metabolic, Degenerative, and Inflammatory Diseases of Bones and Joints. Philadelphia: Lea and Febiger, 1972.

Larsen C S. Bioarchaeology: Interpreting Behavior from the Human Skeleton. Cambridge: Cambridge University. Press, 2015.

Lewis M E. The Bioarchaeology of Children: Perspectives from Biological and Forensic Anthropology. Cambridge: Cambridge University Press, 2009.

Lewis M E. Paleopathology of Children: Identification of Pathological Conditions in the Human Skeletal Remains of Non-Adults. New York: Academic Press, 2018.

Nikita E, Karligkioti A. Basic Guidelines for the Excavation and Study of Human Skeletal Remains. Nicosia: The Cyprus Institute, 2019.

Ortner D J. Identification of Pathological Conditions in Human Skeletal Remains. Academic Press, 2003.

Pearson O M, Buikstra J E. Behavior and the Bones. Bioarchaeology. Routledge, 2017: 229-248.

Powell M L. Status and Health Inprehistory: A Case Study of the Moundville Chiefdom. Washington: Smithsonian Institution Press, 1988.

Soames J V, Southam J C. Oral Pathology (4th ed). Oxford: Oxford University Press, 2005.

Steckel R H, Rose J C. The Backbone of History: Health and Nutrition in the Western Hemisphere. Cambridge: Cambridge University Press, 2002.

Steckel R H, Larsen C S, Roberts C A. The Backbone of Europe: Health, Diet, Work and Violence over Two Millennia. Cambridge: Cambridge University Press, 2019.

Tall Bear K. Native American DNA: Tribal Belonging and the False Promise of Genetic Science. Minnesota: University of Minnesota Press, 2013.

Ubelaker D H. Reconstruction of Demographic Profiles from Ossuary Skeletal Samples: A Case Study from the Tidewater Potomac. Washington: Smithsonian Institution Press, 1984.

Vaupel J W, Hoppa R D. The Rostock Manifesto for Paleodemography: The Way from Stage to Age. Cambridge Studies in Biological and Evolutionary Anthropology, 2002.

Waldron T. Palaeopathology. Cambridge: Cambridge University Press, 2009.

White T D, Black M T, Folkens P A. Human Osteology. Academic Press, 2011.

White T D, Folkens P A. The Human Bone Manual. Elsevier Academic Press, 2005.

2. 论文集类

何嘉宁：《中国北方部分古代人群牙周状况比较研究》，《考古学研究》（第7集），科学出版社，2008年。

侯侃：《试论人类骨骼考古学研究的理论问题》，《边疆考古研究》（第22辑），科学出版社，2017年。

王明辉：《人类骨骼考古大有可为——人类骨骼考古专业委员会成果综述》，《边疆考古研究》（第20辑），科学出版社，2016年。

张小虎：《考古学中的伦理道德——我们该如何面对沉默的祖先》，《西部考古》（第六辑），科学出版社，2012年。

〔美〕菲莉丝·M·梅辛杰：《文化遗产保护与考古伦理学》，《东方考古》（第8集），科学出版社，2011年。

Bonney H, Bekvalac J, Phillips C. Human remains in museum collections in the United Kingdom. In: Kirsty E S, Errickson D, Márquez-GrantEthical N (Eds.). Approaches to Human Remains: a Global Challenge in Bioarchaeology and Forensic Anthropology, 2019: 211-237.

Canalis E, McCarthy T L, and Centrella M. Factors that regulate bone formation. In: Mundy G R, Martin T J (Eds.). Physiology and Pharmacology of Bone. Berlin: Springer-Verlag, 1993.

Cook D C, Powell M L. The evolution of American Paleopathology. In: Buikstra J E, Beck L E (Eds.). Bioarchaeology: The Contextual Analysis of Human Remains. Academic Press, 2006.

French R. Scurvy. In: Kiple K (Ed.). The Cambridge World History of Human Disease. Cambridge: Cambridge University Press, 1993.

Huss-Ashmore R, Goodman A H, Armelagos G J. Nutritional Inference from

Paleopathology. Advances in Archaeological Method and Theory, 1982.

Lovejoy C O, Mensforth R P, Armelagos G J. Five decades of skeletal biology as reflected in the American Journal of Physical Anthropology. In: Spencer F A (Ed.). History of American Physical Anthropology: 1930-1980. New York: Academic Press, 1982.

Stuart-Macadam P. Nutritional deficiency disease: A survey of scurvy, rickets and iron deficiency anaemia. In: Iscan M Y, Kennedy K A R (Eds.). Reconstruction of Life from the Skeleton. New York: Alan Liss, 1989.

3. 期刊类

陈晓颖、游海杰、宋美玲等：《广西敢造遗址史前居民口腔的健康状况》，《人类学学报》2023 年第 1 期。

何嘉宁、张家强、李楠：《郑州东赵遗址出土人骨的 DISH 古病理分析》，《华夏文明》2016 年第 10 期。

贺智、潘曦东、周蔚等：《国人髋臼性别判别分析》，《武警医学院学报》2001 年第 4 期。

刘武、杨茂有、邰凤久：《下肢长骨的性别判别分析研究》，《人类学学报》1989 年第 2 期。

刘武：《上肢长骨的性别判别分析研究》，《人类学学报》1989 年第 3 期。

刘武、朱泓、张全超等：《新疆及内蒙古地区青铜——铁器时代居民牙齿磨耗及健康状况的分析》，《人类学学报》2005 年第 1 期。

刘武：《体质人类学研究近年在中国的快速发展》，《人类学学报》2020 年第 4 期。

申亚凡、赵永生、方辉等：《济南大辛庄遗址商代居民的牙齿疾病》，《人类学学报》2021 年第 4 期。

魏东、赵永生、常喜恩等：《哈密天山北路墓地出土颅骨的测量性状》，《人类学学报》2012 年第 4 期。

吴新智、邵兴周、王衡：《中国汉族髋骨的性别差异和判断》，《人类学学报》1982 年第 2 期。

熊建雪、陈国科、殷杏等：《黑水国遗址汉代人群的上颌窦炎症》，《人类学学报》2021 年第 5 期。

杨诗雨、张群、王龙等：《新疆吐鲁番胜金店墓地人骨的牙齿微磨耗》，《人类学学报》2022 年第 2 期。

张敬雷：《博物馆古代人类标本收藏与展示的几点思考》，《博物馆研究》2008 年第 1 期。

赵永生、曾雯、毛瑞林等：《甘肃临潭磨沟墓地人骨的牙齿健康状况》，《人类学学报》2014 年第 4 期。

赵永生、孙田璐、杨张翘楚等：《山东古代居民骨化甲状软骨的观测》，《人类学学报》2023 年第 2 期。

赵永生、张晓雯、董文斌等：《海岱地区史前居民的拔牙习俗》，《人类学学报》2022 年第 5 期。

〔美〕贝丽姿著，詹小雅、任晓莹译：《欧美生物考古学的进展与思考》，《南方文物》2022 年第 4 期。

Armelagos G J. Disease in Ancient Nubia: Changes in disease patterns from 350 BC to AD 1400 demonstrate the interaction of biology and culture. Science, 1969, 163(3864): 255-259.

Beckett S, Lovell N C. Dental disease evidence for agricultural intensification in the Nubian C-Group. International Journal of Osteoarchaeology, 1994, 4(3): 223-239.

Berryman H E, Haun S J. Applying forensic techniques to interpret cranial fracture patterns in an archaeological specimen. International Journal of Osteoarchaeology, 1996, 6(1): 2-9.

Brickley M B, Schattmann A, Ingram J. Possible scurvy in the prisoners of Old Quebec: A re-evaluation of evidence in adult skeletal remains. International Journal of Paleopathology, 2016, 15: 92-102.

Brickley M, Mays S, Ives R. Skeletal manifestations of vitamin D deficiency osteomalacia in documented historical collections. International Journal of Osteoarchaeology, 2005, 15(6): 389-403.

Buikstra J E, Cook D C, Bolhofner K L. Introduction: Scientific rigor in paleopathology. International Journal of Paleopathology, 2017, 19: 80-87.

Buikstra J E, DeWitte S N, Agarwal S C, et al. Twenty-first century bioarchaeology: Taking stock and moving forward. American Journal of Biological Anthropology, 2022, 178(S74): 54-114.

Cardoso F A, Henderson C Y. Enthesopathy formation in the humerus: Data from known age-at-death and known occupation skeletal collections. American Journal of Physical Anthropology, 2010, 14(14): 550-560.

Charlier P. Naming the body (or the bones): Human remains, anthropological/medical collections, religious beliefs, and restitution. Clinical Anatomy, 2014, 27(3): 291-295.

Clark G A, Hall N R, Armelagos G J, Borkan G A, Panjabi M M, Wetzel F T. Poor growth prior to early childhood: Decreased health and life-span in the adult. American Journal of Physical Anthropology, 1986, 70(2): 145-160.

Cohen M N, Wood J W, Milner G R. The Osteological Paradox reconsidered. Current Anthropology, 1994, 35(5): 629-637.

Cunha E, Fily M L, Clisson I, et al. Children at the convent: Comparing historical data, morphology and DNA extracted from ancient tissues for sex diagnosis at Santa Clara-a Velha (Coimbra, Portugal). Journal of Archaeological Science, 2000, 27(10): 949-952.

Cutress T W, Suckling G W. The assessment of non-carious defects of enamel. International Dental Journal, 1982, 32(2): 117-122.

Deter C A. Gradients of occlusal wear in hunter-gatherers and agriculturalists. American Journal of Physical Anthropology, 2009, 138(3): 247-254.

Djukic K, Miladinovic-Radmilovic N, Draskovic M, Djuric M. Morphological appearance of muscle attachment sites on lower limbs: Horse riders versus agricultural population. International Journal of Osteoarchaeology, 2018, 28(6): 656-668.

Forshaw R. Dental indicators of ancient dietary patterns: Dental analysis in archaeology. British Dental Journal, 2014, 216(9): 529-535.

Freedman B A, Potter B K, Nesti L J, Giuliani J R, Hampton C, Kuklo T R. Osteoporosis and vertebral compression fractures—continued missed opportunities. The Spine Journal, 2008, 8(5): 756-762.

Gibbon V, Paximadis M, Štrkalj G, Ruff P, Penny C. Novel methods of molecular sex identification from skeletal tissue using the amelogenin gene. Forensic Science International: Genetics, 2009, 3(2): 74-79.

Giuffra V, Vitiello A, Caramella D, Fornaciari A, Giustini D, Fornaciari G. Rickets in a high social class of renaissance Italy: The medici children. International Journal of Osteoarchaeology, 2015, 25(5): 608-624.

Goodman A H, Armelagos G J. Factors affecting the distribution of enamel hypoplasias within the human permanent dentition. American Journal of Physical Anthropology, 1985, 68(4): 479-493.

Goodman A H, Armelagos G J. Infant and childhood morbidity and mortality risks in archaeological populations. World Archaeology, 1989, 2(12): 225-243.

Goodman A H. On the interpretation of health from skeletal remains. Current Anthropology, 1993, 34(3): 281-288.

Gowland R L. Entangled lives: Implications of the developmental origins of health and disease hypothesis for bioarchaeology and the life course. American Journal of Physical Anthropology, 2015, 158(4): 530-540.

Higgins D, Austin J J. Teeth as a source of DNA for forensic identification of human remains: A review. Science & Justice, 2013, 53(4): 433-441.

Hagelberg E, Sykes B, Hedges R. Ancient bone DNA amplified. Nature, 1989, 342(6249): 485.

Henderson C Y, Mariotti V, Pany-Kucera D, et al. Recording specific entheseal changes of fibrocartilaginous entheses: Initial tests using the Coimbra method. International Journal of Osteoarchaeology, 2013, 23(2): 152-162.

Holt S A, Reid D J, Guatelli-Steinberg D. Brief communication: Premolar enamel formation: Completion of figures for aging LEH defects in permanent dentition. Dental Anthropology Journal, 2012, 25(1): 4-7.

Jackes M. On paradox and osteology. Current Anthropology, 1993, 34(4): 434-439.

Jankauskas R. The incidence of diffuse idiopathic skeletal hyperostosis and social status correlations in Lithuanian skeletal materials. International Journal of Osteoarchaeology, 2003, 13(5): 289-293.

Kaifu Y. Tooth wear and compensatory modification of the anterior dentoalveolar complex in humans. American Journal of Physical Anthropology: The Official Publication of the American Association of Physical Anthropologists, 2000, 11(13): 369-392.

Kamer A R, Craig R G, Dasanayake A P, et al. Inflammation and Alzheimer's disease: possible role of periodontal diseases. Alzheimer's & Dementia, 2008, 4(4): 242-250.

Klaus H D, Tam M E. Oral health and the postcontact adaptive transition: A contextual reconstruction of diet in Mórrope, Peru. American Journal of Physical Anthropology, 2010, 14(14): 594-609.

Larsen C S. Behavioural implications of temporal change in cariogenesis. Journal of Archaeological Science, 1983, 10(1): 1-8.

Larsen C S. The bioarchaeology of health crisis: Infectious disease in the past. Annual Review of Anthropology, 2018, 47(1): 295-313.

Lee A, He L H, Lyons K, et al. Tooth wear and wear investigations in dentistry. Journal of Oral Rehabilitation, 2012, 39(3): 217-225.

Lettre G. Genetic regulation of adult stature. Current Opinion in Pediatrics, 2009, 2(14): 515-522.

Loreille O M, Diegoli T M, Irwin J A, et al. High efficiency DNA extraction from bone by total demineralization. Forensic Science International: Genetics, 2007, (12): 191-195.

Lovejoy C O, Meindl R S, Pryzbeck T R, et al. Chronological metamorphosis of the auricular surface of the ilium: A new method for the determination of adult skeletal age at death. American Journal of Physical Anthropology, 1985, 68(1): 15-28.

Lovell N C. Trauma analysis in paleopathology. American Journal of Physical Anthropology, 1997, 104(S25): 139-170.

Lukacs J R. Dental trauma and antemortem tooth loss in prehistoric Canary Islanders: Prevalence and contributing factors. International Journal of Osteoarchaeology, 2007, 17(2):

157-173.

Lukacs J R. The "caries correction factor": A new method of calibrating dental caries rates to compensate for antemortem loss of teeth. International Journal of Osteoarchaeology, 1995, 5(2): 151-156.

Marklein K E, Torres-Rouff C, King L M, et al. The precarious state of subsistence: Reevaluating dental pathological lesions associated with agricultural and hunter-gatherer lifeways. Current Anthropology, 2019, 60(3): 341-368.

Mays S, Faerman M. Sex identification in some putative infanticide victims from Roman Britain using ancient DNA. Journal of Archaeological Science, 2001, 28(5): 555-559.

McHenry H M. Body size and proportions in early hominids. American Journal of Physical Anthropology, 1992, 87(4): 407-431.

Michopolou E, Nikita, E, Henderson, C Y. A test of the effectiveness of the Coimbra method in capturing activity-induced entheseal changes: Effectiveness of the Coimbra method. International Journal of Osteoarchaeology, 2017, 27(3): 409-417.

Minozzi S, Caldarini C, Pantano W, et al. Enamel hypoplasia and health conditions through social status in the Roman Imperial Age (First to third centuries, Rome, Italy). International Journal of Osteoarchaeology, 2020, 30(1): 53-64.

Mittler D M, Van Gerven D P. Developmental, diachronic, and demographic analysis of cribra orbitalia in the medieval Christian populations of Kulubnarti. American Journal of Physical Anthropology, 1994, 93(3): 287-297.

Nakahori Y, Hamano K, Iwaya M, Nakagome Y. Sex identification by polymerase chain reaction using X-Y homologous primer. American Journal of Medical Genetics, 1991, 39(4): 472-473.

Nakahori Y, Mitani K, Yamada M, Nakagome Y. A human Y-chromosome specific repeated DNA family (DYZ1) consists of a tandem array of pentanucleotides. Nucleic Acids Research, 1986, 14(19): 7569-7580.

Nash C. Making kinship with human remains: Repatriation, biomedicine and the many relations of Charles Byrne. Environment and Planning D: Society and Space, 2018, 36(5): 867-884.

Oxenham M F, Cavill I. Porotic hyperostosis and cribra orbitalia: The erythropoietic response to iron-deficiency anaemia. Anthropological Science, 2010, 118(3): 199-200.

Pilloud M A, Fancher J P. Outlining a definition of oral health within the study of human skeletal remains: Defining oral health. Dental Anthropology Journal, 2019, 32(2): 3-11.

Redfern R C, Chamberlain A T. A demographic analysis of Maiden Castle hillfort: Evidence for conflict in the late Iron Age and early Roman period. International Journal of

Paleopathology, 2011, (11): 68-73.

Reid D J, Dean M C. Variation in modern human enamel formation times. Journal of Human Evolution, 2006, 50(3): 329-346.

Rinaldo N, Zedda N, Bramanti B, et al. How reliable is the assessment of Porotic Hyperostosis and Cribra Orbitalia in skeletal human remains? A methodological approach for quantitative verification by means of a new evaluation form. Archaeological and Anthropological Sciences, 2019, 11(7): 3549-3559.

Ruff C B, Trinkaus E, Holliday T W. Body mass and encephalization in Pleistocene *Homo*. Nature, 1997, 387(6629): 173-176.

Schultz A H. Sex differences in the pelves of primates. American Journal of Physical Anthropology, 1949, 7(3): 401-424.

Scott G R, Poulson S R. Stable carbon and nitrogen isotopes of human dental calculus: a potentially new non-destructive proxy for paleodietary analysis. Journal of Archaeological Science, 2012, 39(5): 1388-1393.

Sołtysiak A. The osteological paradox, selective mortality, and stress markers revisited. Current Anthropology, 2015, 56(4): 569-570.

Stewart J H, McCormick W F. The gender predictive value of sternal length. The American Journal of Forensic Medicine and Pathology, 1983, 4(3): 217-220.

Stirland A J, Waldron T. Evidence for activity related markers in the vertebrae of the crew of the Mary Rose. Journal of Archaeological Science, 1997, 24(4): 329-335.

Temple D H. Bioarchaeological evidence for adaptive plasticity and constraint: Exploring life-history trade-offs in the human past. Evolutionary Anthropology: Issues, News, and Reviews, 2019, 28(1): 34-46.

Trotter M, Gleser G C. A re-evaluation of estimation of stature based on measurements of stature taken during life and of long bones after death. American Journal of Physical Anthropology, 1958, 16(1): 79-123.

Turner C G, Machado L M C. A new dental wear pattern and evidence for high carbohydrate consumption in a Brazilian archaic skeletal population. American Journal of Physical Anthropology, 1983, 6(11): 125-130.

Vercellotti G, Piperata B A, Agnew A M, et al. Exploring the multidimensionality of stature variation in the past through comparisons of archaeological and living populations. American Journal of Physical Anthropology, 2014, 155(2): 229-242.

Villotte S, Assis S, Cardoso F A, et al. In search of consensus: Terminology for entheseal changes (EC). International Journal of Paleopathology, 2016, 13: 49-55.

Waldron T. The distribution of osteoarthritis of the hands in a skeletal population.

International Journal of Osteoarchaeology, 1993, 3(3): 213-218.

Walker P L. A bioarchaeological perspective on the history of violence. Annual Review of Anthropology, 2001, 30(1): 573-596.

Wasterlain S N, Cunha E, Hillson S. Periodontal disease in a Portuguese identified skeletal sample from the late nineteenth and early twentieth centuries. American Journal of Physical Anthropology, 2011, 145(1): 30-42.

Wood J W, Milner G R, Harpending H C, et al. The osteological paradox: Problems of inferring prehistoric health from skeletal samples and comments and reply. Current Anthropology, 1992, 33(4): 343-370.

Wright L E, Chew F. Porotic hyperostosis and paleoepidemiology: A forensic perspective on anemia among the ancient Maya. American Anthropologist, 1998, 100(4): 924-939.

Zhao R, Wang Y, Fu T, et al. Gout and risk of diabetes mellitus: Meta-analysis of observational studies. Psychology, Health & Medicine, 2020, 25(8): 917-930.

4. 学位论文类

刘玉成:《内蒙古和林格尔县土城子遗址战国时期居民的牙齿研究》,吉林大学硕士学位论文,2011 年。

5. 报纸类

张雅军:《从"体质人类学"到"人类骨骼考古学"——骨骼上书写的"人类简史"》,《中国社会科学报》2017 年。

后　　记

　　《人类骨骼考古》是山东大学"中国考古学通论系列教材"其中一册，在编写过程中，得到主编白云翔老师、方辉老师，副主编王芬老师以及山东大学考古学院（文化遗产研究院）各位同仁的大力支持，并获得"2024年山东大学高质量教材"经费的资助。

　　本教材由赵永生主持编著，山东大学人骨考古实验室各位硕博研究生共同完成撰写工作。第一、二章由赵永生撰写，第三、四章由实验室同仁共同完成，第五章主要由王琦玥完成，第六章主要由吕晶完成，第七章由杨张翘楚、游海杰、宋美玲、李炎鑫、吴亦婷、关媛媛共同完成，第八、九、十章主要由杨张翘楚完成。陈雪雯、郭昕宁、郭明晓、曾雯对本教材进行了修改完善工作。国内同行专家审读了教材初稿，并提出合理的修改意见。科学出版社雷英老师、责任编辑王琳玮老师、考古学院宋艳波老师对教材的撰写和完善做了大量具体工作。

　　在此，对各位领导、同仁的支持和辛劳深表感谢！

2025 年 4 月 14 日

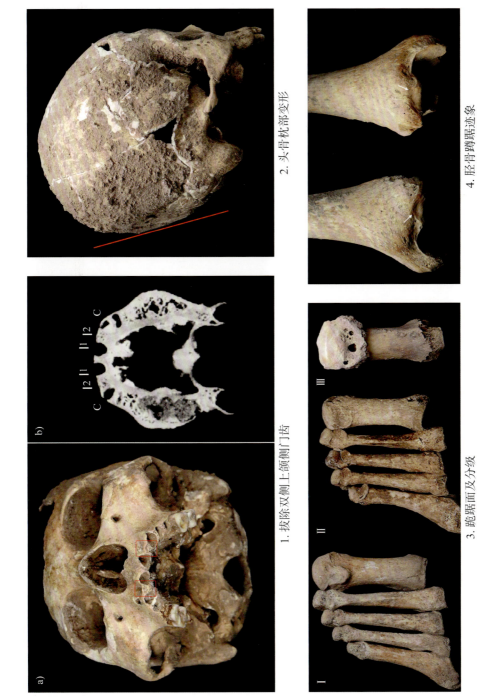

1. 拔除双侧上颌侧门齿

2. 头骨枕部变形

3. 跪距面及分级

4. 胫骨蹲踞迹象

行为与习俗

1. 瓮棺葬 W23

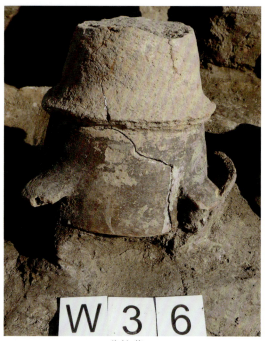

2. 瓮棺葬 W36

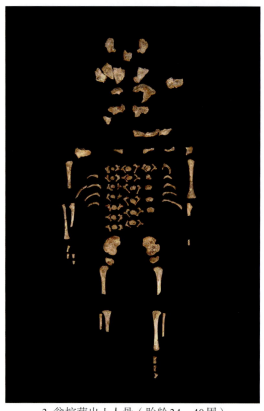

3. 瓮棺葬出土人骨（胎龄34～40周）

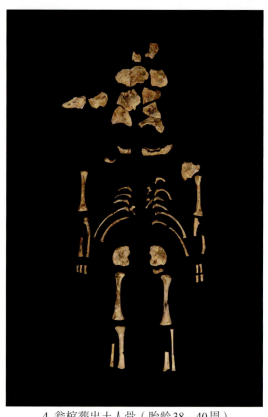

4. 瓮棺葬出土人骨（胎龄38～40周）

瓮棺葬及未成年个体骨骼

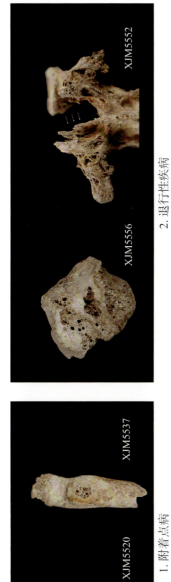

XJM5552

XJM5556

2. 退行性疾病

XJM5537

XJM5520

1. 附着点病

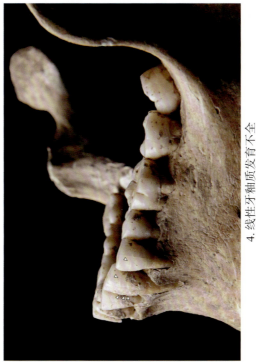

4. 线性牙釉质发育不全

XJM5554

XJM5536

XJM5548

XJM5556

3. 营养及感染类疾病

生存压力指标

图版四

1. 左侧胫骨、腓骨远端被截去，推测其受刑刑

2. 创伤后骨膜反应

3. 左侧股骨骨折（前侧观）

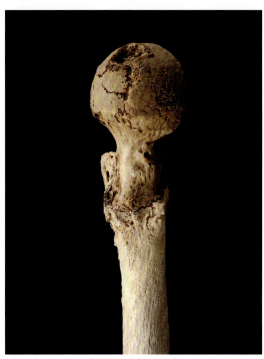

4. 左侧股骨骨折（内侧观）

创伤与骨折